大学校园规划的新趋势

——基于发展战略的校园空间规划

New trend of Campus Planning

——Campus Planning Based on Development Strategy

邬国强　黄献明　主编

中国建筑工业出版社

图书在版编目（CIP）数据

大学校园规划的新趋势：基于发展战略的校园空间规划 = New trend of Campus Planning——Campus Planning Based on development strategy / 邬国强，黄献明主编. —北京：中国建筑工业出版社，2022.1（2022.11重印）
ISBN 978-7-112-26995-2

Ⅰ. ①大… Ⅱ. ①邬… ②黄… Ⅲ. ①高等学校—校园规划—研究 Ⅳ. ①TU244.3

中国版本图书馆 CIP 数据核字（2021）第 267055 号

责任编辑：封 毅 毕凤鸣
责任校对：张惠雯

大学校园规划的新趋势——基于发展战略的校园空间规划
New trend of Campus Planning——Campus Planning Based on Development Strategy
邬国强 黄献明 主编
*
中国建筑工业出版社出版、发行（北京海淀三里河路 9 号）
各地新华书店、建筑书店经销
逸品书装设计制版
北京中科印刷有限公司印刷
*
开本：787 毫米 × 1092 毫米 1/16 印张：16¼ 字数：298 千字
2022 年 1 月第一版 2022 年 11月第二次印刷
定价：**178.00** 元
ISBN 978-7-112-26995-2
（38787）

“新时代教育创新系列丛书”编委会

《大学校园规划的新趋势——基于发展战略的校园空间规划》

编 委 会

前言

党的十九届五中全会在教育领域提出了“建设高质量教育体系”，这为我国高等教育的发展指明了方向。新中国成立以来，我国高等教育体系主要经历了四个发展阶段。从1949年到1977年是第一阶段。我国借鉴苏联模式，通过大规模的“院系调整”“强化工科”“大批院校归专业部门”等措施，形成了以行业高校为主体、“条块分割”的高等教育体系。这一体系的不足之处在于行业高校与地方高校间同质化发展，无法满足经济社会对各行各业各类专门人才的需求。从1978年到1997年是第二阶段。随着中国经济的改革开放，高等教育体系受到市场的冲击，高校出现市场化倾向。为满足区域经济发展的需要，大批高等职业教育机构和民办高校开始进入高等教育体系，涵盖了本科、专科和非学历证书在内的多层次、多规格、门类齐全的高等教育体系初步形成。这种市场导向下的高等教育体系偏重专业型和应用型人才的培养，无法满足新时期国家对研究型人才的培养需求。从1998年到2016年是第三阶段。在“创建若干所世界一流大学”思想指导下，行业院校开始大规模调整，“划归”“合并”成为高水平行业院校或行业划转院校，之后，高水平行业高校逐步向研究型大学转变，行业划转院校逐步向综合性大学和应用型大学转变。通过“211工程”“985工程”建设，我国高等教育质量取得了显著提升。此外，1999年的高校扩招政策，大力推动了高等教育发展，短短三年时间，实现了高等教育大众化。从2017年至今是第四阶段。中国特色社会主义进入新时代，建设现代化强国成为时代主题。建设服务现代化强国的高等教育新体系是历史发展的必然，也是新时代的新需求，要吸取前两次变革的经验和教训，充分发挥政府、市场、学校的作用，纵向上协调好服务国家战略的“双一流”建设高校和服务区域发展的地方本科高校之间的关系，横向上协调好普通高等教育体系与职业高等教育体系之间的关系，在服务经济社会发展中建立中国特色高等教育新体系。

中国特色高等教育体系的形成离不开中国独特历史和现实国情，而独特的历史、文化、国情、时代决定了我国高等教育最终要走自己的发展道路。2014年5月，习近平总书记在北京大学师生座谈会上指出："世界上不会有第二个哈佛、牛津、斯坦福、麻省理工、剑桥，但会有第一个北大、清华、浙大、复旦、南大等中国著名学府。"提出了扎根中国大地办大学的重要命题，指明中国的教育必须按中国的特点和中国的实际办，表明新时代高等学校的面向、内涵、模式将发生重大转变。关于如何办好新时代高等教育的问题，习近平总书记关于教育的重要论述中有着系统的诠释。办好新时代高等教育，在目标定位上，习近平总书记强调："高等教育要抓住历史机遇，紧扣时代脉搏，立足新发展阶段、贯彻新发展理念、构建新发展格局""想国家之所想、急国家之所急、应国家之所需"。在方法路径上，习近平总书记指出："不求最大、但求最优、但求适应社会需要""把发展科技第一生产力、培养人才第一资源、增强创新第一动力更好结合起来"。在攻关重点上，习近平总书记强调要培养一流人才方阵，构建一流大学体系，提升原始创新能力，用好学科交叉融合的"催化剂"。

据统计，2020年我国高等教育的毛入学率达54.4%，进入普及化阶段。普及化意味着高等教育的需求更加多样。推进各级各类高等教育规模的适度增长，办好人民满意的高等教育，为经济现代化建设培养各行各业所需要的专门人才，满足经济社会提质增效转型升级、高质量发展的新需求，是新时代高等教育的使命和责任。习近平总书记在教育文化卫生体育领域专家座谈会中就"培养担当民族复兴大任的时代新人"重要议题为教育发展指明了方向。美国的逆势战略和新冠肺炎疫情接踵而来，改变了我国高等教育普及化发展的宏观环境，高等教育面临前所未有的挑战。中国作为一个与西方资本主义国家走不同发展道路的发展中大国，以维护经济安全为基础推动社会稳定发展已成为基本的政策取向，为此需要丰富健全自身产业体系，实现满足内需和走向世界的结合。基于此，2020年5月，中央提出以国内大循环为主体、国内国际双循环相互促进的新发展格局。"双循环"发展格局不只涉及中国经济领域，必然会涉及包括高等教育在内的中国社会各行各业。高等教育要融入新发展格局，发挥自身优势服务"双循环"，在世界百年未有之大变局中助力实现中华民族伟大复兴。在"双循环"背景下，高校办学模式将发生深刻变革，办学更加多元也更加复杂。高等教育要立足扎根中国大地办大学，重视信息技术对教育的深度影响，大力推动产学研用深度融合，开展服务新发展格局的多种探索。

我国高等教育在建设社会主义现代化强国进程中肩负着重大的责任和使命，

“十四五”期间，高等教育要成为一个先行现代化的教育体系，支撑和引领国家现代化。习近平总书记强调：“规划科学是最大的效益，规划失误是最大的浪费，规划折腾是最大的忌讳。”科学制定大学战略规划对引导学校乃至整个高等教育快速发展具有重要意义，主要体现在以下方面：从教育规划体系来看，大学战略规划是其中的重要一环，起到承上启下的重要作用，国家教育发展方针政策能不能落地落实，大学战略规划十分关键；从教育与区域产业发展来看，大学战略规划是连接区域、产业以及公共服务体系的重要枢纽，起到与所在区域规划、行业规划相互联系、紧密对接的作用；从学校治理体系来看，大学战略规划是综合改革、“双一流”建设以及学科规划、人才规划、校园规划等专项规划的龙头，是学校人财物等各项资源配置、办学治校的重要依据。

大学战略规划是对大学发展进行整体性、系统性设计，是基于大学现实状态而进行的面向未来一定时期发展状态的设想。大学战略规划要考虑学校建设中的长远性和全局性，涉及大学的发展定位、目标和任务等内容，决定着校园空间规划的规模、结构、布局和指导思想。大学校园空间规划作为承载大学教育和科研行为的空间载体，必须符合战略规划的要求，有计划、有步骤地保证支持发展战略目标的实施。校园空间规划的根本遵循就是学校发展，要围绕学校总体目标定位和学科发展战略，形成与学校高质量发展相协调适应的物理空间。因此，科学制定大学空间规划，建设针对性强、具有学校学科特色和浓郁文化氛围，创新能力强的开放性、社会化、国际化的大学校园，对促进高等学校的建设和发展，实现高等教育的全面、和谐和可持续发展具有重要意义。

本书首先系统梳理了大学战略规划的概况、制定、实施与评估等基本问题，在此基础上，通过对国内外重要大学最新的战略规划与空间规划进行比对，展示二者在规划内容、侧重点以及实施策略方面的差异性与关联性，并进一步提炼出两个规划之间的内在逻辑。通过对最新大学战略规划的梳理，本书总结了作为未来校园发展的三大共性战略目标——创新、绿色、健康，并以此为核心，结合国内外典型校园的空间规划实践，从功能分区、交通组织、景观系统、建筑空间等方面，详细解读“双一流”建设背景下未来大学校园空间规划的新理论、新策略与新方法，尝试揭示了以学科建设为核心的大学战略规划在校园物理空间侧面实现的路径与方法。本书对于大学的管理者、高校规划建设部门、高校规划设计机构、高校规划教学等大学校园规划相关管理人员和机构，均具有较强的指导价值。

目　录

第一章

大学战略规划与战略管理

1.1 大学战略规划概述

1.1.1 大学战略规划的概念

大学战略规划是从企业组织引进的。伴随着我国高等教育的发展，我国大学战略规划专家在充分实践的基础上亦从不同角度提出大学战略规划内涵。别敦荣教授从性质角度提出，“战略规划是对大学整体的、系统的设计，是基于大学现实状态而进行的面向未来一定时期的发展状态的设想”。刘献君教授从内容角度提出，“战略规划是一种带全局性的总体发展规划，一个完整的战略规划应包括战略指导思想、战略目标、战略重点、战略措施和战略阶段五个方面的内容”。周光礼教授从实践角度指出，“战略规划可以界定为通过程序性的工作来产生根本性的决策和行动，以此来塑造和引领：一个组织是什么样的，该组织在做什么？为何这样做？并着眼于未来”。由此，我们认为大学战略规划是大学未来事业发展的顶层设计和规划蓝图，是统筹全局，引领大学改革与发展的行动纲领和前进航标。

1.1.2 大学战略规划的意义和功能

作为一种重要的现代大学管理手段，制定和实施战略规划是大学发展的内在需要，有助于促进大学实现自主发展。首先，战略规划是大学谋求变革的产物。大学处在复杂多变的内外部环境中，要实现自身组织的变革，又要应对大学发展的外部环境，制定大学发展战略规划，既能帮助大学应对复杂的变革，又可以不断根据内外部形式的变化而及时调整。其次，战略规划是大学选择未来发展路径的结果。要切实进行战略实践，规划才有意义。对一所大学而言，没有最正确的规划，只有最合适的规划，最合适的规划也许并不是最理想的规划，但一定是最可行的规划，战略规划得到广泛的认同和支持，才能够切实实践，才能达成战略规划的愿景和目标。最后，战略规划是现代大学宏观管理的重要手段。大学通过制定战略规划，来明确大学使命和愿景，通过战略实践来改变大学内部环境，调整大学的资源供给，完善大学的治理模式，以此来实现变革、实现大学的战略目标，使自身处于与众不同的领先定位，完成大学的发展和飞跃。

对大学而言，制定恰当的战略规划能够清晰地了解自身的优势和劣势，抓住发展机遇，迎接未来挑战；能够描绘学校未来发展愿景，使学校的未来发展与师生员工个人的未来发展相关联，形成高度认同的凝聚力；能够明确学校发展的目标与方向，有效调配资源，实现学校的快速发展。战略规划对一所大学的发展十分重要，每所大学都应高度重视其功能和作用，积极制定适合自身的战略规划，以期实现学校的快速平稳发展，以便在高校竞争中处于领先的优势地位。

1.1.3 大学战略规划的历史回顾

1. 国外大学战略规划的发展历程

20世纪50年代到60年代的美国，战略规划在国民发展、城市规划、公司规划领域的运用已十分普遍，并逐渐从商业领域扩展到教育领域。20世纪50年代，当时美国高校规模较小，有稳定的发展环境，学校管理处于经验管理阶段。学校发展规划主要由行政主管部门制定，没有战略意识，只是关注校园设施建设、新部门研究。50年代末60年代初，美国高等教育入学人数大幅度增加，不同类型学生的涌入使得校内各种关系变得日益复杂。为了应对学校面临的管理危机，大学开始进行整体层面的规划，实验和科学管理技术开始被运用到规划中。由此，大学战略规划开始显露端倪。在当时的情况下，学校的规划权力开始分散，虽然采取集体参与的理性探讨，但仍旧是定量规划，进行政治性的非理性决策，主要对校园设施、各部门自身研究、新项目、学生学习进行规划。到了70年代，入学人数趋向稳定，但财政压力的出现需要重新分配资源，处理60年代学生骤增带来的一系列发展不平衡问题，这时就需要有选择性地增长而不是全面扩张，学校发展目标开始分裂。学校对项目进行规划和评价，对资源进行重新分配，科学管理应用出现了新技术，到70年代末开始出现了战略管理，这段时间的关注点有校内发展方向、现有项目、资源、效率、招聘、州关系等。

美国高等教育领域管理模式的变革由其面临的社会环境所导致。从其背景分析，20世纪70年代后期，美国的大学已经从“黄金时代”滑落至“生存危机”的边缘，正如卫斯理大学的坎贝尔引用一位社会学家所说的那样，“美国的大学就像一个在遭受外部威胁的关键时刻内部充斥着纷争的部落”，美国的大学和学院被称为“有组织的无政府状态”，它正在面临着生源危机、财政危机以及机构与学术转型的要求，因此他们必须学会管理自己。克拉克·科尔有言，现代美国大学面临的主要考验是如何明智和迅速地适应重要的新的可能性，就是这种“近乎革命性”的新的管理战略被引入美国高等教育。

随着80年代的到来，美国高校开始面临更大的挑战：传统学生数量持续下降，学生类型变得更多样化，一些机构开始倒退，区域和部门发展也出现了大量变化，需要大量投资计算、科学设备以及科研和研究生教育。这时高校战略规划开始流行起来，高校开始有选择性地关注新客户、新合作伙伴以及学校外部关系，开始注重实用管理而淡化对定量技术的关注，但仍缺乏分析和规划经验。这时，高校开始应对环境做出前瞻性的主动反应，内部决策开始受外部环境的影响，虽然决策也不完美，但对不当决策或迟缓反应都会进行严肃处理，增加对分析和决策支持系统的使用，信息管理成为关键。这段时间的关注点是外部变化、效益、质量、结果、竞争优势、经济发展、信息系统。到20世纪90年代，美国人口多样化发展、经济衰退、资源短缺、全球和国际挑战、新合作伙伴关系的不断涌现又对美国高校的战略规划提出了新要求。高校更加关注成本控制、质量控制、生产力提高的方法，关注跨学科团队、强调洞察力和实际应用能力，战略战术规划成为主流。学校开始进行前瞻性决策，关注重点战略，使用工具进行整顿和改革，对行为模式进行反思，使用决策支持和信息管理工具，更好地实现集体性操作，开发了以服务为导向的项目，建立了新的联盟，开辟了新的创举。

在过去的几十年里，国外学者们对大学管理贡献了很多新的思想，大学战略规划就是其中颇有见地且帮助很多院校度过发展危机的有力抓手。正如乔治·凯勒（George Keller）在书中所言，在新的形势下，高校的管理模式实现了两次变革：一是从“垃圾桶式”管理向战略管理转变，二是从“校长主导的行政决策”向“参与式决策”转变。这两次高等教育管理文化的重大变迁，共同促成了高等教育领域管理的变革，同时，这也是高等教育领域治理文化变迁的隐含路径，即：“通过敏锐的分析和参与式讨论，每一个教师和管理人员都能为未来竞争制定富有想象力的学术战略，并随着环境的变化而不断进行调整。通过协同工作，运用新的管理手段和更自觉的战略规划，学者和管理者就能带领学校顺利闯过发展道路上的各种难关。”

2. 中国大学战略规划的发展历程

伴随着京师大学堂等现代大学在我国的诞生和成长，我国大学也逐渐萌生出一些包括朴素战略思想或战略规划思想的大学精神和理念。如蔡元培提出的“兼容并包，思想自由”；梅贻琦提出的“大学者，非有大楼之谓也，有大师之谓也”等。但是，真正从朴素的战略思想过渡到战略规划萌芽状态，还是从新中国成立后开始的，严格来说，是从改革开放后开始的。随着国家总体环境的变化和高等教育的长足发展，我国大学战略规划发展进程大致可以划分为萌芽形成、初步探索、全面推进和高质量发展四个阶段。

（1）萌芽形成阶段（20世纪70年代末到90年代初）。萌芽形成阶段是我国大学在改革开放之初，走出国门、接触国外大学的先进办学思想，开始思考并确定学校发展思路和目标的一个阶段，其主要标志是一些大学领导在各种不同场合提出了有关本校发展的战略规划思想并形诸文字，有的形成了相应的决策文本。如原华中工学院（现华中科技大学）于20世纪70年代末期在时任院长朱九思的领导下提出了包括“科学研究应该走在教学的前面”“突破苏联教育模式、重点高等学校实现学科综合化”、举办科学工业园等一些具有战略规划性质的发展举措，对该校的快速发展起到了举足轻重的促进作用。目前可知的我国最早体现大学战略规划思想和具有战略规划雏形的文本是1980年7月召开的清华大学第五次党代会工作报告。

（2）初步探索阶段（20世纪90年代）。随着我国高等教育体制改革和结构调整的深入，大学自主发展的社会环境和政策环境不断优化，学校办学自主权和发展的主动性明显增强，从而凸显出进行战略谋划和制定战略规划的重要性和必要性。以1995年国家实施“211工程”为契机，一批办学基础较好、对学校发展有过深度思考的大学开始以学科建设为中心，将学校的战略规划工作提上重要的议事日程。以清华大学为例，1994年夏秋，清华大学制定了“211工程”整体规划，包括学科建设、本科生与研究生教育、科学研究与科技成果转化、师资队伍建设、基础设施建设等十个方面，确定了“到2000年，瞄准世界一流大学水平，在教育质量、科学研究和管理方面上一个新台阶，为实现总目标奠定全面而坚实基础”的奋斗目标，提出了学校改革和建设的总体思路，为学校抓住机遇、增强核心竞争力和提高办学水平提供了有力的思想武器和理论引导。以此为基础，1995年2月，清华大学编制了“九五”事业发展规划纲要。

（3）全面推进阶段（21世纪初）。20世纪末期，我国高等教育迎来了大众化发展时代，高校之间的人才和资源竞争愈加激烈。各高校开始用更长远的、可持续发展的眼光深入思考和应对学校发展面临的种种机遇和挑战，积极制定并有效实施战略规划，以此提升核心竞争力与可持续发展的竞争优势。同时，国家总体规划环境的重大变化和教育主管部门的大力倡导、强力推动也成了各大高校制定战略规划的重要影响因素。2003年1月5日，时任教育部副部长周济在教育部直属高校工作咨询委员会第十三次会议上的重要讲话指出：各高校要进一步加强宏观思考和战略研究，进一步充实、修订和完善学校的发展蓝图，认真思考“两个问题”，精心制定“三个规划”，即认真思考“建设一个什么样的大学”和“怎样建设这样的大学”，精心制定学校的“发展战略规划、学科建设和队伍建设规划、校园建设规划”。为推动高校规划工作，教育部又先后召开多次研讨交流会，成立高校发展规划咨询专家组，赴各高校进行考察咨询。与此同时，一些大学自觉发起组织全国高校发展规划工作研讨会，并成立相应的写作机构；一些地方大学打破高校制定战略规划的常规，采取了委托立项等灵活多变的方式制定本校的战略规划。

2012年以来，教育现代化加速推进，教育面貌发生格局性变化。在世界百年未有之大变局和新冠肺炎全球大流行的大背景下，高质量发展成为当前高等教育的时代主题。站在“两个一百年”历史交汇点上，为进一步发挥教育“国之大计、党之大计”的基础性、先导性、全局性作用，制定高质量的战略规划并保障规划的有效实施将成为学校未来发展的关键。日前，自觉、科学、有效制定战略规划的意识已然形成，战略规划的内涵、制定战略规划的方法和步骤已基本明确，越来越多的高校开始发挥战略规划的作用，以推进学校健康发展。

1.1.4 从大学战略规划到战略管理

大学战略规划的制定过程是大学战略管理过程的一个重要阶段，大学战略规划是进行大学战略管理的必要前提，大学战略管理是实施和落实大学战略规划的根本保证。如果没有科学的大学战略规划，就不可能实行真正意义上的大学战略管理；如果没有大学战略管理，大学战略规划则只能停留在蓝图阶段，不可能付诸大学未来改革与发展的实践中。

战略管理作为一门学科始于20世纪60年代，20世纪70年代在企业管理学术研究和实际运用领域获得长足发展，随后又被作为非营利组织的高校、基金会、科研组织等逐步引入。国外大学管理引入企业战略管理理念始于20世纪80年代，其标志是1983年美国乔治·凯勒发表的《学术战略：美国高等教育管理革命》一书（也译作《大学战略与规划——美国高等教育管理革命》)。战略管理是一种总体性管理，包括战略规划与选择、战略实施、战略控制三个相互联系的环节，涉及人、财、物、时空、信息等所有资源，特别注重通过多个层面的及时反馈，构建周密、有效的闭环系统，强化战略管理全过程的控制与调整。可以说，战略管理是组织为了长期的生存和发展，在充分分析组织外部现状和内部条件的基础上，确立和选择组织战略目标，并针对目标的落实和实现进行谋划，进而依靠组织内部能力将各种谋划和决策付诸实施，以及在实施过程中进行控制与评价的一个动态管理过程。

战略管理的实质是使大学能够适应并利用环境的变化实现大学的跨越式发展，并以全局性、前瞻性的战略指导学校的各项工作。与战略规划相比，战略管理更加注重高校与环境的关系，它的一个基本宗旨便是利用外部机会化解或回避外部威胁。战略管理追求的是整个学校的最佳态势，大学能否正确把握未来，做出科学的、有远见的决策，直接关系到大学的生存和未来的发展。作为“一种更为积极主动、目的明确、面向未来的大学管理方式”，战略管理已成为新环境下大学发展的必然选择。

1.2 大学战略规划的制定

1.2.1 大学战略规划的基本理论与思维模式

1. 大学战略规划的基本理论

大学战略规划理论可谓是一个庞杂的理论家族，它包含着各种不同的理论。从理论取向的角度看，大学战略规划理论包括竞争优势理论与战略联盟理论两种，这两种理论传递出两种不同的大学发展战略路径。“竞争优势理论”是由哈佛大学迈克尔·波特教授于20世纪80年代在经济学领域提出。在他看来，竞争优势是任何组织发展的关键所在，也是制定战略规划的逻辑起点，一旦丧失竞争优势，组织就注定面临失败。波特所提出的低成本战略、差异化战略以及集中化战略引起了大学战略决策者的高度关注，尤其是差异化战略与集中化战略被广泛应用于大学战略分析与制定上。而大学“战略联盟理论”的出现则以美国詹姆斯·穆尔的《竞争衰亡》一书的出版为标志。“战略联盟”这一概念则由美国管理学家罗杰·奈格尔正式提出，大学战略联盟大大拓展了战略理论空间。大学战略联盟就是两所或两所以上的高校为达成一定的战略目标，通过资源共享、学分互认、课程联合等方式所形成的优势互补、风险共担、资源流动的松散型组织。

就具体理论而言，大学战略规划的许多理论并非诞生于高等教育学界，而是源自企业，通过不断地理论借鉴与改造，大学战略规划理论方面的研究成果逐步丰富起来。与企业相比，大学战略规划理论的研究重点主要集中在组织内部的资源、能力、知识、人力、文化等要素上。资源基础理论是大学战略规划中的基本理论，它是由美国杰恩·B·巴尼提出。该理论构建了“资源—战略—绩效”的分析框架，即战略制定的过程就是寻找组织内部特色资源并与之相匹配的过程，该理论在大学战略规划中也被称为资源匹配理论。此外，知识管理理论与人力资本增值理论是大学战略规划的核心理论。20世纪60年代初，美国“现代管理学之父”彼得·德鲁克率先提出“知识工作者”和“知识管理”的概念，并指出知识将成为未来社会中最重要的战略资源，而知识工作者将成为创造知识的核心主体。

2.大学战略规划的思维模式

世界上很多著名的大学在过去的十几年里也曾面对各种纷繁复杂的管理问题，但通过各种各样的战略规划和战略管理，采用各种发展模式，最终实现了自身的跨越式发展。大学战略规划中有常见的六种思维模式：

（1）强化局部优势带动全局发展的思维模式

以卡内基梅隆大学（CMU）为例。CMU建于1900年，从20世纪60年代开始，学校通过实施战略规划，使CMU从一个地区性大学跻身美国一流大学的行列。战略管理大师萨尔德曾任CMU校长，他有一句名言：“战略规划的目的就是要使学校处于一个与众不同的位置。”他在任职期间通过战略规划找到自己的比较优势，利用自己的强项，使强项更强，但不追求在所有领域都领先。通过抓住计算机科学与技术发展的重大历史机遇，确定那些本校有可能占据领先优势的学科领域，在计算机、机器人软件工程、管理信息技术等领域取得了空前进展，并且以优势学科为基础进行学科交叉、渗透。CMU的各种院系研究机构的设立优先考虑的就是能否在这个领域中成为一流并保持一流。今天的卡内基梅隆大学可以说是美国最小的研究型大学，院系设置并不全面，只有7个学院，没有法学院、医学院等学院，但所具有的院系都在各自领域中保持了领先地位。卡内基梅隆大学的成功，很大程度上正是得益于其出色的战略管理。在战略规划过程中，卡内基梅隆大学成立了学校的战略规划委员会，同时要求学校的每个机构都对自己所承担的任务负责，且要求每个教师都参与规划。卡内基梅隆大学的战略规划包括六个组成要素部分：前景展望；确定目标；选择行动；确立成功的衡量标准；实施与沟通；发挥外部机构的作用。

（2）基于资源观的思维模式

以印度理工学院为例，学院在长期发展过程中认识到，只有不断地从外部获取优质资源，形成资源强势，才能够为自身发展创造持续竞争优势。为了能够获取对学校发展具有至关重要意义的优质资源，该学院主要采取了三大举措：一是积极为国家服务，主动承担了国防部、科技部、能源部、人力资源部等政府机构的科研项目，从而获得了政府的大力支持，得到了可观的研究经费和支持性政策。二是积极争取国际援助和合作，如联合国教科文组织和苏联对孟买分校的援助、德国对马德拉斯分校的支援、美国的坎普尔印美项目等直接推动了这些分校的迅速崛起。三是大力发挥校友的作用。

（3）问题解决型的思维模式

以威斯康星——麦迪逊大学为例，学校根据发展存在的关键问题，设定预期要达到的目标，通过实现目标来解决问题。为解决州拨款持续下降、系科分割严重、师资队伍涣散、学校管理效率低下等棘手问题，学校从20世纪80年代后期开始陆续出台了3部战略规划，均从宗旨、战略重点、具体目标和具体措施4个层面对学校的未来进行设计，成为统筹学校学术资源和物质资源的依据。这些主要措施包括：引进师资、强化学校传统优势领域的研究实力；设立新的跨学科教师岗位，促进交叉学科的发展；提高研究水平等战略举措。

（4）结合社会发展需要和区域优势的思维模式

以斯坦福大学为例。斯坦福大学成立于1887年，是美国顶尖的研究型综合性大学。斯坦福大学能实现自身的跨越式发展，主要得益于其制定的20年发展规划。1944年，在土库曼的建议下，斯坦福大学制定了20年发展规划，以便把斯坦福大学从一所地方性大学办成全国著名学府。其大学规划与管理的要点包括以下几点：①确定了基础研究在大学发展战略中的首要地位，制定了学术与科研的长期规划。②实施“学术顶尖战略”，把有条件的学科办成顶尖水平，并以此为中心向其他相关学科辐射，形成自身特色与优势，迅速提升整个大学在全美研究型大学体系中的地位。③加强与工业界的合作，努力使斯坦福大学成为工业研究和开发的中心。1951年，斯坦福采纳土库曼的建议，将2400公顷土地划出，成立了世界第一个科技园——斯坦福大学科技园，并逐渐形成了技术和知识密集型的工业开发区，即著名的硅谷。④为了增加教师与工业界进行联系的兴趣，斯坦福大学制定了一套报酬制度，并且优先考虑可能对大学学术发展作出贡献的企业进入科技园区等。

（5）突出学校自身特色的思维模式

剑桥大学第344任校长艾莉森·理查德曾言：“大学之所以卓尔不凡，不仅因为这些大学具备了在世界范围内使它们成名的一致性，还因为它们各有各的独特性。”以杜克大学为例，诞生于1924年的杜克大学，为了实现从一所宗教学校到一流大学的飞跃，很早就开始进行战略规划，先后经历了9位校长的更替，出台了多部战略规划，每部规划的出发点都是为了使学校离世界一流大学的目标更近一步，且战略重点也都放在教育质量、多样化、国际化、跨学科等方面。另一方面，杜克大学的传统和特色也得到了很好的传承与发扬——建立在一个紧密协作的博艺文科教育和职业教育基础上，这也成为杜克大学一个至关重要的、与众不同的“遗产”。

（6）加强学校外部联盟的思维模式

当前，这种模式在世界范围内已经很常见，通过不同学校之间的战略合作，来提升自己的知名度，弥补自身发展的不足。如美国的CIC大学联盟，是12所一流的研究型大学强强联合。在我国台湾地区，高校间往往结成战略联盟，通过资源互补来提升整体竞争力。中国的C9联盟，就是9所顶尖大学间的高校学术联盟，旨在人才培养、科学研究等领域加强合作与交流，优势互补。世界一流中医药大学建设联盟，由6所新中国最早成立的中医药高等院校发起成立，旨在充分发挥和利用成员学校的特色和优质办学资源，提升各成员的教育质量、办学水平与社会声誉，实现学校的高水平发展。

1.2.2 大学战略规划的编制方法

大学战略规划是基于数据收集与分析基础上提出的政策建议和计划，也是基于大学的组织性特点对大学的未来发展进行探索和改革，帮助大学适应多变的社会环境，制定切合实际的计划和方案，并及时进行调整。大学战略规划编制需遵循一定的流程和方法，包括环境扫描、内部统计、标杆对照法、SWOT分析法、核心竞争力法等。

1.环境扫描

环境扫描是战略规划最为重要的环节。在战略管理理论中，环境扫描被认为是形成有效战略的一个前提条件，也被称为战略转换的导航机制。身处复杂的环境中，战略规划需要帮助高校适应复杂的社会环境，高校需要通过环境扫描对自身的资源和价值进行全面的认识，通过对高校进行环境扫描，可以对高校的整体情况进行整体把握和全面调查。环境扫描分为外部环境分析和高校内部环境分析，包括对高校基本情况的分析和对高校优势劣势的调查。环境扫描为高校战略规划转换提供信息，对于战略规划的制定有促进作用。环境扫描的过程主要包括信息需求、信息检索和信息利用三个环节。对于高校的环境扫描主要分为人口环境、经济环境、政治环境、组织环境、技术环境以及社会环境。通过对这些方面的环境扫描，可以对高校的内部和外部环境获得较为全面的审视，当然，在环境扫描的过程中，也不必拘泥于上述方面，可以随时根据实际情况进行调整和尝试。环境扫描的结果将会成为院校形成切实可行战略规划的先决条件。

2. 内部统计

在大学战略规划中，内部统计对高校自身内部职能体现具有重要作用。内部统计的职能主要有监督职能和评价职能。统计是高校管理的一项重要工作，通过对高校自身的内部统计，可以更好地掌握学校的基本情况，理清学校发展脉络，从而更好地对高校未来进行规划和设计。与外部统计不同的是，外部统计主要来源于学校外部的评价报告和报表，而内部统计是高校内部的调查数据，所获得的数据更为真实可信，学校内部统计的数据，主要为学校管理服务，也可以为外部人士更好地了解学校提供帮助。世界一流大学具有一流的管理水平，一流的管理水平离不开一流的统计工作。高校需要配备专业的统计队伍，对历史数据进行搜集分析整理，并及时公开必要的信息，为“双一流”建设提供助力。

3. 标杆对照法

标杆对照源于标杆管理的理论和方法。孔杰、程寨华将标杆管理内容定义为：以在某一项指标或每一方面实践上竞争力最强的企业（产业或国家）或行业中的领先企业或组织内某部门作为标杆，将本企业（产业或国家）的产品、服务管理措施或相关实践的实际情况与这些标杆进行定量化评价和比较，分析这些标杆企业（产业或国家）的竞争力最强的原因，在此基础上制定、实施改进的策略和方法，并持续不断反复进行的一种管理方法。在大学战略规划中，标杆对照也应用于统筹高校发展、规划高校未来的方法中。通过以其他优秀高校作为基准参照物，强调对于标杆高校的学习，通过对业界顶尖水准参照物的外部对照，参考参照物的卓越之处，从而更好地学习和模仿参照物的长处，改进己方短处。标杆对照一般按照三个步骤进行，第一步选取标杆高校，遵循最优性、相似性、可行性原则，所选取的标杆高校应当处于业界领先地位，具有可学习性；第二步，建立指标体系；通过设定对比指标，合理设定一、二级指标；第三步，进行对比分析。通过对标杆高校和自身的对比，发现差距，进而分析原因，制定改进政策。

4. SWOT分析法

SWOT分析法是管理学中较为常用的一种分析手段，由哈佛商学院的安德鲁斯于1971年在其书《公司战略概念》中提出。其中，S代表优势（strength），W代表弱势（weakness），O代表机会（opportunity），T代表威胁（threat），S、W是分析过程中的内部因素，而O、T属于外部因素。通过SWOT分析，可以更好地清楚企业的内部环境和面临的外部挑战，将SWOT分析方法应用到大学战略规划中，可以全面地分析学校面临的优势环境、劣势环境、机会和威胁，从而能够对高校自身发展进行准确定位，最大限度地利用好自身优势与发展机遇，规避风险，制定出符合学校自身条件和适应外部环境的最佳策略，进而有利于学校提高核心竞争力，在竞争中获得发展。

在SWOT分析过程中，首先，要进行目标分析，明确方向；其次，对学校进行内部和外部的分析。内部分析包括学校的优势与劣势，明确学校的核心竞争力，具体来说，内部分析包括对学校的办学实力、发展历史和社会地位、学校领导和教职工的概况、学校机构设置、组织架构、学校资产、环境设施、资金运转情况等。学校的外部分析，主要包括学校身处的政治、经济、文化和教育发展状况。在对学校进行内外部分析之后，要根据形式和情况，对学校的目标和战略进行定义和修订，在掌握已有情况的基础上形成新的符合当前发展需要的战略，通过实践不断反馈总结并进一步完善。高校在运用SWOT分析法进行分析并制定战略的过程中，可以对高校的情况有全面的了解，从而规避弱点和缺陷，抓住机遇、应对挑战，寻找适合自身发展的道路。

5.核心竞争力分析

核心竞争力的概念来源于企业管理，通常来说，核心竞争力是指组织中的累积性学识，特别是关于如何协调各种生产技能和整合各种技术的学识。后来，随着全球知识经济的兴起，核心竞争力的概念逐渐被引入教育系统。高等教育的战略性基础产业属性和高校的组织属性，决定了高校必须在战略管理中抓住核心竞争力。核心竞争力是高校战略规划根本出发点。赖得胜、武向荣等人认为“大学的核心竞争力就是大学以技术能力为核心，通过对战略决策、科学研究及其成果产业化、课程设置与讲授、人力资源开发、组织管理等的整合或通过其中某一要素的效用凸现而使学校获得持续竞争优势的能力”。高校核心竞争力一般包括，学术生产能力、人才生产能力、管理力、文化力。核心竞争力是独特的，不具有普遍性的，高校只有找到自己的核心竞争力，才能在激烈的竞争中，走出一条符合自身特征的一流高校发展之路。

1.2.3 大学战略规划的编制程序

科学地编制程序是科学制定战略规划的基本保障。结合我国大学战略规划编制实践，编制程序一般可分为前期准备、开展战略研究、撰写规划文本、反复修订完善和审定发布等几个彼此衔接的阶段。

1. 前期准备阶段

大学战略规划编制的前期准备阶段主要包括明确职责分工、学习理论方法和广泛开展动员等内容。首先，确定战略规划的主责部门，明确职责分工。目前，许多高校都成立了专门的事业发展机构，如发展规划处、发展规划部或发展规划办公室，也有一些高校未设置专门的事业发展机构，相应职能由学科建设办公室、政策研究室等部门承担。其次，学习大学战略规划的基础理论和编制方法，充分把握战略规划编制的要求和原则，为科学编制战略规划奠定基础。规划也是一门科学，是一项能力，需要通过系统的学习来认识和掌握。最后，广泛开展动员，充分调动大学各个层面的参与积极性，下达布置战略规划工作，为战略规划编制的民主性开展提供保障。广泛的民主认可是大学战略规划编制的基本保障，一项好的大学战略规划是全校集体智慧的结晶，是集体意愿的充分表达和体现。

2. 开展战略研究阶段

战略如同规划的灵魂，一部没有战略的规划，是没有灵魂的。在开展战略研究的过程中，首先要对已取得的成绩和存在的问题进行总结分析，然后对学校所处的内外部环境进行全面扫描，再结合大学对未来发展的需求，确定大学的使命和愿景，明确未来一段时期的发展目标，规划若干重大行动以保障发展目标能够如期实现。以清华大学“十四五”规划编制为例，清华大学在战略研究阶段，采用SWOT分析法，将学校内部优势、劣势及外部机遇、挑战进行全面而综合的分析，确定“服务国家和人民，推动人类文明进步”的使命及“成为世界顶尖大学”的愿景，明确“十四五”时期的具体任务指标，围绕人才培养、科学研究、队伍建设、国际交流合作、文化传承创新和社会服务六个方面规划若干重大行动，并将“加强党的领导”和“完善中国特色现代大学治理体系”作为组织领导和制度保障。

3. 撰写规划文本阶段

通常情况下，大学战略规划的编制最终是以文本形式呈现出来的。大学战略规划文本具有内容全面、语言简练、指向明确等特点，是在全体师生共同参与下，上下互动、共同完成的。各级工作班子在领导小组的指导下，充分吸纳全校师生员工及社会各界人士合理意见，运用科学的规划编制方法，按照事先设定的规划体例开始文本编撰工作，并最终形成规划文本。以清华大学“十四五”规划编制为例，在撰写规划文本阶段，主责部门根据学校领导班子务虚会精神，通过广泛调研、征集二级单位提案、开展专题研究、咨询专家意见等多种形式，自下而上形成规划思路报告初稿，经学校党委常委会研究通过后，形成《清华大学“十四五”规划思路报告》，作为规划顶层宏观指导。各相关部门在此基础上继续深化13个专题的研究，起草“十四五”规划纲要（含关键指标）及专项规划草案，各二级单位编制本单位规划初稿。

4.反复修改完善阶段

大学战略规划文本形成的过程中要注重全校师生员工及社会各界人士的意见征集，文本形成后亦要尽可能吸引大学利益相关者参与文本讨论和分析，充分吸纳来自各方面的意见和建议。通常情况下，大学可以通过教代会、论证会、报告会等渠道，面向校内外听取各种不同的声音，对规划进行修改完善。同时，做好专项规划与总体规划、二级单位规划与校级规划、校级规划与国家规划之间的衔接工作，结合上下级规划文本，对本级规划进一步修改完善。以清华大学“十四五”规划编制为例，针对规划草案的修改完善工作主要按以下三个步骤开展：一是主责部门将规划纲要草案提请教代会全体会议审议，听取各方意见，有针对性地进行修改。二是做好规划之间的衔接，对照国家相关政策文件要求，进一步修改完善；各专项规划和二级单位规划也要对照国家规划和学校总体规划进行相应的修改完善。三是通过召开论证会的形式，再次征求大家对规划文本的意见和建议，修改完善后形成规划报审稿。

5.审定发布阶段

经过前期各个阶段工作的开展和广泛征求意见、不断修改完善，大学战略规划编制就进入了审定发布阶段。在我国，教育部直属高校总体规划的审定发布一般经由大学的党委常委会审议通过后报教育部审核，教育部组织专家论证后提出针对性修改建议，再次修改完善后的总体规划经党委全委会审议通过后向社会公布。教育部对直属高校的专项规划和二级单位规划不作统一规定，各高校的通行做法是，专项规划经主管校领导审核通过后在校内发布，各相关单位遵照执行；二级单位规划经本单位党政联席会或教代会审核通过后在本单位发布，各相关人员遵照执行。

1.3 大学战略规划的实施

1.3.1 大学战略规划实施的意义

大学战略规划兴起的背景和意义在于通过大学战略规划的实施促进大学的跨越式发展。战略行动是实现战略愿景和目标的必然途径，所谓战略行动就是战略规划实施的过程。在当前大学战略规划全面推进的背景下，未被实施的完美规划，不如落地的不够完善的规划，战略规划成功的关键在于战略实施。通过战略规划的实施，推进大学深化改革，并结合重大机遇调整、创新发展模式，实现跨越式发展。

1.3.2 大学战略规划实施的方法

在战略规划的实施流程中，需要对战略规划的流程进行管理。流程管理是“一种以规范化构造端到端的卓越业务流程作为中心，以持续提高组织业务绩效为目的的系统化方法”。下面介绍三种流程管理方法，分别是平衡计分卡法、战略地图法和雷达图分析法，在实践操作中，这三种方法可以同时应用于大学战略规划的流程管理中。

1.平衡记分卡法

平衡记分卡是由哈佛大学教授罗伯特卡普兰和诺朗顿研究院的执行长戴维诺顿于20世纪90年代初提出并创建的，是一种全面考察组织业绩的绩效评价工具。目前越来越多的国外高校开始应用此种绩效管理方法，也渐渐成为高校实施战略管理和评价的一种途径，应用在公共部门的绩效考核中。平衡记分卡分为四个维度，分别为财务、内部运营、学习与成长、顾客维度。在高校战略规划应用此方法过程中，这四个维度分别被赋予不同的意义。应用平衡计分卡对高校战略规划进行分解，各维度以战略规划为核心，围绕组织制定具体的考量标准，并通过制定学校发展的关键KPI绩效指标，衡量组织业绩效果。与传统的考核方法比，平衡记分卡可以更广泛具体地对绩效进行评价。

2.战略地图法

战略地图法是由哈佛商学院教授罗伯特·卡普兰和戴维诺顿在平衡积分卡的基础上提出的。战略地图的绘制可分为六步：第一步，确立战略管理的总体目标。第二步，调整客户价值主张定位（客户层面）。第三步，确定价值提升时间表。第四步，确定直接驱动价值的战略（内部流程层面）。第五步，确定提升间接驱动价值的战略（学习和成长层面）。第六步，形成行动方案。战略地图在于协调多方面一致，因此，在描述、沟通、管理和实施过程中，具有优越性和先进性。在高校的战略管理中，战略地图法与平衡记分卡结合使用，可以更好地为战略规划提供流程管理手段。战略地图以动态可视化的形式为战略规划提供分析和帮助，与平衡计分卡法相辅相成。

3. 雷达图分析法

雷达图的形状类似于导航雷达显示屏上的图形成像，是由许多个同心圆组成，并从每个同心圆向外引出许多条相等距离的射线，每条射线都连接着一个指标，就是被研究的因素对象；同心圆中的每个圆都代表一个分值，分值由内层向外层逐层递增。使用者根据实际情况将各项指标标注在指标轴对应的位置，将这些指标轴上的各点联结在一起，形成完整的雷达图。雷达图分析法具有全面、清晰、直观、易判断的特点。通过雷达图分析法，可以将各项指标等客观因素从多角度融合性地进行分析测评，分析结果更具有代表性，如今在教育界等多个领域都应用广泛。在高校的战略管理中，雷达图分析法可以更直观地展现规划执行情况，便于决策者及时作出调整。

1.3.3 大学战略规划实施的路径

大学战略规划编制工作完成后，就进入大学战略规划实施阶段。要落实好战略规划，可以从以下路径着手。

1. 统筹安排规划目标和任务

除了学校整体事业规划外，大学往往还有专项规划和院系规划。大学所有的办学功能都是在二级院系实现的，各职能部门主要是发挥领导、协调、组织、监督、检查的作用。把规划的要求变成实际办学行为的中间环节，需要职能部门根据整体事业规划情况，考虑自身部门主管的范围、在各年度要安排的工作，这些工作要具体地落实到哪些院系和哪些办学单位才能产生效果，并统筹考虑如何进行资源配置。

2. 充分发挥二级院系的主体作用

二级院系在规划落实中的作用至关重要。如果二级院系没有积极性，不管学校领导多么重视总体规划，职能部门多么努力，二级院系没有具体行动、密切配合，战略规划的实施效果将大打折扣。只有二级院系有活力，积极主动地思考自身的发展问题，谋划自己的发展，采取建设性的措施来改变自身学科专业的现状，改变自身师资队伍的情况，改变自身的课堂教学，这样的发展才是有效的，这样的二级院系才是真正有活力的，整个学校才真正有活力。

3. 建立一套新的工作动力传导机制

如果没有动力来传导、牵引，规划的落实会很难，因为没有目标的设定、过程的监控，没有最终结果的考评和相关奖惩措施的跟进和保证，规划就是一纸空话。要落实好规划，在学校和二级院系层面都要建立新的动力传导机制——由规划目标出发，引导全校各部门、各院系的工作进程。将规划落实与目前高校正在实行的目标责任制紧密结合起来，把规划的目标变成考核的目标，使其成为落实规划的新的动力机制。

4. 适时对规划进行修订和完善

战略规划不可能一成不变，不管是学校整体事业规划还是院系规划，都是可变的。在规划实施中，若出现新需求、新变化、新情况，需要按照规划程序对规划本身进行调整和完善，确保规划的进步性，增强规划的科学性，保障规划的权威性。

1.4 大学战略规划的评估

大学战略规划实施后需要定期进行全面系统的战略规划评估。规划评估既是战略规划在一个规划期结束后，对实施执行结果和绩效的分析判断过程，也是对战略规划运行的有效性以及是否进行战略调整和变革必要性的反馈过程。做好战略评估可以从以下几个方面着手。

（1）审视战略规划。战略评估首先要对战略规划进行审视和评估。评估的内容包括规划是否符合高等教育规律，是否适应社会发展要求，是否符合学校发展实际，是否具有现实可操作性。评估方式之一是邀请校外专家、有关领导、教师及学生代表对规划进行论证。

（2）评估战略实施。首先，检查战略基础，了解构成现行战略的机会与威胁、优势与弱势等是否发生了变化，发生了何种变化，因何而发生变化。其次，衡量战略绩效，对预期目标与实际效果进行比较，研究在实施战略目标过程中取得的结果。最后，修正与调整战略，在检查战略与衡量绩效的基础上，作出延续战略、调整战略、重组战略或终止战略的决定。

（3）评估资源利用效率。在战略评估中，要对全校及各单位的资源利用效率进行评估。要考察投入与产出比，进行成本分析，通过对资源占用与消耗、工作业绩的综合分析，对学校及各单位的资源利用效率作出评估。

大学战略规划评估的实质是建立一种有效的、顺畅的反馈机制。正确有效的大学战略规划评估，不仅能够及时发现和纠正战略偏差，确保战略目标的实现，而且还可能在必要时提出新的战略目标、新的战略规划和促进大学组织结构以及管理方法的重大变革等。

第二章

从战略规划到空间规划

2.1 大学战略规划的空间转化逻辑

大学战略规划是对大学发展进行整体性、系统性设计，是基于大学现实状态而进行的面向未来一定时期的发展状态的设想。作为承载大学教育和科研行为的空间载体，校园空间规划如何更好适应大学战略规划的要求？如何从学科、人才、产业、宣传等多维度服务好大学的整体发展战略？一直是高等学校规划设计界关注的重点和难点。特别是在以“一流为目标、学科为基础”的原则，加快建成一批一流大学和一流学科，在我国高等教育领域发展新战略的今天，揭示并强化两个规划之间的联系，具有更为迫切的现实意义。

作为物理空间规划的一种重要类型，校园的空间规划有着其内在的逻辑和方法，是一项包含了功能布局、基础设施、景观系统、交通组织和建筑单体（包括风貌、结构、机电系统、室内设计等）的完整的系统工程，在轴线、序列、形式、材料、色彩、质感等经典空间规划设计手法的基础上，叠加并融入战略规划所提出的学科体系、科研目标、教学要求、人力发展、财务规划、信息技术等方面的要求，并利用空间的语言，从空间的角度传达出高校发展的愿景和目标，是一个校园空间规划成功的关键和基础（见图2.1）。

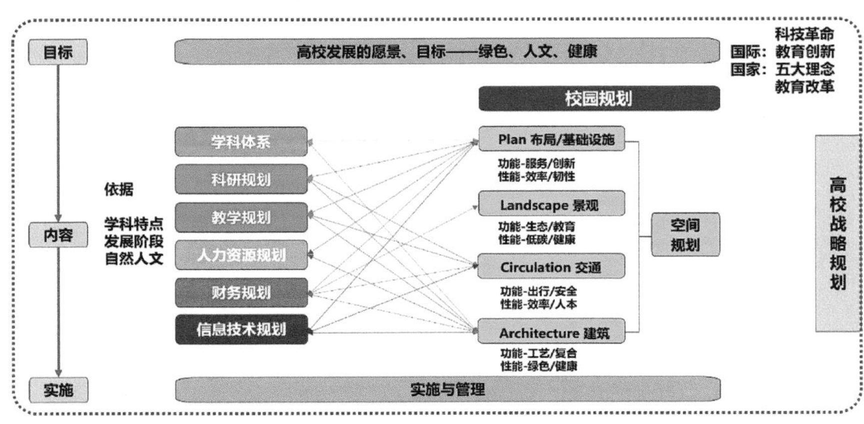

图2.1　校园空间规划与发展战略规划的关系（作者自绘）

2.2 我国高校的发展战略与空间规划

2.2.1 北京大学“十三五”规划和发展规划纲要与空间规划

北京大学“十三五”改革和发展纲要的题目是“守正创新、引领未来”，直接表达了北大在2016—2020年这五年时间的整体发展目标定位为：兼顾坚守传统与创新发展，不仅面向未来而且要进入前列。为此，其在人才培养、师资队伍、学科建设、服务社会、治理机制等方面，规划了如下举措：

（1）“立德树人”：融通识教育于培养全过程，鼓励以探索和发现为中心的教学，完善学术研究型和职业应用型研究生培养的综合资源支撑体系；（由此带来对混合式教学、小班教学、慕课建设等新教学空间需求）

（2）“造就一流”：健全教师分类别管理体系，构建高水平师资人才体系，完善长聘考核评价机制；（改善师生居住条件）

（3）“优化布局”：加强基础、促进交叉，积极搭建跨学科、跨院系合作平台，扎实推进国家重大科研基础设备设施和大科学装置建设，重点建设服务于前沿基础研究的基础平台、服务于产业关键共性技术的研究创新平台和服务于国家重大专项的多学科综合性研究平台，形成通用数据、分析、测试平台与大型专门平台相结合、集约高效的综合科研服务体系；（支撑学科交叉和创新平台建设）

（4）“服务社会”：以重大科研项目和高水平研发平台为载体，对接并服务“一带一路”“京津冀一体化”“海洋强国”“扶贫攻坚”等国家战略；建设一批高端智囊团和思想库，积极与创新企业、科研机构、顶尖科学家合作，共建开放式联合实验室，打造完整创新链条；建设高端专利转化平台，完善继续教育体系，持续增强医疗服务品质；（增强科创平台和继续教育设施建设）

（5）“强化交流”：加强孔子学院建设，深度参与国际合作，支持学生参与高层次国际交流，改善留学生生源结构，加大引进国外高水平人才力度，打造全球化资讯平台；（教学生活休闲设施对标国际一流标准）

（6）“魅力校园”：建设完成学生、行政和后勤三大中心，扩大和改善教学科研空间，优化和完善学生生活设施布局，提升校园历史文化和生态环境品质，建设智慧绿色校园，充分利用地下空间，加强校园车辆管理，积极推进“无车校园”计划，建立平安校园“智能化综合平台”，推进科技园与国际医院的建设，做好昌平校区学科规划和校园规划工作；

（7）“完善治理”：完善决策制度体系和学术治理结构，拓展学部职能，优化管理流程，提升行政效能；

（8）“党建创新”：完善校院（系）两级理论中心组学习制度，加强基层党组织和党员队伍建设，全面落实党风廉政建设责任制。

基于该规划纲要，校方委托北京大学城市规划设计中心完成《北京大学燕园校区总体规划（2016—2030）》。该空间规划结合燕园校区的建设现状，主要以“建设具有历史文化传统的现代生态型校园”为目标，在合理利用空间、保持传统风格、优化功能分区、保障教学科研、改善学生住宿环境、合理组织人流车流、保护国家文物等方面提出详细的空间建设要求，具体包括：

1. 功能布局调整

本次规划大幅增加了教学科研用地的比例，规划将蔚秀园、承泽园等地的部分教职工住宅区改成教学科研区，并在成府园规划建设用地新建教学楼，形成具有更大影响力的教学科研区，满足未来的公共教学要求，并且使布局更为合理，有利于交通组织。规划中的理科教学科研区集中于校园东门附近、燕东园西部、中关园西部及成府园东部和南部等地区。通过新建部分教学科研楼，并改扩建一批现有楼宇，使各理科教学科研区相对集中于主校园外围的主要出入口处。同时，新规划将学校部分文科院系迁至校园北部的古建园林区中。根据古建园林区的历史变迁、现状空间结构，结合文科的学科性质，对古建园林区进行清理整治，并遵从古典园林风貌与合理的环境容量，进行建筑设计与安排使用单位，从而建立书院式的环境宜人的文科教学科研区（见图2.2.1-1）。

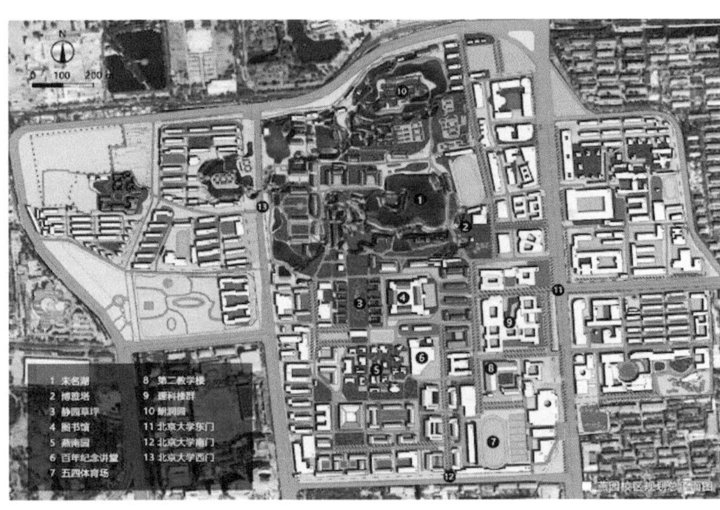

图2.2.1-1 北京大学校园总平面图（图片来源：北京大学提供）

2. 生态环境优化

此次规划力求将大块的集中绿地作为一个重要的功能和景观要素，在校园内部贯通和串联各主要的功能区，烘托和营造校园的文化氛围和静谧气氛，达到视觉上的和谐和心理上的愉悦。主要策略是：通过新增部分集中公共绿地，对原有环境进行整治改造，以及在新建用地中对绿地率提出合理的控制要求等手段，规划增加公共绿地10公顷，使公共绿地面积达到校园用地面积的43%以上。同时，以未名湖风景区为核心的、贯穿燕园南北的中心绿带，南门至百讲的景观轴线以及东门到图书馆的景观轴线带作为中心绿地，为广大师生提供良好的户外交流活动场所。在南部教学和生活区，营造新的集中绿地，缓解高密度建筑群带来的压抑感，创造适宜学生成长和发展的有利环境。

3. 强化文化氛围

结合老校园用地紧张、文物建筑众多的特点，新一轮规划在清理停放废旧自行车或堆放杂物的地下空间基础上，逐步开放部分场地作为地下停车空间，其余作为教学活动场所或服务设施空间（见图2.2.1-2）。同时，对于燕园校区内各时期的标志性建筑和景观，本轮规划予以保留和进一步明确，以期保护燕园传统风貌。

■ 第二教学楼地下交流空间

■ 第二教学楼地下路演大厅

图2.2.1-2　地下空间利用（图片来源：北京大学提供）

2.2.2 清华大学事业发展"十三五"规划与空间规划

清华大学的"十三五"规划是以六个"坚持"为指导进行编制的，即坚持"以人为本、使命驱动、改革创新、统筹协调、开放办学、党的领导"，在此基础上明确了学科建设、师资队伍、人才培养、科技创新、社会服务、文化建设、全球战略、党的建设八个方面的发展要求，具体包括：

（1）学科建设，在明确不同学科发展路径基础上（工科以服务国家创新驱动发展战略为导向，理科以开展国际学术前沿研究为中心，文科坚持高水平、有特色、规模适度、优势突出的建设原则，生命科学与医学学科则主要以完善学科布局为首要任务），建立资源动态调整机制，优化完善学科组织结构，鼓励理工融合、文理贯通。

（2）师资队伍，建立高水平人才引进、创新人才选拔、提升博士后国际化水平相结合的多层次人才队伍建设体系，从教师系列管理、强化岗位管理、完善薪酬激励等三方面深化人事制度改革，围绕师德教育、师德宣传、师德评价、师德监督四方面健全师德建设长效机制。

（3）人才培养，从强化分级负责、促进教学互动、支持教学创新、完善学生奖励体系、探索校本管理、教学效果评价等方面，持续完善现代教育教学治理结构；从改革招生选拔制度开始，将通专融合、自主学习、协同培养等教学新理念融人本科教学，完善人才培养特区建设；实行学术学位和专业学位分类培养，探索研究生混合教学模式，支持博士生开展原创性研究，推动多学科交叉融合培养；充分利用教室、校园、网络、社区等不同环境，创新教育方式，完善全频谱学生发展支持体系，优化国防生培养，加强职业发展分类指导。

（4）科技创新：从改革完善科研服务管理体系和运行机制着手，统筹完善基础研究支持、跨学科交叉研究、重大项目布局研究与决策、国防科研等机制，重点围绕重大项目、跨学科交叉等加强学校科研公共条件平台建设、校内外开放共享和服务，实质推进跨学科交叉研究。同时以国家重大需求为导向，协同推进哲学社会科学各领域研究。培育国家智库，积极承担国家重大问题决策支持研究，加强学术环境和氛围建设，形成更加健康的学术文化和科研生态。

（5）社会服务：通过建立知识产权和技术转移专业队伍、积极引入社会资本、加强与重点行业企业合作、深化校地合作、强化社会责任等手段，推动科技成果转移转化。发挥综合性、研究型大学优势，通过发展继续教育、在线教育，促进学习型组织和学习型社会建设。

（6）文化建设：在完善教职工思想政治工作体系、课堂教学、社会实践、校园文化多位一体的育人平台建设的基础上，繁荣哲学社会科学学科建设，总结并弘扬清华精神，改善校园设施和环境，建立有利于多向交流的学习、研究和生活公共空间，丰富校园活动形式，促进学生对大学社区的融入。

（7）全球战略：探索建立全球培养模式，大力推进创新人才培养平台建设，优化留学生生源结构，营造良好国际化校园氛围，满足不同国别与文化的人才工作、学习、生活和交往需求。积极拓展全球战略伙伴合作网络，加强与国际双边、多边机构合作，面向国际学术发展前沿，针对全球发展中的热点问题，鼓励开展高水平国际合作研究，建立战略性国际化教育科研基地。

（8）党的建设：在发挥党的领导核心作用和坚持全面从严治党基础上，建设教职工活动中心，切实改善教职工文化、体育等活动条件。做好新形势下的学校统战工作，运用多方资源，探索建设居家养老服务体系。

在发展纲要中，对校园空间建设提出了如下明确的要求：

（1）加强校园规划基本建设：启动新一轮校园规划修编，进一步优化校园功能布局，确定并实施校园基本建设规划项目，提高土地资源和建筑利用率。

（2）强化校园基础设施建设：前瞻性地制定基础设施建设规划，新建和改造升级水、电、暖、气以及道路交通等设备设施。优化楼宇水电暖气供给方案，提高基础设施运行效率。

（3）推进绿色校园建设：完善校园景观规划，不断提升校园自然景观和人文景观品位。建设资源节约型、环境友好型校园，推进能源监测平台项目，完善能源管理体系，促进用能管理、节能管理的精准化和规范化。建立二级单位节能管理激励机制，推进节能改造工程建设，探索合同能源管理等新模式。

在事业发展规划的指导下，清华大学于2018年编制完成了《校园总体规划（2021—2030年）》，事业发展规划所确立的5大类44项指标，成为校园空间规划的重要依据，遵循人文、绿色、开放、智慧原则（见图2.2.2-1），同步编制了《清华大学文物保护规划》《空间资源统筹专题》《空间环境和景观提升专题》《交通系统优化专题》《健康和无障碍专题》《绿色校园提升专题》《智慧校园建设专题》等专项规划。该项规划的具体特色包括：

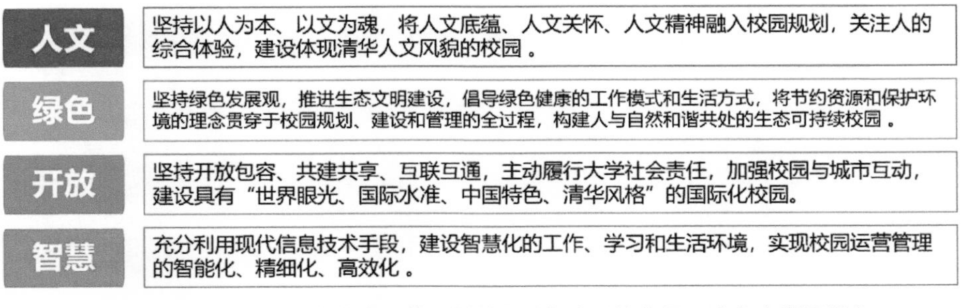

人文	坚持以人为本、以文为魂，将人文底蕴、人文关怀、人文精神融入校园规划，关注人的综合体验，建设体现清华人文风貌的校园。
绿色	坚持绿色发展观，推进生态文明建设，倡导绿色健康的工作模式和生活方式，将节约资源和保护环境的理念贯穿于校园规划、建设和管理的全过程，构建人与自然和谐共处的生态可持续校园。
开放	坚持开放包容、共建共享、互联互通，主动履行大学社会责任，加强校园与城市互动，建设具有“世界眼光、国际水准、中国特色、清华风格”的国际化校园。
智慧	充分利用现代信息技术手段，建设智慧化的工作、学习和生活环境，实现校园运营管理的智能化、精细化、高效化。

图2.2.2-1　清华大学校园总体规划编制目标（图片来源：清华大学提供）

（1）明确空间资源管控：在主校区容积率不超过0.89的基础上，通过新建和加大地下空间利用（见图2.2.2-2）、功能疏解、内部调整三类举措，进一步优化空间资源结构（对标世界一流大学），补足空间资源需求缺口（以国家办学条件要求为准绳）（见图2.2.2-3）。

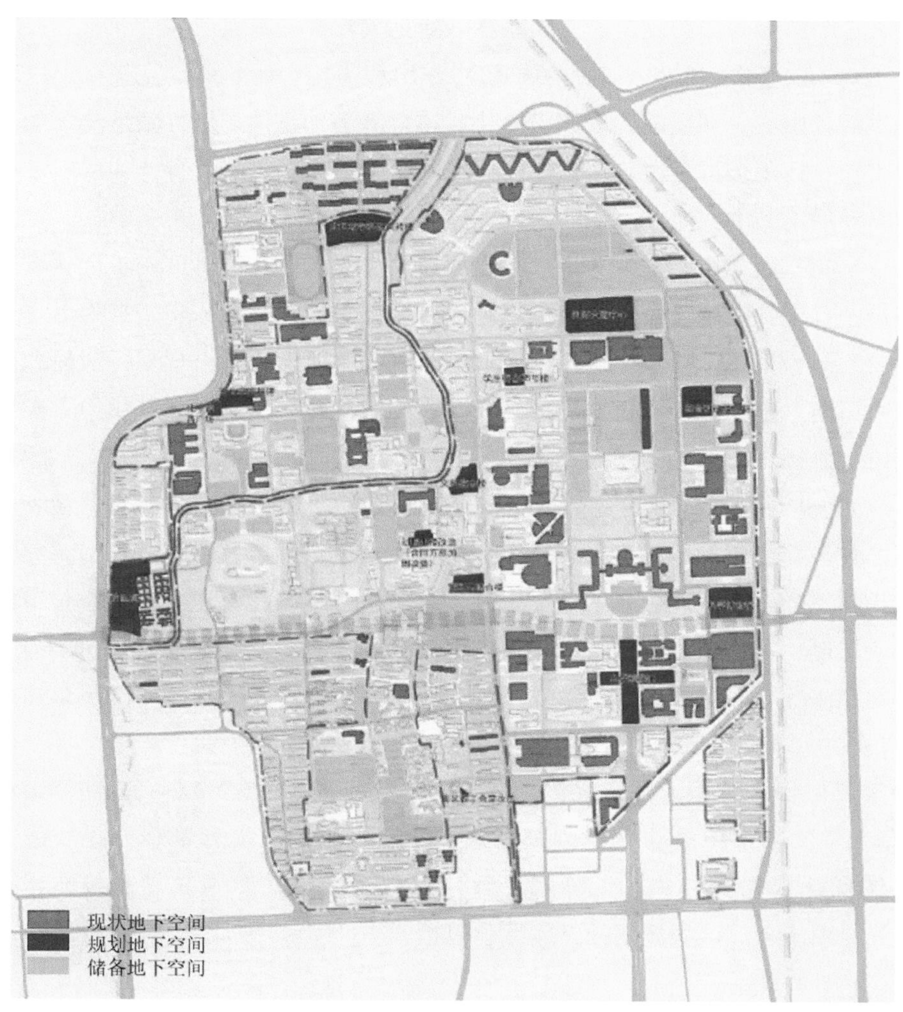

图 2.2.2-2　清华大学校园地下空间利用（图片来源：清华大学提供）

	保留在主校区的功能	可部分疏解出主校区的功能
教学科研及辅助	1. 教学（包括教室、教学实验室等）。 2. 与教学和人才培养密切相关、且适宜布局在主校区的科研。 3. 教学科研辅助（包括图书馆、体育场馆、会堂等）。	1. 不适宜布局在主校区的科研，包括有安全隐患、有较大环境污染、占地大、能耗高、使用频率低的科研。
行政办公	4. 直接服务于师生的、保障日常运行的办公。	
生活	5. 保障日常运行的生活和市政服务。 6. 学生宿舍（公寓）。 7. 教师周转公寓。	2. 不影响校内日常运行的服务。
教工住宅		3. 教师住宅及承租公房，积极转化为教师周转公寓。
其他	8. 文化展示与交流（如博物馆）。 9. 校医院。	4. 产业。 5. 附属教育。 6. 培训。 7. 其他。

图 2.2.2-3　清华大学校园空间资源管控举措（图片来源：清华大学提供）

（2）提升空间景观环境：围绕“两轴、两带、六道、五区、多片”的特色空间格局（见图2.2.2-4），分别制定了历史景观保护、室外空间功能、校园生态系统、植物种植、河道水系、设施小品及导向标识、公共艺术、慢行交通、校园参观、照明灯十项专项规划。

（3）改善交通出行环境：以“将更多空间留给师生”的校园宁静化为愿景，通过扩大无车区、提供便捷公交服务、优化慢行交通环境、提升步行空间环境、改善参观秩序、提升周边交通可达性、引入智慧管理手段等策略，让校园回归宁静的治学氛围（见图2.2.2-5）。

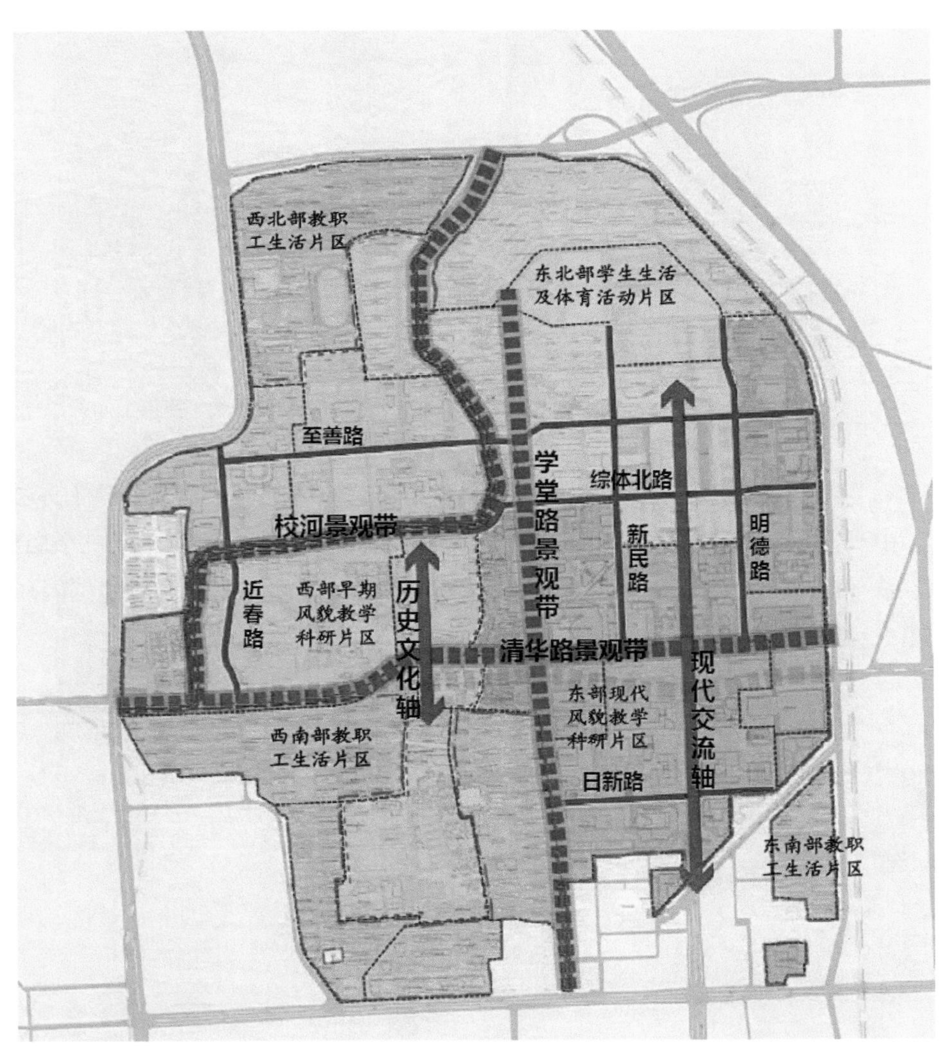

图2.2.2-4　清华大学校园空间结构规划（图片来源：清华大学提供）

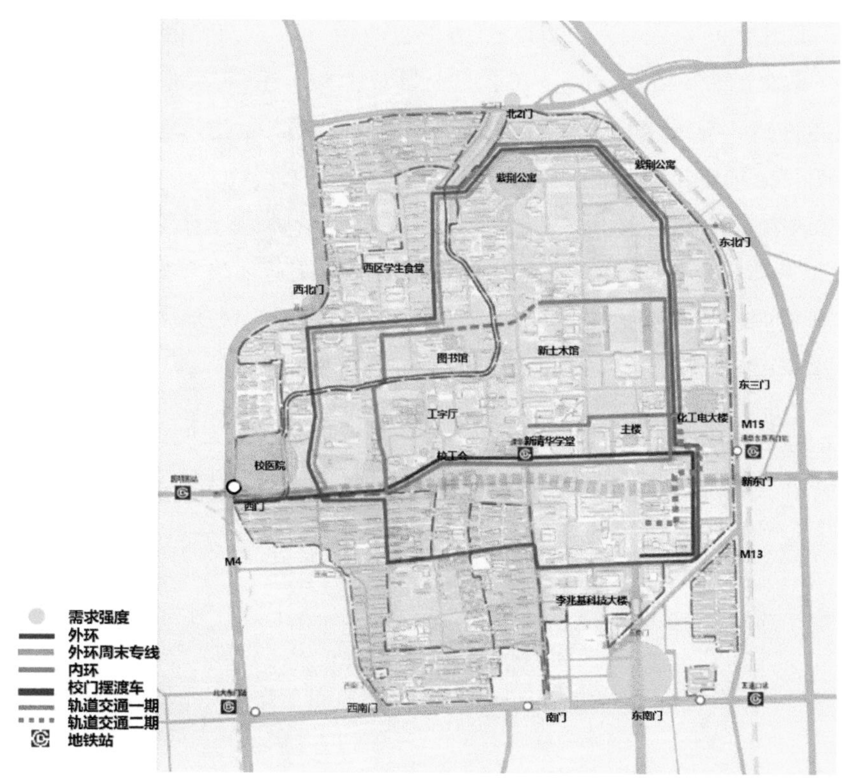

图2.2.2-5　清华大学校园机动车交通系统（图片来源：清华大学提供）

（4）建设健康包容校园：全面关注人、建筑、校园的健康，从宏观（交通系统）、中观（校园不同场景的无障碍化）和微观（不同细节的无障碍化）三个层面，搭建完善的校园无障碍系统，营造健康、安全、公平、包容、舒适的校园环境（见图2.2.2-6）。

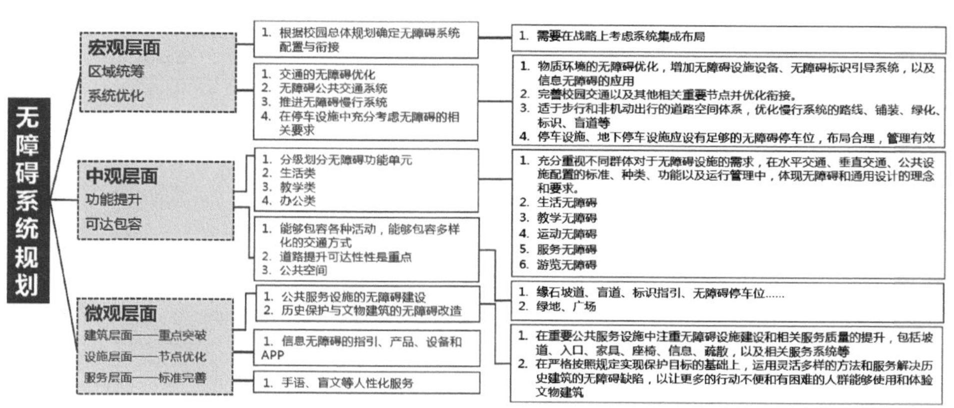

图2.2.2-6　清华大学校园无障碍系统规划框架（图片来源：清华大学提供）

（5）建设绿色低碳校园：基于建筑面积能耗指标国内外比对，合理确定2030年校园建筑能耗目标，在此基础上，明确了从区域到建筑的节能措施，并形成政策保障和宣传教育方案（见图2.2.2-7）。

（6）建设智慧高效校园：搭建智慧校园CIM模型，构建校园物联网服务平台，全面打造智慧校园应用服务体系，形成智慧化校园运行管理和安全保障体系（见图2.2.2-8）。

硬性措施			节能率（15%~20%）
新建建筑节能	制定节能设计标准	建筑节能设计 空调/照明/电梯节能设计	20%
既有建筑节能		完善电计量系统	3%~5%
	节能技术改造（自投资or EMC）	电机变频技术 围护结构热工性能改造 空调系统改造 照明系统改造 厨房设备 动力设备	约1%~6%
区域节能	区域供热系统改造	热平衡改造	3%~7%
		热计量改造	10%~14%
	能源结构调整	可再生能源应用 采购清洁能源	—
	用能设备外迁	生产类设备 大型试验类设备	—

图2.2.2-7 清华大学绿色低碳建设实施方案
（图片来源：清华大学提供）

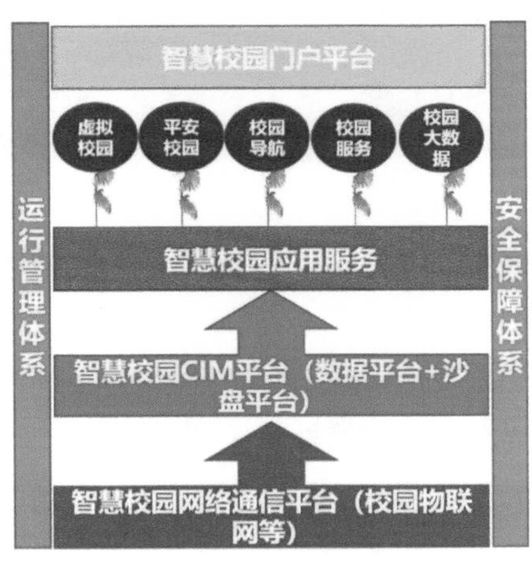

图2.2.2-8 清华大学智慧校园架构
（图片来源：清华大学提供）

2.2.3 南开大学“十三五”事业发展规划纲要与空间规划

南开大学的“十三五”规划提出学校的中长期战略目标是，到2030年跻身世界一流大学行列。“十三五”是学校实现中长期战略目标、跻身世界一流大学的蓄力期、爬坡期。这一时期，学校改革与事业发展的总体目标是：以质量和特色为基点，全面提升核心竞争力，使优秀人才进一步汇聚，综合改革进一步深化，在教学、科研、服务、文化传承创新及国际交流等方面形成显著特色，在国家创新体系中扮演重要角色，大部分学科居于国内领先，若干学科接近或达到世界一流大学水平，在世界高等教育格局中占有一席之地。根据学校中长期战略目标和“十三五”发展目标，“十三五”期间，学校实施以质量和特色为基点、着力提升核心竞争力的内涵式发展战略，这个战略的要点是：

（1）以“人才”为重点，着力提升汇聚优秀人才和动员全体师生的能力。聚集起一批活跃在国际学术前沿和国家创新发展主战场，在培养创新人才、实施素质教育上发挥领军作用的学术带头人和中青年骨干及高水平、多样化的服务和管理人才，调动起全体师生争创一流的责任感、主动性和创造性。

（2）以“学科”为牵引，着力提升学科协调群聚、交叉创新的能力。在抓好一级学科建设的同时，推进基于门类的学科群建设，积极探索学科交叉发展模式，有重点地支持与国家战略需求相适应的新兴学科发展，建设综合性、研究型的有高峰的学科高原。

（3）以“教学”为基础，着力提升教学相长和推动学生全面发展的能力。深化和拓展教学改革，在资源配置和评价激励政策上落实教学优先，建成德智体美相融合，教与学、教与研、理论与实践、课内与课外、校内与校外相结合的“公能”素质教育格局，产生育人实效和社会影响。

（4）以“科研”为引领，着力提升洞察前沿和需求、组织攻关和转化的能力。努力在世界学术前沿和国家重大计划中占有一席之地，做出有国际影响力和对中国发展有较大贡献的学术创新成果，建设一批实力较强的国家创新基地（平台）和国际合作基地（平台），为中国改革发展提供更好的智力支撑，并做好面向世界前沿的前瞻性长线部署。

（5）以“开放”为突破，着力提升开展高水平实质性海内外合作的能力。实施“引进来”和“走出去”相结合的“全球南开”计划，有效提升国际合作培养人才与创新学术的广度和深度，引入国际化的教学与科研发展评价，有效提升南开的海外影响力。

（6）以“管理”为支撑，着力提升高效管理服务、拓展发展资源的能力。坚持和改进党委领导下校长负责制，完善南开特色的师生合作、共同治理的体制机制，健全以学术委员会为核心的教师治学体制，强化教代会和学代会在依法民主办学中的作用，加快去行政化改革，改进机关作风，实行民主评议监督，扩大校务公开，主动接受社会监督。加强校友工作，在服务社会、扩大影响的过程中，更多地募集社会资源，助力学校发展。

（7）以“文化”为纽带，着力提升文化传承创新和彰显南开特质的能力。弘扬南开“公能”品格，总结百年发展经验，传承中华优秀传统文化，吸纳世界文明优秀成果，让“允公允能日新月异”的南开文化产生更大的师生校友凝聚力和社会与海外影响力。

在南开大学“十三五”事业发展规划纲要中，还具体提出了“拓展完善‘一校三区’功能布局”的要求，明确各校区办学定位，统筹“一校三区”协调发展。具体包括：

——加快完善津南校区办学功能，完成在建、待建（历史复建区馆舍等）项目，新增学生宿舍、教师公寓。

——做好八里台校区规划，高水平完成校园规划修编，调整功能布局，优化公房使用，改善学生宿舍条件，完成图书馆等修缮工程和幼儿园等新建项目，整饬校园环境，增加校园舒适度。

——将泰达学院打造成产学合作前沿枢纽和国际化窗口，建设重点服务滨海新区的创新平台和产学研一体的科技转化中心。

——不断调整优化“一校三区”运行机制与服务方式，提高各校区师生服务中心的效能。

南开大学津南新校区于2011年开始启动规划设计工作，新校区的规划目标定位为“上一百年精粹沉淀，下一百年筑基拓土”，发展目标为：带动南开大学面向国际的二次腾飞，打造注重人才培养、发展科学教育、提供社会服务、传承文化特色、接轨国际发展、推动生态可持续发展的现代国际化综合大学校园。新校区按照“一次规划、分期建设”的模式实施。一期建设满足12000人使用需求。二期建设满足继续迁入9000人使用需求，并预留适度的发展空间。2015年，新校区一期工程大部分完工，师生正式搬入新校区，校区主体设施投入使用（见图2.2.3-1、图2.2.3-2）。

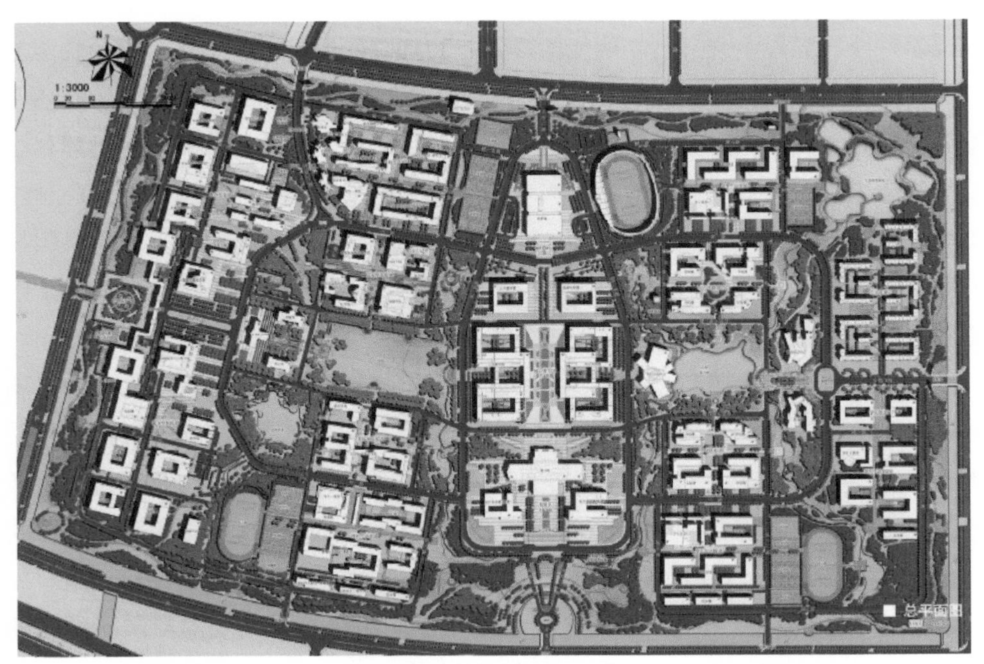

图2.2.3-1　南开大学津南校区总平面规划（图片来源：南开大学提供）

图 2.2.3-2　南开大学津南校区鸟瞰效果图（图片来源：南开大学提供）

虽然新校区的规划设计在“十三五”之前，但校园规划已经提前将学校发展的要求考虑进来，特别是对学科、教学和科研方面的支撑。新校区强调集聚与共享的学科集群发展，基于“整体大于各部分之和”的哲学思想，将校园各相关学科加以整合、聚集，成组成团合理组织，形成利于共享、交流的学科群，为着力提升学科协调群聚、交叉创新的能力提供了物理空间保障。区别于常规的功能分区的校园布局模式，本规划将相近学科合并，提出“组团”概念，每个组团各有发展侧重点，如：侧重金融管理的文科学院与生活组团、侧重计算机等的理科学院与生活组团、侧重环境医药的新兴学科组团、侧重对外协作办学的对外办学组团等（见图 2.2.3-3）。各特色组团包含生活、学习、娱乐多重功能，学科组团靠内圈布置，生活组团靠外圈布置，并用内、中（主要）、外三级环路串联各个组团，呈现出圈层式的结构布局，促进各类相近学科集群共享、发展壮大。

新校区还强调人文型、可交流的书院式空间，基于多元和谐的理念，通过不同年级、不同学科的混合，教学设施与生活设施的混合，形成利于交流共享的、集产学研与生活服务为一体的书院空间，鼓励并促进人性化、多样化的校园生活（见图 2.2.3-4）。适宜学习生活与相互交流的书院式组团模式强调院落围合、共享，营造书院氛围。各组团内紧外松，强调内部交流空间与外部的绿化环境。提出了院落串联的通道设想，联系生活组团与学院组团。强调院落层层递进的秩序关系与不同组团间的对应关系，提供尺度宜人的人行路径，创造舒适且体验丰富、富有乐趣的步行空间。

南开大学津南新校区中还有一个独特设置的历史纪念区。历史纪念区在校园的东西景观轴西侧，是礼仪性西校门的第一个重要对景节点，建筑风格采用历史复原的手法，融入沉沉的南开大学历史记忆，分别复原了木斋图书馆、范孙楼、秀山堂，都是南开大学在战争历史中被毁坏的建筑，借新建校园的机会，在另一方土地上重生。整个校园强调文脉、建筑与环境共生的校园风貌，基于可持续发展的广泛理念，充分尊重校园历史与人文环境，同时又结合自然环境、技术进步，适当创新，在良好的生态本底基础之上，寓教于境、润物无声（见图2.2.3-5、图2.2.3-6）。

2.2.4 山东大学事业发展“十三五”规划与空间规划

山东大学是一所历史悠久、学科齐全、学术实力雄厚、办学特色鲜明，是中国近代高等教育的起源性大学，在国内外具有重要影响的教育部直属重点综合性大学，是国家“211工程”和“985

图2.2.3-3　南开大学津南校区功能分区规划
（图片来源：南开大学提供）

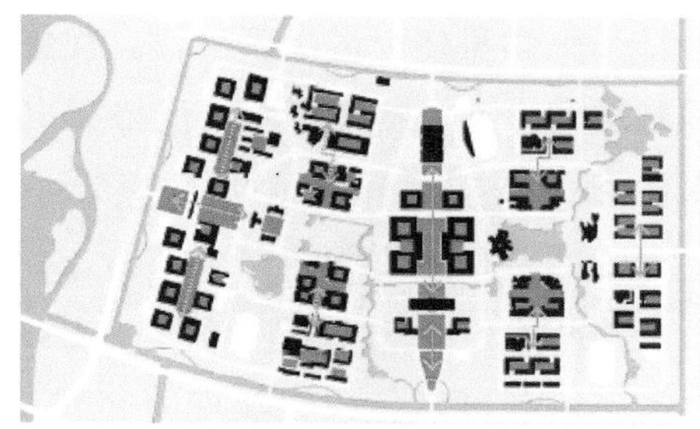

图2.2.3-4　南开大学津南校区书院式组团模式
（图片来源：南开大学提供）

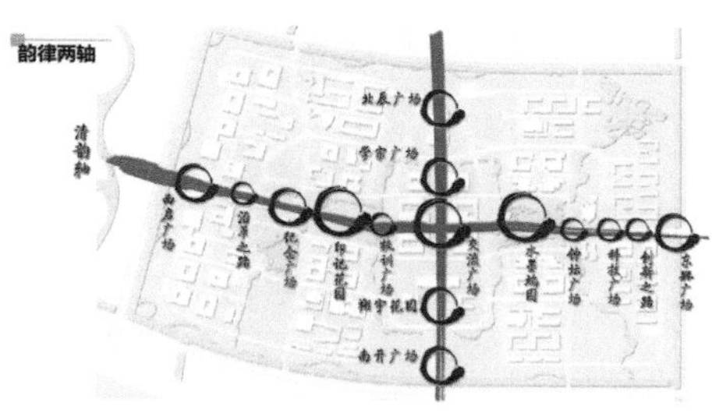

图2.2.3-5　南开大学津南校区开放空间结构
（图片来源：南开大学提供）

图2.2.3-6　南开大学津南校区图书馆与综合业务楼（图片来源：南开大学提供）

工程”重点建设的高水平大学之一。“十三五”期间，学校紧紧围绕建设世界一流大学的奋斗目标，全面深化综合改革，创新发展模式，优化体制机制，激发创新活力，切实提高人才培养质量，显著提升科学研究水平，在服务经济社会发展和文化传承创新方面发挥更大作用。到2020年前后，学校综合实力显著提升，在综合评估中进入全球前200名，为建成世界一流大学奠定坚实基础；到2050年前后，学校整体实力及主要办学指标跻身世界一流行列，全面建成具有山大特色的“综合性、创新性、国际性、引领性”世界一流大学。“十三五”期间的主要目标是：

——学科建设迈出新步伐。优化学科布局，推进学科交叉，建设学科高峰，构建结构合理、特色鲜明、优势突出、可持续发展的学科体系。5个左右学科进入国际主流排名全球前百名，15个左右学科在教育部学科评估中进入前十名，培育发展新兴交叉学科15个左右，4个左右学科进入ESI前1‰、8个左右学科进入ESI前2‰、17个左右学科进入ESI前1%且位次均有所提升。

——教师队伍建设实现新突破。高层次人才在总体数量上翻一番，基本建成一支规模适宜、结构合理、学术造诣深、国际影响力大的高层次人才队伍。汇聚起10位以上具有国际领先水平的顶尖级科学家，百余位达到国内领先水平的中青年领军人才，500名具有突出创新能力和发展潜力的青年骨干教师。教职工规模达到8100人左右，其中教师总量不低于55%，具有博士学位的教师比例不低于80%，具有一年及以上海外留学经历的达到50%以上；外籍教师规模200人以上；以博士后、专聘科技人员、科研项目助理为主的专职科研队伍1500人左右。

——科研能力得到新提升。深化科研体制改革，增强原始创新和集成创新能力，获得一批高水平、具有国际影响力的科研成果。年度科研总经费达到18亿元，国家重点实验室、国家工程实验室、国家工程技术研究中心等国家级科技平台10个，教育部人文社会科学重点研究基地5个，国家基金委创新群体5个，科技部创新人才推进计划创新团队和教育部创新团队13个，国际合作联合实验室1个，以第一完成单位或第一完成人获国家级奖励10项。

——人才培养结构进一步优化。凝练人才培养核心理念，形成具有山大特色的人才培养模式，全面提高人才培养质量。稳定本科生招生规模，扩大研究生、学历留学生和国际合作办学规模。在校本科生41000人左右，硕士研究生16000人以上，博士研究生4500人以上，学历留学生、国际合作办学学生8000人以上。

——社会服务能力大幅增强。主动对接“一带一路”“大众创业、万众创新”“中国制造2025”“创新驱动”“黄蓝两区一圈一带战略”和山东半岛国家自主创新示范区建设等国家和区域发展战略，通过智库建设、文化引领、科技咨询、成果转化、教育培训、医疗卫生等服务形式，对国家和山东经济社会发展形成有力支撑。

——体制机制改革取得新进展。将青岛校区作为体制机制改革的先行区，秉承“开拓开放、创新创业”的理念，着力打造“引领学术前沿的创新型校区、全面开放办学的国际化校区、深化综合改革的示范性校区”。实现医学教育改革的新突破，进一步优化医学教育管理运行机制，促进医教协同和学科交叉融合，推动医学教育一体化发展。

——党的建设取得新成效。全面加强学校党的思想、组织、作风、反腐倡廉和制度建设，加强和改进思想政治工作，努力探索学习型、服务型、创新型党组织建设机制，为学校各项事业发展提供坚强保障。

具体的任务与政策措施如下：

（1）强化学科建设：持续加强学科方向凝练，推动学科现代化；实施“学科高峰计划”，提升学科竞争力和影响力；调整优化学科结构，构建特色鲜明的学科体系；发挥学科综合优势，推动学科交叉融合；优化学科空间布局，凝练三地办学特色；推进学科建设体制机制改革，激发学科发展新活力。

（2）加强人才队伍建设：加强师德师风建设；改进人才工作体制机制；优化队伍结构；加大青年人才培养力度；深化聘用制改革；完善考核评价体系；深化分配制度改革。

（3）提升科学研究能力：加强科研平台建设；提高科学研究水平；加强科研成果转化；促进哲学社会科学繁荣发展；推进国防科技工作；创新科研评价体系；强化国际科研合作。

（4）创新人才培养体系：积极推进招生改革，持续提高生源质量；以质量为核心，构建本硕博贯通的人才培养体系；大力开展创新创业教育，培养学生的创新创业能力；加强德育工作，促进学生全面发展；搭建全方位平台，促进学生就业创业；推进国际交流，提高人才培养国际化水平。

（5）增强社会服务能力：拓展社会合作领域；加强社会服务能力建设；建设终身教育服务体系；加强医疗服务能力建设。

（6）强化条件保障建设：创新经费筹措和预算管理机制；推进资产管理和共享机制建设；加强文献和信息资源建设；深化后勤社会化改革；加强基础条件

建设，打造和美校园；改善民生，切实提高师生工作生活保障水平。

（7）推进体制机制改革：优化学校治理结构；推进学部制改革；创新校区管理模式。

山东大学学校规模宏大，校园总占地面积8000余亩（含青岛校区约3000亩），形成了一校三地（济南、青岛、威海）八个校园（济南中心校区、洪家楼校区、趵突泉校区、千佛山校区、软件园校区、兴隆山校区及青岛校区、威海校区）的办学格局。2016年一期建成使用的青岛校区极大地缓解了校舍紧张等问题，同时现有的校园规划也需适时做出相应调整，特别是济南各校区学科布局和功能定位的升级。学校“十三五”规划中提出“优化学科空间布局，凝练三地办学特色”，要求按照“统筹布局，一体发展”的方针，以青岛校区学科设置为契机，全面梳理、优化学校整体学科布局，进一步凝练济南、青岛、威海三地办学特色。

——完善青岛校区首批学科与学术机构设置。坚持“理工为主，错位发展；着眼高端，集群发展；拓展空间，增量发展”的原则，先期在青岛校区规划建设生命学科、信息学科、环境学科、海洋学科、政法学科五大学科集群，以及海洋研究院、高等研究院、前沿科学技术研究院、德国学院等若干高端研究机构和一部分基础科学、人文社科学科方向。

——逐步优化济南校本部学科空间布局。在青岛校区启用后，按照均衡配置、集群发展、因地制宜、简便易行的原则，明确济南各校园功能定位，制定各校区学科与学术机构调整方案，优化济南校本部空间资源配置。在济南校本部重点建设发展人文学科和部分社会学科、基础学科、工程学科、医学学科。

——明确威海校区学科定位。在现有的“空间科学”“海洋科学”和“韩国语教育和韩国研究”三大特色学科的基础上，与济南、青岛两校区已有优势学科和优势方向错位布局，以“东北亚研究”为主，打造和建设新兴交叉学科，进一步提升和拓展威海校区的特色学科和学科方向；结合威海及周边地区的产业优势，抢抓机遇，大力发展地方经济社会发展急需的学科；通过学科方向的优化调整和高层次人才的引进培养，加快提升校区学科建设水平。

近年来济南市社会经济各项事业发展迅速，城市规划建设发展日新月异，山东大学济南各校区所处的周边城市环境发生了许多变化，校园建设规划必须适应城市的发展，兼顾与城市道路、风景区、水系、公共景观等之间的关系，使之与城市各层面的规划控制条件相一致。同时，学校需要在“互联网+”时代“大众创业、万众创新平台建设”方面与济南市共生互动、开放共享，助力济南市实现

"打造四个中心、建设现代泉城"的发展目标。另外一方面，济南部分校区历史悠久，存在空间布局结构不合理、土地利用率不高、教学科研用房及学生住宿条件紧张、基础设施老化、智能化程度不高等方面的问题，广大师生对校园内部的教学科研空间、道路交通及生活休闲环境都提出了更高的使用要求。

学校对校园规划建设非常重视，专门成立了山东大学校园规划委员会，进一步加强对山东大学校园建设的规划、领导和咨询论证工作，于2015年启动济南校区的总体规划修编工作，以学校事业规划为指引，结合青岛校区的启动运行，围绕学科建设，合理配置济南校区各项办学资源，优化布局，完善功能，改善育人环境，为学校发展提供坚实支撑保障。

本次济南校区总体规划修编包括山东大学中心校区、洪家楼校区、趵突泉校区、千佛山校区、兴隆山校区。占地总面积248.98公顷（合3734.7亩），本次规划重点为校园规划建设用地范围189.32公顷（合2839.8亩）。规划调整执行以下四项规划策略：

——传承：山东大学历史悠久，齐鲁大地文化深厚。规划应注重传承校园历史文化及校园整体格局，体现校园空间特色，营造具有丰富内涵的大学精神，建设文化校园。

——调整：规划应根据学校未来发展需要，对现状校园用地及建筑功能布局作出合理调整，依据各校区规划学生规模作出合理安排，梳理路网、绿化系统，以更好地适应社会及学校未来发展。

——融合：规划应注重各校区之间的相互融合，注重与济南市的融合，加强开放共享，结合学校自身特点，进行教学、科研、双创融合，与城市及社会共同发展，和谐共生。

——提升：规划在绿地景观、智能化及低碳节约等方面对校园品质进行提升，加强校园日常管理维护，结合海绵城市、综合管廊等城市建设领域的先进理念，提升校园综合生态效益。同时要注重提升校园形象，进而对整个城市形象提升也起到积极的促进作用。

基于以上四个方面基本策略，努力将山东大学校园打造成文化校园、绿色校园、智慧校园、活力校园，逐步实现将山东大学建设成世界一流大学的宏伟目标。各校区的主要调整方案如下：

1.中心校区

山东大学中心校区占地约939亩，为校部机关所在地，拥有山东大学标志性校门、知新楼、明德楼等重要校园建筑，以及大成广场、稷下广场、小树林等重要校园景观。校区内整体建筑密度偏大，个别建筑间距不合理，临建较多，改造利用空间大，规划调整侧重于拆除违建、修整校园空间（见图2.2.4-1）。

2.洪家楼校区

山东大学洪家楼校区占地约595亩，位于洪家楼天主教堂东侧，最早为始建于1936年的教会学校济南私立懿范女子中学。该校区历史悠久，功能分区明确，校园内花木繁多，但大部分道路狭窄，人行道不系统，部分地块土地利用效益低，建筑形象有待提高。远期可考虑新增地下停车场、改扩建体育馆、新建科技研发综合楼等（见图2.2.4-2）。

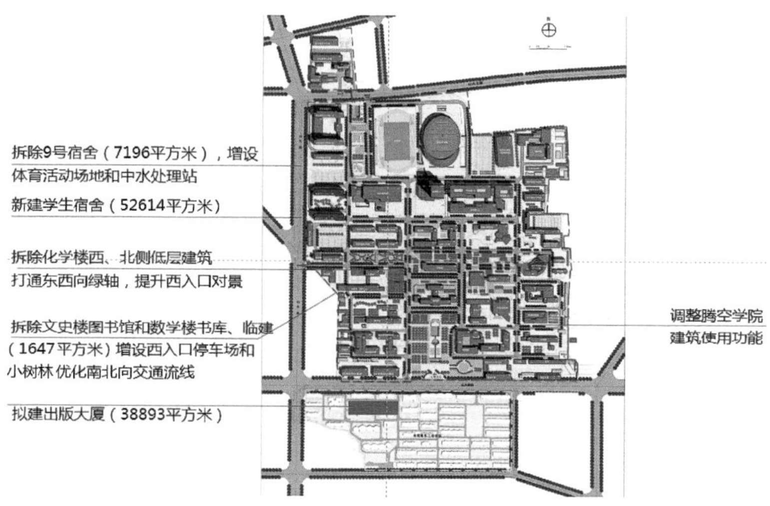

图2.2.4-1　山东大学中心校区总平面规划（图片来源：山东大学提供）

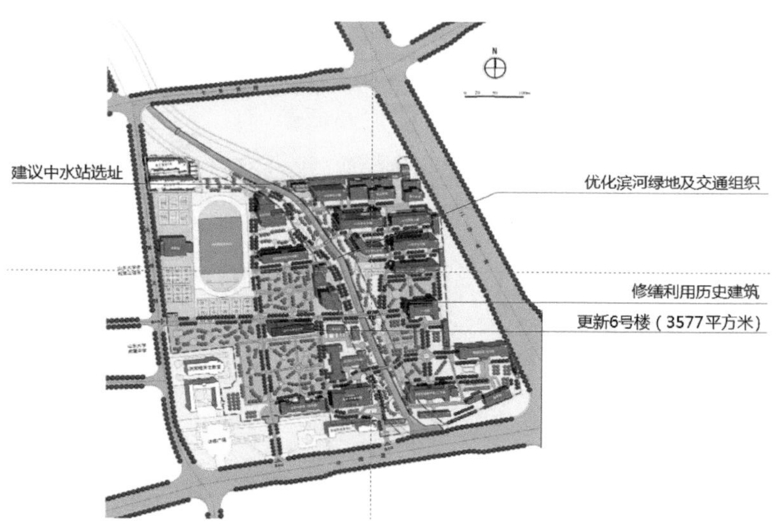

图2.2.4-2　山东大学洪家楼校区总平面规划（图片来源：山东大学提供）

3. 趵突泉校区

山东大学趵突泉校区即原齐鲁大学校园，始建于1911年，其后又进行了多次扩建和修缮，现占地约585亩，为齐鲁医学部所在地。校园原齐鲁大学格局保持较好，是济南三大历史文化街区之一，文保单位密集，校内所有建筑以德国、英国、美国的风格为主，并采用了大量中国传统民居建筑手法和符号，为折衷主义建筑的代表，形成了特色鲜明的建筑文化。整个建筑群规模宏大，办公、教学、运动、生活分区建设，各种设施完备、耐用。校内个别路段不通畅、路面窄，部分楼宇亟待修复，老别墅周边私搭乱建现象严重（见图2.2.4-3）。

4. 千佛山校区

山东大学千佛山校区占地约596亩，为原山东工业大学校区。校内北院教职工住宅区、附属学校等对校园空间影响较大，停车场地不足，部分老旧建筑和平房无历史价值（见图2.2.4-4）。

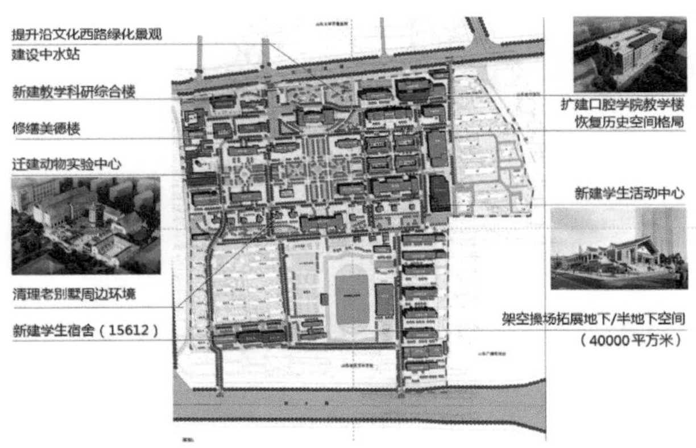

图2.2.4-3　山东大学千佛山校区总平面规划（图片来源：山东大学提供）

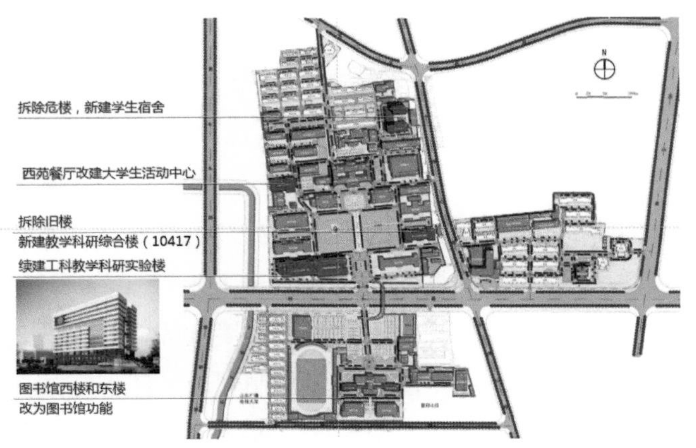

图2.2.4-4　山东大学趵突泉校区总平面规划（图片来源：山东大学提供）

5. 兴隆山校区

山东大学兴隆山校区，又称山东大学南新校区，占地面积1153亩，是山东大学在济南市的六个校园中面积最大的校园。该校区2004年投入使用，是统一规划、分期建设完善的新校区，功能分区明确，规划结构清晰，发展空间相对充足，但也存在空间尺度较大、部分区域联系不便、体育场地不足等问题（见图2.2.4-5）。

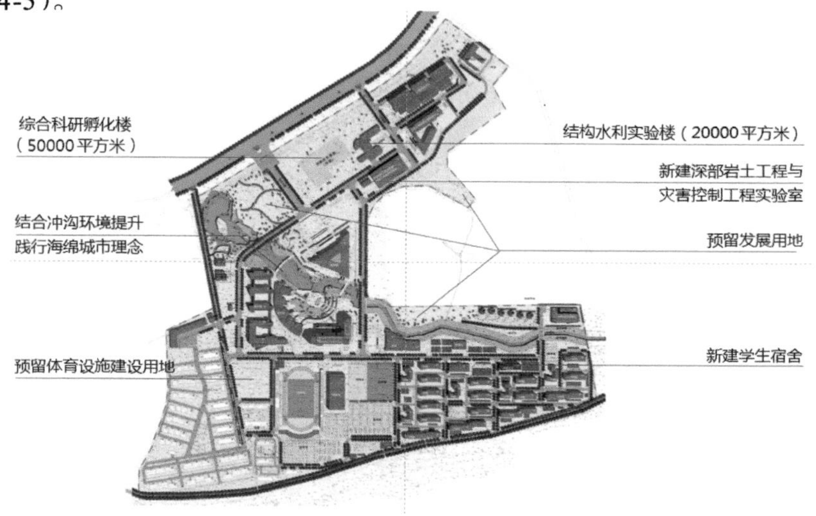

图2.2.4-5　山东大学兴隆山校区总平面规划（图片来源：山东大学提供）

2021年，站在实现“两个一百年”奋斗目标的历史交汇点，山东大学即将迎来建校120周年、开启“新甲子”新征程。学校高举习近平新时代中国特色社会主义思想伟大旗帜，胸怀中华民族伟大复兴战略全局和世界百年未有之大变局，深刻领会“扎根中国大地办大学”丰富内涵，坚守“为国育贤”办学初心，勇担“强校兴国”时代使命，在山东省和济南市大力支持下，在教育部正确领导下，认真谋划建设龙山校区（创新港）这一战略工程，积极探索中国特色、山大模式的发展道路，加快建设世界一流大学，为全面建设社会主义现代化国家和推动人类文明进步作出历史性贡献。

龙山校区（创新港）总规划占地面积约547公顷（含中小学约27公顷），总规划建筑面积约330万平方米（含附属中小学20万平方米）。作为百廿山大新时代方位下永续发展的战略工程、承载梦想的世纪蓝图和赓续辉煌的新基业，着力推进科技创新、文化传承创新、育人模式创新和体制机制创新，打造勇立潮头、引领前沿的世界一流创新策源地。山东大学龙山校区（创新港）的规划建设已经启动，8000余亩的巨型校园又将带来哪些新趋势、新变化、新发展，让我们共同拭目以待。

2.2.5 天津大学事业发展“十三五”规划与空间规划

天津大学前身为北洋大学，始建于1895年10月2日，是中国第一所现代大学，开中国近代高等教育之先河。“十三五”时期是学校建设世界一流大学和一流学科的决定性阶段，是实施战略布局、推进综合改革、提高质量水平的关键时期，学校坚持以“中国特色，世界一流，天大品格”为核心，以“综合性、研究型、开放式、国际化”的世界一流大学为目标，以培养卓越人才为根本，以建设世界一流学科为基础，以提升创新能力为导向，以打造高水平师资队伍为重点，以深化综合改革为动力，以全面加强党的建设为保障，全面启动实施新“三步走”发展战略：

到2020年，建成世界知名高水平大学，若干学科和领域达到世界一流，为建设世界一流大学奠定坚实基础。

到2030年，基本建成世界一流大学，更多学科和领域进入世界一流，整体办学实力大幅提升。

到2045年（建校150周年），全面建成世界一流大学，声誉卓著、人才辈出、优势凸显。

根据上述发展战略，学校规划“十三五”期间，在持续提高人才培养质量和办学水平的基础上，努力实现以下五方面目标：

——学生创新创业教育形成天大特色。建成更加系统开放、以学生创新创业能力培养为核心的教育教学体系和制度、环境支撑体系，学生创新创业能力培养取得显著成效。

——建成若干世界一流学科和领域。完善综合性学科布局，促进优势学科更加突出，基础学科和人文社科形成优势，建成若干高水平的学科交叉平台，若干学科和领域达到世界一流水平。

——教师队伍国际影响力和竞争力显著提升。建立终身教职体系，培养和引进一大批活跃在国际学术前沿，满足国家重大需求的拔尖人才，建设若干高水平创新团队。

——科学研究为创新驱动发展做出卓越贡献。凝练科研方向，提升解决重大问题和原始创新能力，建立科学高效的科研组织模式和体制机制，深度融入国家、区域和产业创新体系，提高对经济社会发展的贡献率。

——天大文化发挥重要社会引领作用。凝塑天大人核心价值追求，系统完善学校文化体系，建成多层次、全覆盖的文化传播平台，发挥天大文化的社会引领作用。

“十三五”期间，学校将重点推进卓越人才培养计划、顶尖学科建设计划、一流教师发展计划、创新能力提升计划、天大文化构筑计划五大核心计划。

（1）实施卓越人才培养计划，提升学生创新创业能力：培养一流人才是建设世界一流大学的根本出发点，要坚持以立德树人为根本，以学生成长为中心，以创新创业能力培养为重点，瞄准国家重大战略对高层次人才素质能力的需求，推进多层次、全方位、系统性的人才培养改革，推进跨学科培养交叉复合型人才，促进教学科研工作的充分融合，创新创业教育形成天大特色。大力实施教学质量提升工程，建设更加卓越的教育教学体系。拓展学生的全球视野，营造国际化的校园环境氛围，提高学生的竞争力。适度优化招生规模和结构，支持学科专业发展和社会需求。

（2）实施顶尖学科建设计划，打造世界一流学科：以统筹推进一流大学和一流学科建设为契机，建成若干世界一流学科和领域。着力完善“综合性”学科布局，提升学科的结构性优势。实施顶尖学科建设计划“TOPS计划”，系统推进顶尖学科（Top）、优势学科（Outstanding）、潜力学科（Prospective）、学科交叉支撑平台（Supporting）建设。发挥学科在凝聚队伍、配置资源、深化改革、科技创新、环境建设等方面的基础作用，提高资源使用效率；借鉴国际一流学科的建设标准与经验，积极参与国际学术竞争，提升学科国际影响力。

（3）实施一流教师发展计划，建设高水平师资队伍：以学科建设发展目标为导向，建设与一流大学和一流学科相匹配的教师队伍。明确人力资源的总体需求和投入重点方向，加大对高层次人才特别是青年高层次人才的培养引进力度；深化人事制度改革，构建天大特色终身教职体系，促进教师队伍的分类发展，形成有利于提升学科水平、激发教师队伍创造力的体制机制；支持和鼓励教师参与高水平国际合作，提升教师队伍的国际影响力。

（4）实施创新能力提升计划，服务创新驱动发展战略：坚持工科研究以服务创新驱动发展为导向，提升社会贡献力；理科研究以国际学术前沿为中心，提升学术影响力；人文社科研究坚持问题导向，建设并发挥国家智库作用，传播“天大声音”。加强科研方向的凝练和布局，推进组织管理模式改革，承担重大任务、重要项目，提高基础研究水平，提升服务创新驱动发展能力。加强重点科研基地平台建设，发挥对学科和科研工作的支撑作用；探索有利于科技成果转移转化的政策机制；完善科技评价机制，形成更加有效的学术评价和政策激励环境。

（5）实施天大文化构筑计划，发挥文化社会引领作用：以社会主义核心价值观为统领，塑造天大人的核心价值追求，建立有天大品格的文化体系，创建世界一流大学文化特色，发挥天大文化社会引领作用。

在支撑保障体系建设方面，学校提出，“十三五”期间，将根据事业发展目标和发展实际，重点建设北洋园校区教职工服务中心、化工材料创新平台、学生宿舍、学生教室、风雨操场、教工食堂、教工公寓、学生中心及食堂、内燃机研究所、古生物化石博物馆、附属幼儿园、科研用房等项目，完善其教学科研以及配套功能；修订卫津路校区的校园总体规划，完成规划编制和调整。推进各类教学科研用房整理维修和用途调整，根据需要规划建设校医院和后勤服务用房，进一步提升校园环境质量，支撑新兴学科办学空间需要和创新创业园区建设（见图2.2.5-1）。

图2.2.5-1　天津大学北洋园校区整体鸟瞰图（图片来源：天津大学提供）

天津大学北洋园校区于2011年开始启动规划设计，规划建设充分融合了天津大学的办学理念、发展目标、历史文化风格及特色，体现育人为本、学科融合、厚重纯朴、生态和谐、开放便捷等理念，着力打造人文校园、绿色校园、和谐校园、智慧校园。作为天津大学新的主校区，北洋园校区规划重点体现“一个中心、三个融合”的规划理念。即以学生成长为中心，同时适应育人的需要和新时期教育和科学发展的趋势；学科的集聚与融合，形成若干相互关联的学科组团；教学和科研的融合，丰富学生在学校的多样化体验；学生和教师的融合，促进师生的交流（见图2.2.5-2）。

图2.2.5-2　天津大学北洋园校区总平面规划（图片来源：天津大学提供）

本校园项目的亮点在于以下几个方面：

1. 以学生为导向的布局模式

近年来，大量的校园规划形成了功能分区明确的惯性思维，本次规划创新性地引入了以学生活动为导向的布局模式，将学生生活区镶嵌于各学院组团之间，二者交错布置，形成“学”“住”穿插的功能布局，最大限度地方便学生的各类校园活动，形塑紧凑融合、促进交流的可步行校园（见图2.2.5-3）。

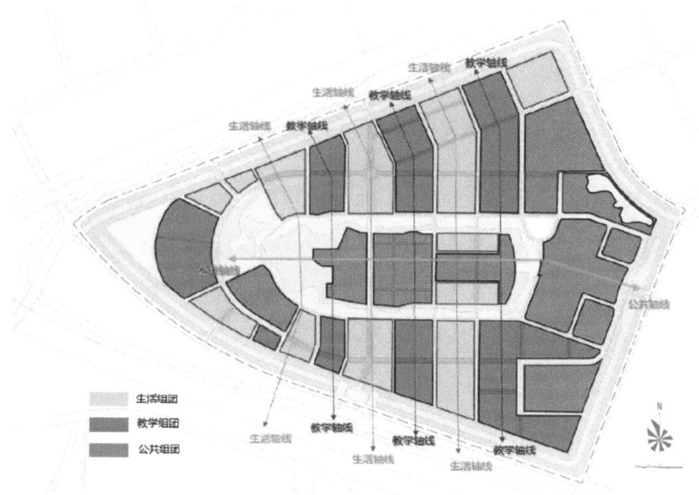

图2.2.5-3　天津大学北洋园校区布局分析图（图片来源：天津大学提供）

2. 以学生公共活动为中心的中轴空间

老校区从东门到建筑系馆，形成了最重要的景观轴线，统领整个校园。新校区传承天津大学现有空间秩序，规划东西向校园中轴，并将学生活动中心、图书馆、综合教学实验楼等共享性建筑布局在轴线两侧，与校园入口区的主楼综合体共同形成充满活力、具有象征意义的校园中心建筑序列（见图2.2.5-4～图2.2.5-7）。

图2.2.5-4　天津大学北洋园校区规划结构分析图（图片来源：天津大学提供）

图2.2.5-5　天津大学北洋园校区主入口（图片来源：天津大学提供）

图 2.2.5-6　天津大学北洋园校区主楼（图片来源：天津大学提供）

图 2.2.5-7　天津大学北洋园校区图书馆（图片来源：天津大学提供）

北洋园校区按照“统一规划、分期建设、分步实施”的原则建设，校园一期建成包括主楼、行政楼、综合实验楼、图书馆、体育馆、教职工活动中心、学生活动中心及各学科组团等21个组团，12个学院（部）以学科组群的形式实现整体搬迁，在校学生规模达到20000人，教学科研主体功能向北洋园校区集中。卫津路校区将成为高端培训、新兴学科培育的特色基地和文化创意新技术新产品的创新基地。

天津大学新校区建设工程自启动以来，始终将“绿色校园”作为规划建设的重中之重。学校按照“美丽天津一号工程”的要求，在规划建设中贯穿绿色理念、营造绿色环境、规划绿色交通、开展绿色施工，努力将新校区打造成为可持续发展的示范性绿色校园。北洋园校区正式启用5年后，功能完备、造型各异的现代化教学楼、学生宿舍、配套建筑以及优美生态的校园环境得到了师生及社会各界的一致好评。

2.2.6 中山大学“十三五”事业发展规划与空间规划

白云山高，珠江水长。1924年，孙中山先生创办中山大学，其作为中国教育部直属高校，是国家“985工程”和“211工程”重点建设的高校，通过部省共建，现已成为一所国内一流、国际知名的现代综合性大学。

“十三五”时期是中山大学加快建设、提升整体实力与核心竞争力的关键时期。建设中国特色世界一流大学上升为国家层面的战略计划，这是学校新一轮改革发展面临的重要机遇。“十三五”期间也是国家实施创新驱动发展战略、推动粤港澳大湾区发展和推进“一带一路”倡议的重要时期。学校位于“21世纪海上丝绸之路”的起点、粤港澳大湾区中心区域，对于利用创新驱动和“一带一路”倡议引进人才、汇聚资源，实现加快发展具有得天独厚的区位优势。为了更好地把握机遇，迎接挑战，学校设定“十三五”时期发展的总体目标为：跻身国内大学第一方阵，为建成文理医工各具特色融合发展，具有广泛国际影响的中国特色世界一流大学奠定坚实的基础。为实现“两个一百年”奋斗目标和中华民族伟大复兴中国梦努力奋斗。

在具体的实施方面，主要任务如下：

（1）坚持和巩固党的领导核心地位，探索中国特色世界一流大学办学模式：牢牢掌握党对学校工作的领导权、全面加强党的建设、深入推进全面从严治党、加强统一战线、对口支援和扶贫工作。

（2）围绕培养社会主义事业合格建设者和可靠接班人的目标，大力提高人才培养质量：以培养“德才兼备、领袖气质、家国情怀”的社会主义事业合格建设者和可靠接班人为目标，进一步强化人才培养的中心地位，完善人才培养体制，加大生均教育资源投入，努力提高人才培养质量。其中如“在深圳校区探索建立适合中国国情的内地学生、港澳台学生和外国留学生‘一体化’的创新型人才培养体系”“鼓励学生开展创新创业实践，推动优秀项目落地实施，建设与学科布局相匹配、具有新型孵化器特征的大学生创新创业孵化基地”等要求会对校园空间规划产生一定影响。

（3）优化多校区办学布局，共同支撑办学条件提升：服务粤港澳大湾区发展，推进珠海校区和深圳校区建设，形成“三校区五校园”新的办学格局。“三校区”是指广州校区、珠海校区和深圳校区；“五校园”是指学校所属地理位置上分开的五个校园，主要包括现在的位于广州海珠区的校园、越秀区的校园、番禺区的校园，以及位于珠海香洲区的校园和位于深圳光明新区的校园。三个校区将既统筹发展、合力支撑，又相互错位、各具特色，共同支撑中山大学建设中国特色世界一流大学。具体提出了加强广州校区统筹发展、全面提升珠海校区办学水平、积极建设深圳校区、探索完善以集中统一管理为核心的多校区管理模式等要求。

（4）加强一流学科建设，推动一级学科入主流、立潮头、走出去：坚持“入主流、立潮头、走出去”的学科建设思路，在多校区发展建设的总体布局下，进一步加强统筹协调，调整学科布局，优化学科结构，加强文史哲、数理化、天地生等基础学科建设，大力加强主干学科和主流学科方向建设，瞄准国际学术前沿问题和国家、地方重大战略需求，努力提升优势学科在国内外的影响力、学术地位和话语权。

（5）构筑中国特色一流大学的人力资源管理体系，进一步提升人才队伍水平：加强对教师的理想信念教育，加强师德师风建设，引导广大教师牢固树立社会主义核心价值观。加强对人才的思想政治把关和引领，把好引进人才思想政治关，加强师德考核相关的制度建设。推动教师坚持以德立身、以德立学、以德施教，坚持“教书和育人相统一，言传和身教相统一，潜心问道和关注社会相统一，学术自由和学术规范相统一”，做“有理想信念、有道德情操、有扎实学识、有仁爱之心”的好老师，倡导并践行静心育人、潜心科研、淡泊名利、重诺守信的良好风尚。努力建设一支师德高尚、业务精湛、充满活力的高水平教师队伍；建设一支较高科学素养，能为学校承接国家和地方重大科研项目提供专业支持的实验技术队伍；建设一支爱岗敬业、可持续发展的管理干部和教辅队伍，充分调动教职员工投身学校事业发展的积极性，实现学校人才队伍合理流动和可持续发展。

（6）积极推进大项目、大团队和大平台建设，推动科研实力大幅度提升：在普遍提升各领域科研水平的基础上，进一步以“三个面向”为方向，在全校统筹推进实施“三大建设”，大幅提升学校承担国家和区域重大科学工程的能力，使科研整体实力在“十三五”期间有新的飞跃。包括“围绕医学重大前沿科学问题组建若干医科交叉性和综合性大平台”“重点推进海洋、‘天琴计划’、超算与大数据、精准医学等领域大科学工程建设，积极提升学校承担国家重大科学任务，支撑重要产业发展的能力”等要求。

（7）推进内部治理结构改革，完善一流大学管理体制：按照“重心下移、权责明晰、一事一管”的原则，依照《中山大学章程》，完善内部治理体系，推进内部治理结构改革，探索建立一整套具有中国特色的现代大学制度，大力提升大学治理水平。

中山大学南校区作为学校历史最悠久的校区，按照学校总体发展思路，承担着重要的文化传承的作用。2015年开始，南校区开始启动规划调整工作，重点强调校园中轴线的控制，在满足师生教学生活需求的前提下，强调历史文化的保护和景观风貌的控制（见图2.2.6-1、图2.2.6-2）。

图2.2.6-1　中山大学南校区鸟瞰图（图片来源：中山大学提供）

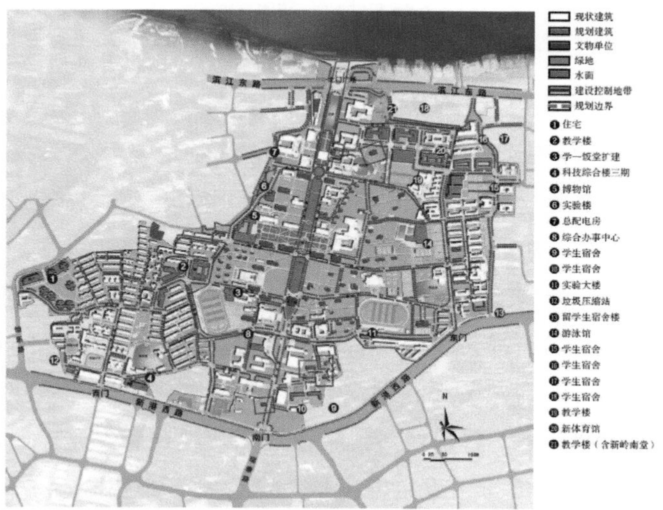

图2.2.6-2　中山大学南校区总平面规划（图片来源：中山大学提供）

本次规划调整的亮点如下：

1.保护历史，传承文化

1918—1920年，岭南大学开展校园规划（中山大学南校区校址），作为教会学校，规划强调严整轴线的整体布局形式，建设围绕中心“十”字形绿地展开，十字轴线纵轴宽45米，从怀士堂到今北门位置780米，横轴宽65米，从图书馆到规划博物馆位置260米。

新中国成立以后，校园建设在中轴线的格局基础上，校园向东、向西两个方向扩展，校园面积逐年增加。20世纪50年代到60年代，逐渐稳定了中区教学、东区学生宿舍、西区教工生活的格局；80年代以后，进入大量建设的时期，中区教学功能延伸至南门，东区和西区的建设也完全形成；2000年以后，中大由1个校区扩展为4个校区（见图2.2.6-3）。

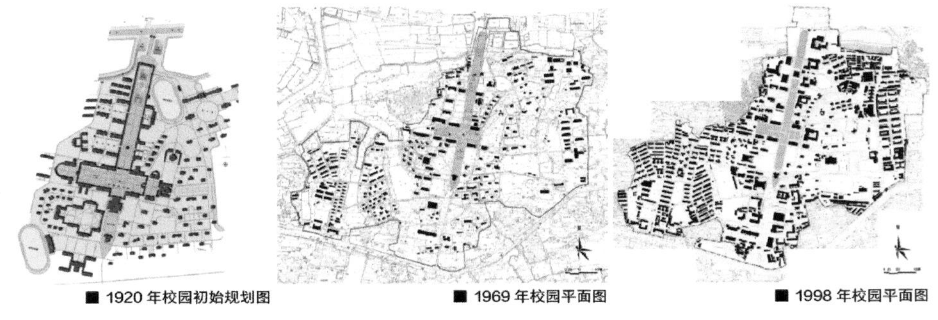

图2.2.6-3 中山大学南校区历史演变过程（图片来源：中山大学提供）

中山大学南校区的校园建设一直与规划相统一，保留并延续这中轴线的设计。为了延续历经百年的十字轴线，本次规划调整做了如下工作：

一是明确文物保护线，并对历史建筑线索进行预保护。根据《康乐园早期建筑群保护范围和建设控制地带》（粤文物〔2014〕43号），落实建设控制地带范围共55公顷，占南校区用地范围的45%；并根据2015年不可移动文化遗产普查结果，对6处历史建筑线索，按《广州市历史建筑和历史风貌区保护办法》进行预保护。

二是明确在建设控制地带范围内，控制地面建设减量，建筑密度减少，绿地率不变。包括清理功能不符、质量差的建筑，梳理建控范围内空间景观；新建的建筑必须严格遵照《中华人民共和国文物保护法》要求，建筑高度不超过20米，同时建议在可行的情况下，将建设量集中在地下。规划后，建控地带范围内，地面建设量减少了3500平方米，建筑密度从14.1%减少到13.2%，绿地率不变（见图2.2.6-4）。

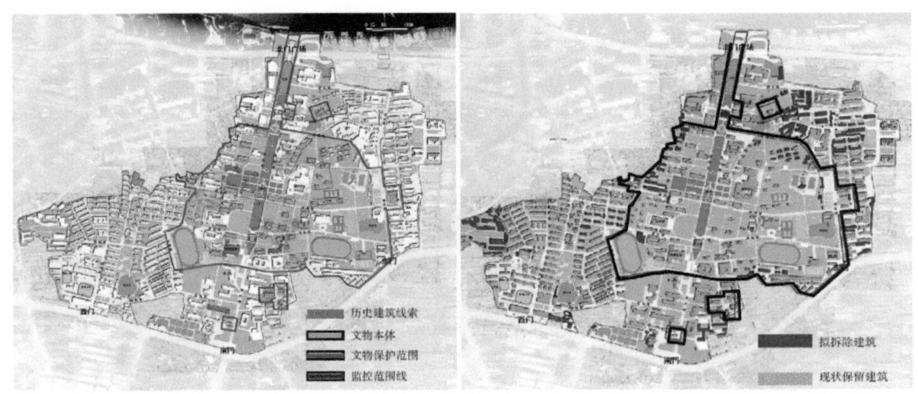

图2.2.6-4　中山大学南校区校园改造规划（图片来源：中山大学提供）

三是保护和恢复“十”字轴线的空间格局，校园内部以及周边新建建筑，不得影响中轴线视廊以及视廊背景的通透性。包括通过新建博物馆，修补十字轴线西段；通过GIS模拟建设模型，确保新建建筑均可满足中轴线视线控制要求，不会增加遮挡，同时根据实拍的校正，提出校园以及周边的高度控制要求（见图2.2.6-5）。

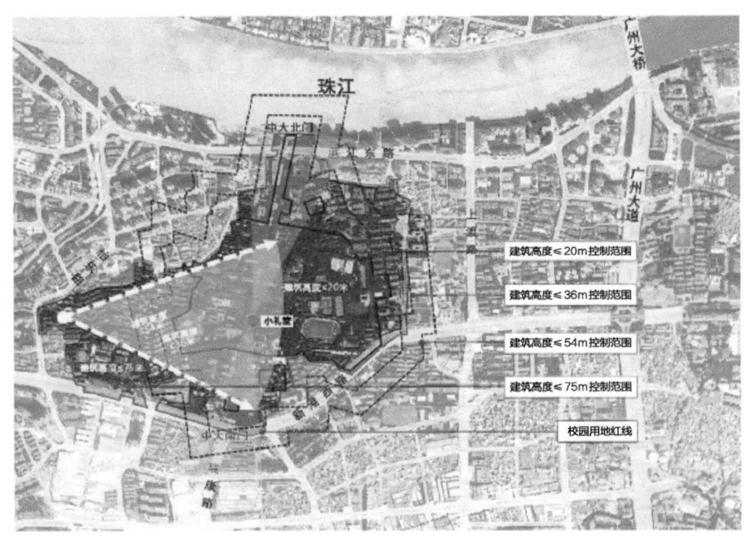

图2.2.6-5　中山大学南校区校园高度控制规划（图片来源：中山大学提供）

2.构建面向未来、更有弹性的校园空间结构

项目规划在严格保护十字轴线的基础上，按照“一轴二带五区”的规划结构优化校园功能。“一轴”为校园中轴线；“二带”为两条结构性生态绿化带；“五区”为中部历史文化保护区，北部教学区，南部综合区，西部教工生活区以及东部学生生活区（见图2.2.6-6）。

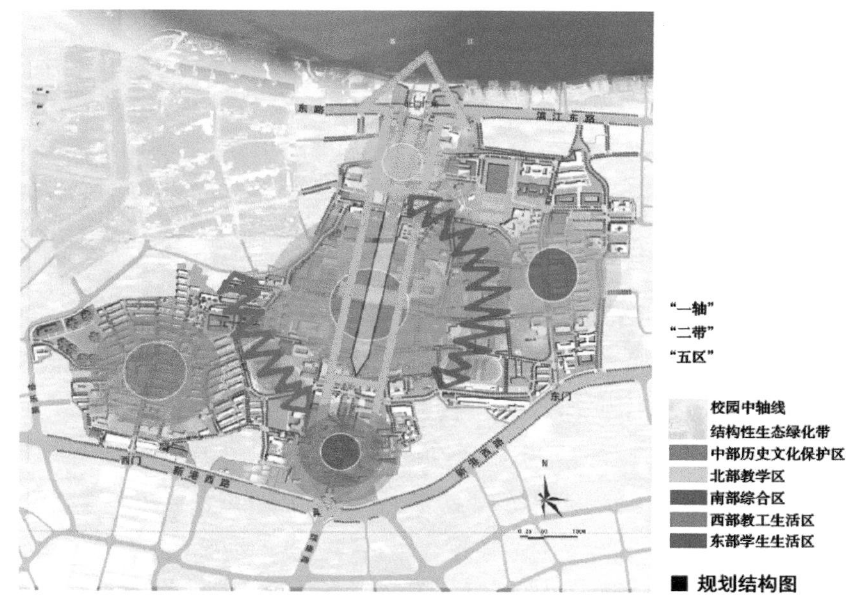

图2.2.6-6　中山大学南校区规划结构（图片来源：中山大学提供）

3. 梳理校园交通系统，形成校园环路，解决停车难问题

交通规划形成校园环路，将校园中部划定为慢行专区，限制机动车进入，利用交通管制道路、建筑间人行通道等构建覆盖整个校园的连续的慢行专用道网络，实现人车分离。并以适度供给为原则，新建机动车泊位2370个，满足学校教学科研和社会服务需要（见图2.2.6-7）。

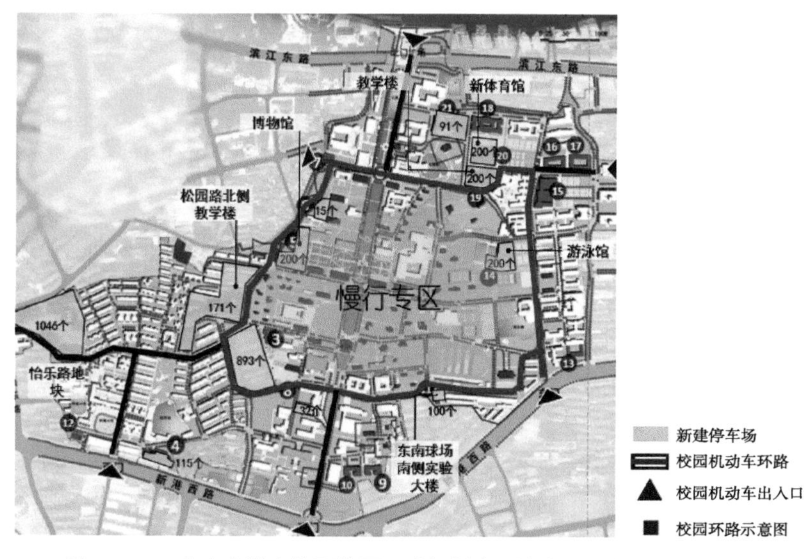

图2.2.6-7　中山大学南校区校园环路规划（图片来源：中山大学提供）

4.传承特色景观风貌

岭南学堂到中山大学，历经百年的延续与沉淀，留给康乐园源远流长的校园历史，与极富人文气息的校园环境，项目对此进行了提取与传承。百年来，校园建筑虽展示出多样的建筑风格，但红楼元素始终延续。校园建筑也展示出多样的特征元素，细节处的红砖绿瓦，连接的廊道空间，整体的建筑形式，各具特色。

为尊重百年文化传承，新建建筑需与校园轴线相呼应且与康乐园的红楼建筑及环境要素风貌协调。如博物馆选址校园东西次轴节点位置，与图书馆形成呼应，修补、强化了校园东西方向中轴线，同时遵循红楼风格，融入校园环境；文化历史信息中心则通过红墙绿瓦、砖拱立面外廊以及建筑体量的错落进退，诠释中山大学源远流长的校园历史和富有诗意的文化气氛（见图2.2.6-8）。

图2.2.6-8　中山大学南校区建筑风貌设计（图片来源：中山大学提供）

2.3 国外高校的战略规划与空间规划

2.3.1 英国牛津大学战略规划与空间规划

牛津大学（University of Oxford），作为一所位于英国牛津市的世界著名公立研究型大学，在2002学年到2003学年进行了大学战略规划的变革。2005年推出《牛津大学的治理结构》和《牛津大学的学术策略》两本绿皮书。10年后，在两本报告基础上推出《牛津大学整体规划（2005-06至2009-10学年）》报告，突出体现了牛津大学战略规划的短期战略目标、关键战略任务、中心指导思想和独树一帜的办校风格和特色。在2013—2018学年战略规划中，校方将重点转变为自由传统学术氛围的传承和独立创新精神的培养并行，旨在为国际乃至全世界的科研和教育事业提供服务和管理职责。

牛津大学战略规划主要包括以下板块：①大学的发展愿景，确定了两个最重要的发展重点，即两个优先级。②大学的核心战略，包括研究、教育、社会参与和大学人员四个方面，每个方面提出了具体的战略目标和战略措施。③推动策略，主要包括财政、资产、基础设施、校友关系四个方面的战略措施。

在牛津大学的战略规划中提出：

（1）在使命担当方面，牛津大学应在教学和科研的每个领域达到并保持卓越；保持并发展一所世界一流大学的历史地位；通过科研成果和毕业生的技能造福国际社会、地方与国家。

（2）在人才培养方面，牛津大学力求确保本科生和研究生招生流程招到具有杰出学术潜力的学生，培养学生从牛津课程中受益的能力。为了确保牛津的经历是所有本科生和研究生的最好经历，牛津大学为毕业生提供各种各样的学习和就业机会。确保大学学术环境的独特丰富性得到保留和更新。通过基于成绩和潜力的公平程序来招收国内外最优秀的学生；为本科生和研究生提供以书院和师生密切关系为特色的优质教育。

（3）在科研目标方面，牛津大学需要保持原创性、重要性和严谨性。赋予个人创造性的自主权，以解决具有真正意义的基本问题，并应用具有改变世界潜力的问题。保持和开发资源，投资于长期价值的学科领域。在大学各学科领域以及跨学科领域引领国际研究潮流。

（4）在社会服务方面，要努力通过牛津大学思想，技能和专业知识的可及性，促进经济、文化和社会进步。尽可能广泛地分享研究成果。通过为大学社区的文化、健康、社会和经济发展做贡献，与大学社区建立强大的建设性关系。通过研究成果、毕业生素质、政策导向、继续教育等对本地、全国和国际社会做重大贡献。

（5）在教师队伍建设方面，牛津大学通过选择性地招聘最杰出的和最有潜力的学者来增加优秀学者同时，培养日益多样化的员工队伍，确保从海外招聘人员顺利过渡到牛津大学。明确一般薪资水平将用于支持在国际市场上招聘高素质的员工，同时还提供了采取额外灵活性的措施，以留住有国际声誉和严重短缺的领域的工作人员。确保员工的待遇平等，并奖励优秀和有贡献的教师。

（6）在文化建设方面，牛津大学提出提升管理能力、改进业务程序、减少官僚性负担，坚持"学术事务应由学术人员来决定"的原则。照顾到学科的多样性及其各自的研究文化和价值理念。加强图书馆收藏，通过程序化数字化改善大学藏品的访问，提升牛津大学在保存和分享人类文化的作用，为牛津和牛津郡地区的文化生活作出有效贡献。通过牛津的思想，技能和专业知识的可及性，促进社会文化进步，促进形成工作与生活平衡的文化。

牛津大学是典型且历史悠久的城市开放型大学——城市与大学融为一体，校园包括一个中央校区（包括校和系图书馆，以及科学实验室），38个学院（每个学院通常包含了各自的教学单元和宿舍单元）以及7个永久私人公寓（Permanent Private Halls，PPHs），因此其校园更新更多以局部更新的方式展开。校园物理空间对于战略规划目标的呼应，也更多是通过改造或新建的教学建筑予以展现。

以2009年Hawkins\Brown设计的一栋新的理论和实验物理楼为例，新建筑位于牛津市中心东北的公园路（Park Road）和基布尔路（Keble Road）的交汇处，地理位置优越，大学设想它能为学校世界领先的物理研究提供绝无仅有的设施，并在前沿实验室旁创造一个协作的工作环境。用地主入口旁有一棵受保护的雪松树，两侧还被牛津中心城市保护区包围。牛津市中心的建筑高度管理政策要求：距离市中心的卡尔法克斯塔（Carfax Tower）1.2公里内的新建筑不得超过18米高，因此，为了实现实验室环境的极度稳定和严格受控的大量服务和设备，不得不开发一个16米深的地下室，以容纳全球最高标准的实验设施。

这个建筑的最大特点是：一个置于建筑核心的由楼梯和休息平台的中央中庭，这一空间的休息平台上备有黑板、非正式座位、充当讲台的地方来方便研究人员们进行演示汇报，鼓励他们一起测试、讨论、开发他们的想法。这种活动由穿越中庭并进入独立研究办公室的强烈视觉链接所支持，这个趋势符合大学的设想。他们期望学系能够打破传统的学术工作模式，从产业中学习，从而改变他们的工作方法。

在坚固的地下室楼层中建立了两个有独立结构的“黑盒子实验室”。这些实验室需要严格的振动隔离标准。为了给纳米级实验提供稳定的平台，它们位于最重达54吨的整片混凝土龙骨板的上部，安装在复杂的阻尼系统上。这些实验非常敏感，足以受到包括向东14.5公里外的M40高速公路在内的振动源的影响（见图2.3）。

图2.3　牛津大学理论和实验物理楼建筑造型

2.3.2 英国帝国理工学院战略规划与空间规划

帝国理工学院的战略规划主要分为以下部分：①使命，通过校长的前言介绍，界定基础、人员、合作者和推动者四个方面的战略主题。②确定了四个主题下的战略目标和战略措施。③详细的行动细节和案例研究（见图2.3.2-1）。

在细节上，战略规划包括如下内容：

（1）在学科建设方面，帝国理工学院重点关注科学、工程、医学和商业四个研究领域。

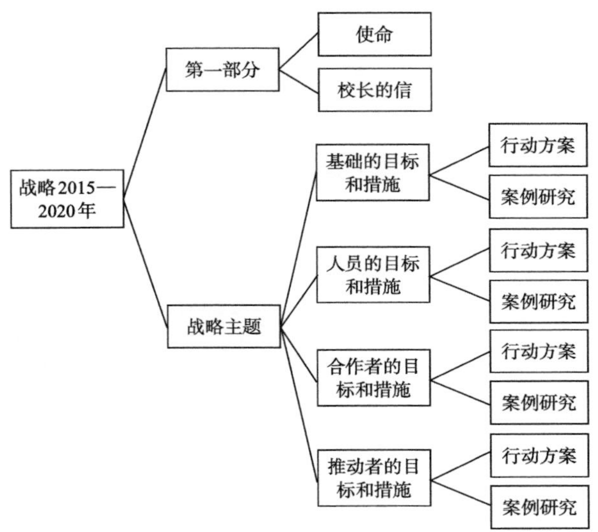

图2.3.2-1 帝国理工学院战略规划框架

（2）在大学使命方面，帝国理工学院定位为：在科学、工程、医药和商业领域具有世界一流水平；教育和研究成果的应用；在内部促进多学科的工作，并在外部进行广泛的合作。在科学、工程、医学和商业的研究和教育方面实现持久的卓越，造福社会。通过学术研究、创造性研究、教学等将知识和艺术成果转化促进社会发展，创造和传播知识和艺术；教会学生解决问题、领导和团队合作技能，致力于品德发展；保持多元和优势，提倡思想开放和交流，实现发明、创造、个人和专业的全面发展。

（3）在办校愿景方面，帝国理工学院是保持世界领先的科学研究和教育机构；利用研究的质量、广度和深度来应对当前和未来的艰巨挑战；开发下一代研究人员、科学家和学者；为来自世界各地的学生提供教育、知识和技能；通过生产力转化经济和社会影响与世界接触，传播科学对社会的重要性。

（4）在人才培养目标上，帝国理工学院致力于吸引和培养最有能力从学院受教育的最高能力的学生。在智力挑战和鼓舞人心的环境中提供具有最高国际素质的研究型教育。提供一个教育经验，使毕业生成为职业的领导者，并为社会的长期需求作出贡献。把教育经验植入一个充满活力，研究为导向的创业环境中。我们的学生将获得解决社会问题的实用、创业和智力技能。让学生超越自我，拓宽视野。我们的目标是成为全球最有才华的学生的首选目标，培育最高质量的毕业生。将丰富学生的经验，为学生提供广泛的活动、服务和支持，帮助他们培养更多的人才并取得成功。

（5）在科学研究目标的设定上，学校致力于进行国际最高水平的研究，扩展现有研究领域内外的知识前沿，汇集学院内外的研究专长，解决当今和未来的科学挑战鼓励多学科的研究；汇集不同学科的专业知识，解决当今的全球性挑战。

（6）在社会服务目标方面，帝国理工学院致力于与世界接轨，了解、识别和领导新出现的科学挑战和解决方案。通过知识、人才和技术的转让，最大限度地发挥教育和研究的社会和经济价值。找到创新的方式来扩大所有工作的范围和影响力。对包括政府、学术界和工业界在内的全球利益相关者和决策者的想法进行预测、理解和塑造。成为世界领先的独立科学建议来源，在科学、工程、医学和商业领域，帮助社会广泛认识世界级科学研究和教育的益处。影响决策者的政策，向政府和行业的关键决策者汇报并为社会造福。分享大学所做事情的重要性。与公众和当地社区的合作促进了我们工作的共同热情。

（7）在教师队伍建设方面，帝国理工学院提到优先吸引世界一流的学术、研究和专业支持人员，令领导力发展和管理培训在保持高效率方面发挥着重要作用。致力创造一个尊重和协作的环境，对欺凌和骚扰采取零容忍的态度。继续支持吸引和留住女性学者和研究人员的活动，增加女性学术和研究人员的数量和比例，创造一个支持残疾人的环境，确定和消除阻碍进步的障碍，特别是对妇女和黑人和亚裔少数人高级职员。

（8）在校园文化创建方面，支持一种探索发现的文化，以为社会造福为使命，将创新和组织文化中的设计思维与工程思维和实践融合。倡导认可和尊重追求卓越的文化，凡是表现出对卓越承诺的人，无论其角色或领域如何都得到认可和尊重。

（9）在财务管理方面，帝国理工学院提到控制行政成本，以期提高效率并确保教育、研究和成果转化得到有效支持。投入更多的资金筹措保持财务可持续性。寻求慈善投资来加强我们的研究和教育。管理高校基金，以获得稳定的回报。

帝国理工有多个校区，主校区位于南肯辛顿（South Kensington），近年来在硬件设施建设方面，帝国理工学院在翻新校区中央图书馆的基础上，扩大研究领域和升级技术基础设施。开发多学科中心，专注于全球挑战。这些中心以鼓励紧密的团队合作为主要目的，且被设计成具有适应性，以适应新的全球挑战。继续投资支持大学使命所需的技术（见图2.3.2-2）。

始于2009年的帝国理工白城校区的新建设约240000平方米（其中大约18万平方米的空间将用于研究和商业用途，从而使科学研究人员、企业合作伙伴和企业家能够将尖端科学研究转化为对社会的现实惠益），主要建设包括翻译

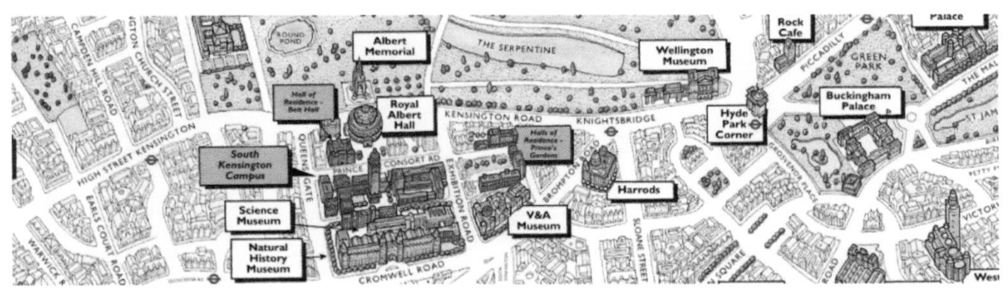

图2.3.2-2　帝国理工学院主校区空间布局

及创新中心（I-HUB）、分子科学研究中心（MSRH）、迈克尔·尤伦爵士中心（Sir Michael Uren Hub）、公共卫生学院在内的新项目。除了研究和合作的空间，总体规划包括提供多达373个新住宅和一个新的酒店和零售休闲空间，包括咖啡馆和餐厅。

总体规划以连接邻近地区的主要行人路线为基础。为了尽可能方便地进入校园，这些路线形成了场地中心的大型开放空间。一系列灵活的户外空间和新的步行路线将提供有吸引力的焦点，可用于举办活动、科技展览或表演。有了这些生动而充满活力的公共空间，校园将成为人们聚会、合作和分享想法的地方。总体规划的一个关键组成部分是其灵活性，以及确保对学院未来需要和要求做出反应的框架（见图2.3.2-3）。

2.3.3 英国埃塞克斯大学战略规划与空间规划

埃塞克斯大学（University of Essex）位于英格兰中部的科切斯特，创建于1965年。作为首任校长的Albert Edward Sloman反对分散式的美国校园，希望建设一所全新模式的校园。他的两个理念深刻地影响了校园规划，“一是研究和教学应该尽可能联系紧密，同时相近的学科也应该聚集在一起。二是尊重学生的独立性，学生将像许多伦敦人和纽约人一样住在公寓里”。

在其2020—2025年大学战略规划中提出：

（1）在校园使命方面，学校追求在教育和研究方面实现卓越，同时惠及周边社区和所有个体。

（2）在校园愿景方面，学校将学生的成功置于工作的核心，支持每个学生基于各自不同的才华和兴趣，达成杰出的成就，帮助学生在未来的竞争中取胜，同时通过为周边社区提供学术滋养，促进学生的成功。

（3）大学的研究将继续专注于提出困难的、问题、挑战传统智慧、严格处理

图2.3.2-3　帝国理工学院白城校区空间设计

对个人和社区重要的问题，并将想法付诸行动，改善人民生活。

（4）到2025年，学校的目标是在教育转型质量和影响力、研究成果的国际声誉、成果的质量、规模和影响力等方面，均获得国家和国际的认可，具体指标是：进入全英前25位好大学名录，全球前200高等学校世界排名。为此，大学将持续推进我们的社会承诺，支持我们大学社区的每个人通过他们对我们共同使命的贡献，实现埃塞克斯精神目标。

（5）大学将进一步成长，使之可为约20000名在校学生在约1000名科研人员、教授的帮助下，实现教育与科研的转型，并通过投资于响应我们时代需要的新学科来扩展知识库，并确保大学的财务可持续性。

埃塞克斯大学校园空间规划有如下主要特点（见图2.3.3）：

（1）规划布局高度集中集约，提出从校园中心到外围边界步行“5分钟”距离的概念，形成功能混合、空间紧凑、连续网格的校园空间。

图2.3.3　埃塞克斯大学校园空间格局

（2）规划将整个校园看作一个综合体，包括科学学科与人文学科的教学、研究以及公共交往、商业服务、管理等设施，分散混合布置在一个连续的巨构体内，大讲堂、图书馆、食堂等设施因功能、层高要求特殊而独立布置。

（3）规划利用场地高差，形成分层的人车分流体系。底层为机动车区域，解决各类后勤、服务、设备用房及相关流线；上层为校园主要活动空间，以主街道连接5个节点广场，两侧建筑底层均为商店、餐厅、咖啡店等公共设施，形成连续的生活空间。

（4）规划将高层公寓式的学生宿舍塔楼布置在综合体量的分叉之间并通过平台与综合体相连，反对低密度郊区的无序蔓延。

（5）规划将校园的“生活轴”与空间的“生长轴”合而为一，形成一个弹性、动态的分期发展结构。

埃塞克斯大学校园空间始终处在持续更新的过程中，以适应教育与社会发展的新需要。近20年的更新体现了一个鲜明特点：以更加复合化的结构，激活“学习社区”生活，这与大学提出的2025年愿景无疑是相匹配的。

2.3.4 美国卡内基梅隆大学战略规划与空间规划

在学科建设方面，卡内基梅隆大学强调其艺术领域的研究，注重保持和发展学校的多元化优势。

在大学使命方面，创造一个变革性的教育体验，使学生专注于高深的学科知识、问题解决、领导能力、人际交往能力、沟通能力及个人的健康和福祉。创建变革性大学社区，致力于吸引和留住多样化、世界级的人才；创建一个思想自由的协作环境，在这个环境中，研究、创意、创新、创业方面能蓬勃发展；确保个人可以实现潜能。在地区、国家和国际层面上，变革性地影响社会。

在办校愿景方面，继续改革创新、解决问题和跨学科性传统，应对变化的社会需求。大学将在教育、研究、创造力和创业方面通过不断创新对社会产生变革性的影响。

在人才培养方面，卡内基梅隆要求：①建立深刻的学科知识的目标：提供给学生在他们学科领域中世界上最好的教育，鼓舞他们终生寻求知识。领导、沟通和人际交往能力的目标：给学生在当今相互关联的世界中日益重要的知识和技能，包括人际关系、专业和沟通技巧；协作和团队合作，同情和关心他人的福利，以及组织和领导技能。②培养一种学习环境，支持学生找到适当的资源，以便更多地学习，并鼓励他们探索在整个生命中如何最有效地学习。鼓励个人追求高质量的生活，发展他们的才能和兴趣，并鼓励他们在一生中珍惜身体，情感和精神健康。③让学生用有意义的跨学科方法参与问题的解决；为学生提供整合跨学科观点的工具，强调深入的学科知识，在传统领域的边缘和交叉处推动新思维。④学生能够肩负起社会领导者和改革的重任，应对不断变化的全球环境能够有所建树且不断成长。

在科学研究目标的设定上，主要聚焦将研究和创造力事业心作为一个广泛和相互关联的探索活动网络。通过基础性研究、艺术创造和创造性探究、发现和解决真实问题为人类和社会发展作贡献。

在社会服务目标方面，大学努力在卓越的研究和创造力方面引领并被广泛认可，促进对基本问题的理解，并为社会重要问题制定解决方案。继续为匹兹堡、宾夕法尼亚西南部和卡内基梅隆大学影响的所有地区的经济增长和生活质量做出重大贡献。建立在传统大学校园外的世界级教育和研究的领导地位；专注于持续的国际参与，更深入更广泛地将全卡大学的经验融入世界各地。通过提高和完善核心研究和教育活动，促进宾夕法尼亚州西部地区的经济发展和生活质量的提高。

在教师队伍建设方面，卡内基梅隆大学目标是在全球积极追求学科和跨学科领域最高水平的人才，推进教师和行政部门之间积极参与和合作的现有途径，包括增加共享治理的机会。招募少数民族和女性教职工和学生，推动高校群体的多元化，为所有老师将专业和领导技能的发展与提高的机会紧密结合，有意地关注初级教师、妇女和代表性不足的少数群体。

在校园文化创建方面，构建全球化大学的文化。致力于世界氛围内的研究、教育和技术转化，并保持对文化差异性的尊重。在一种创新、企业家思维和行动得到重视和促进的文化中跨越学术界限。卡耐基梅隆大学用是灵活的、自信的、有创造力和协作的文化去改善人类的状况。制定全面的研究生战略，重新调整校园文化，最好地满足毕业生不断增长的需求，特别侧重于国际学生。为不同文化背景的个人和团体之间的有意互动和合作创造一个气氛。提供课程和课外活动，使学生、教师和员工在多元文化环境中受益。为教师、工作人员和校友提供专业机会，增强其跨文化能力。

在硬件设施建设方面，卡内基梅隆大学提到将寻求现有设备的最优化使用和发展，并寻求校外战略扩展。高校将推进建设高性价比的信息技术，从而支持教育和科研的发展。开发和实施灵活的基础设施，提供可以重新配置的灵活和暂时的空间和服务，以支持研究和创造性的工作。这一基础设施将在大学之间共享，它将包括孵化空间、实验室、远程工作室和创意空间以及专业知识。学生和教师可以使用灵活的空间进行合作，新的创业者可以用其作租赁空间，其他组织可以用其来赞助项目或和卡内基梅隆大学的师生合作。

卡内基梅隆学院（Carnegie Mellon）坐落在自然山丘之上，并围绕山体形成校园的不同区域，在山边早期教学建筑群簇拥下的中央开放空间，后来陆续建成了艺术、科学和工程组团。新时期，因应战略规划的要求，在其2012年的校园空间规划中提出：

（1）空间规划目标是以创新、问题导向和跨学科传统为基础，满足社会不断变化的需求。为此，空间需要通过鼓励研究和创造性探究、教学和学习，创造和传播知识和艺术；空间应帮助学校和老师向学生传授解决问题的能力、领导能力和团队合作技能，体现承诺质量、道德行为和尊重他人的价值观；通过追求多样化和相对较小的大学社区的优势，促进思想交流。采用的空间策略包括：创造一个充满活力的环境，使教师、学生、校友和员工能够共同推进大学的愿景和使命；在校园运营和流程中强调环境可持续的做法；进一步改善校园环境的健康程度和生活质量；提高学生与他人有效互动的能力；追求现有设施的最佳开发和利用，同步推进校外战略扩张。

（2）土地利用规划：为了继续在研究和教育领域保持世界领先地位，需要更战略性地利用校园资源——基于既有校园和未来可取得土地制定全局性空间发展战略，优化现有土地和建筑物的使用，并将校园的历史核心与扩建区域连接起来。

（3）功能空间规划：系统提升教学、科研空间的灵活性与通用性，以适应未来新需求，并结合不同院系要求，增添新的教学科研空间（见图2.3.4）。

（4）开放空间规划：进一步保留和创造活力创新的校园开放空间，以福布斯大道校园空间为核心，继续增加优质校园居住、餐饮、运动娱乐空间。

（5）可持续校园规划：以创新为导向，成为可持续建筑和运营实践以及新兴可持续技术开发的校园空间领导者。

（6）具体空间策略包括：开发多功能、高科技教室和跨学科空间；在工程、艺术和专业课程中创造额外的学术和研究空间；改善和扩大体育、健身和娱乐设施；挖掘Morewood地块、福布斯大道沿线、新揽收土地等的用地发展潜力；改善福布斯大道的行人安全，改善校园内的自行车设施；加强校园开放空间，特别是在福布斯和莫伍德大道。

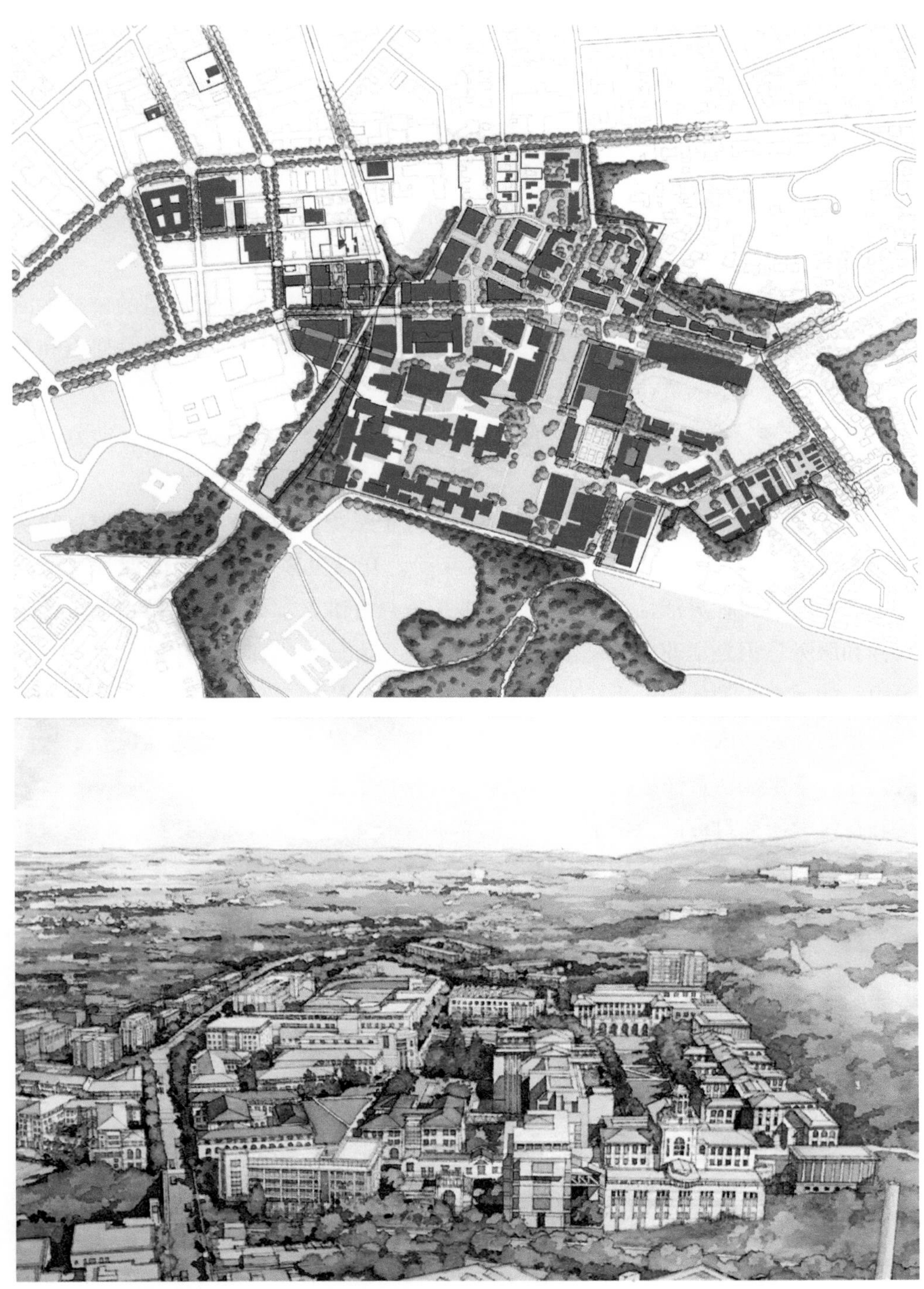

图2.3.4　卡内基梅隆大学校园空间格局

2.3.5 美国佐治亚理工学院战略规划与空间规划

在佐治亚理工学院1995年制定的“佐治亚理工战略规划2010”中，详细阐述了学校自身的六大长处、四大问题和六大关键目标，将其战略定位为“定义21世纪的理工研究型大学”。在其2010年推出的全新战略规划中，则进一步提出将佐治亚理工学院打造成为“全球技术领域的领导者，致力于优质研究和教育的培育和发展”的目标上。

在大学使命方面，给佐治亚州提供创造繁荣、持续未来和有质量的公民生活必需的科学知识基础、创新和劳动力。技术革新；大学社群通过教学、研究和企业家精神践行大学的进步与服务，领导改善州、全国、全球社会环境。

在办校愿景方面，定位21世纪的理工研究型大学，培养技术为驱动力的世界领导者。做影响重大技术、社会、政策并解决全球问题的引领者。

在人才培养方面，学校要求自身成为世界上最德高望重的以技术为核心的学习机构之一。学校和学生需要进行更多互动，开设更多问题导向的课程，采取电子技术增加课程灵活性，让学生为职业生涯做好准备。确保创新精神、企业家精神和服务意识是毕业生的基本特质。给本科生和研究生提供适用的、以学习者为中心的教育，为他们的生活和领导才能做准备。佐治亚理工将培养一个学者团体，他们在课堂内外寻求丰富的终身学习的机会。激励学生成长为知识分子和社会人才。学生能负责任地投入到他们所受的教育中去。

在科学研究目标的设定上，学校认为要持续并提升学术和科研的优越性与卓越性。科研和学术的突出成就对高校和地区的经济发展有重要意义。寻求不同机构的教师合作的机会。传统学科上的优势是多学科研究的基础。科学和技术、人文社科方面等相近学科间的研究应成为共同的目标。鼓励与其他大学、组织和政府间的交叉学科合作。

在社会服务目标方面，佐治亚理工提出大学要革新，做出重要的发现并创造出可以改变州、国家、全世界行业发展方向的技术。为所有的公民改善经济条件。提升大学在地区经济和全球经济联系中的作用。帮助佐治亚州创造经济环境，改善人民生活。建立相互促进的地方经济环境，连接大学目标与社区发展目标。

在教师队伍建设方面，学校将通过实施绩效管理系统吸引优秀人才，推进创新和创业领导力的活动在评估晋升的过程中起到重要作用。通过实施绩效管理系统奖励优秀人才。鼓励和支持教师与专业领域、咨询委员会和政府合作，提高大学中女性与少数民族教师与高层管理者的数量。

在校园文化创建方面，佐治亚理工学院目标是建设多元的教育文化，培养强有力的多学科和创业活动，以及运用知识处理实际问题的文化。在佐治亚的文化里，每个人都必须负责任地处理佐治亚理工的事业。营造成员间质量、创新和共治的文化氛围，领导力的培养将被注入学校的文化中。培育创新的文化氛围，鼓励学生的创造性和创业精神。学校将建立一个出色的、得到全校认同的服务文化、卓越的组织文化，成为国际认同的管理实践领导者。

在财务管理方面，开发能够反映个人及公共机构最优实践的财务模型。

在硬件设施建设方面，佐治亚理工学院明确发展可持续的校园社区、创造独特的建筑和开放空间，让校园的发展能够支撑学院更大的抱负。为此，重点建造一个充满活力的校园周边环境，包括高质量的住房、世界级的非正式学习中心、文化场馆等设施。除此之外，佐治亚理工学院不断推动高校的先进信息技术建设。

特别是在创新环境创建上，佐治亚理工学院提到3个策略：

（1）给学生和校友提供课内和课外学习的机会，这对他们发展成为革新者和企业家至关重要。为了更好地培养出具备顶级专业水平的学生和校友，学校将对现有创新项目和领导力培养项目进行调整和更换。除了课堂体验，学校会通过竞赛、短期课程、课外活动和研讨会增加师生互动，旨在培养创新的文化氛围，鼓励学生的创造性和创业精神。

（2）支持和奖励教师的创新精神和企业家精神，通过评估和支持创新性教学和学校活动，持续并制度化地取得成功，对有效的课外经验进行认定，那些推进佐治亚理工创新和创业领导力的活动将在评估、晋升和任期过程起到重要作用。管理教师活动的政策，例如：灵动的工作状况，允许缺席去企业创造利益，其目的在于鼓励创新。

（3）在本州、全国及国际上占据领先地位。佐治亚理工的教师经常需要参加全州、全国和全球新的研讨会，作为一个创新机构必须强调此类服务对于高校声誉的重要性。

在其2004年校园总体规划中，佐治亚理工校园空间规划的主要目标是围绕战略规划提出的要求，进行“可持续校园社区”建设。具体而言，在该版规划所提出的土地与建筑利用、交通与停车规划、开放空间与人流组织、运动休闲设施系统、校园基础设施规划5个部分中，对三个“E”做出如下回应：

第一个E是经济，即更有效地管理和使用校园资源，主要包括校园应提供更适应学院未来学术、研究和其他相关职能使用需要的空间，空间保持应对机遇的灵活性，运营成本最小化。

第二个E是生态，即构建更为和谐的人与自然的关系，重点是规划一个综合考虑使用、雨水渗排功能的开放空间系统，减少雨水排放到城市系统。

第三个E是公平，即实现人与人之间在教育生活上的公平，其主要策略包括通过规划和设计改善学院生活、工作和学习环境的建筑和空间，提高校园宜居性；通过更完善的无障碍设计，改善校园可达性。

在具体的行动规划上，新校园规划提出：

（1）首先进行“未来需求预测”——通过调研既有校园的空间利用情况和不同院系未来发展规划，明确未来5年校园空间主要供给方向（见图2.3.5-1）。

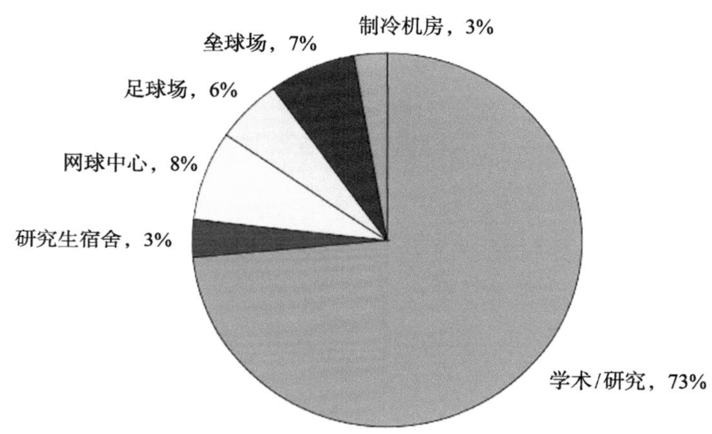

图2.3.5-1　佐治亚理工学院未来空间需求预测

（2）结合既有校园功能布局与未来使用需求，明确未来5年的校园功能分区（见图2.3.5-2）。

（3）校园交通系统规划在梳理与周边城市、社区的交通关系基础上，补充了标识系统、导向系统、校门设计、辅助交通系统等细节规划设计。

（4）在景观系统设计方面，新规划首先提出校园的生态基础设施的适宜位置，继而通过精细化竖向设计，将雨水调蓄设施与自然景观有机结合，形成景观一体化海绵校园规划。

（5）其他，如健身及休闲设施、校园市政基础设施等，新规划也提出了明确的方案。

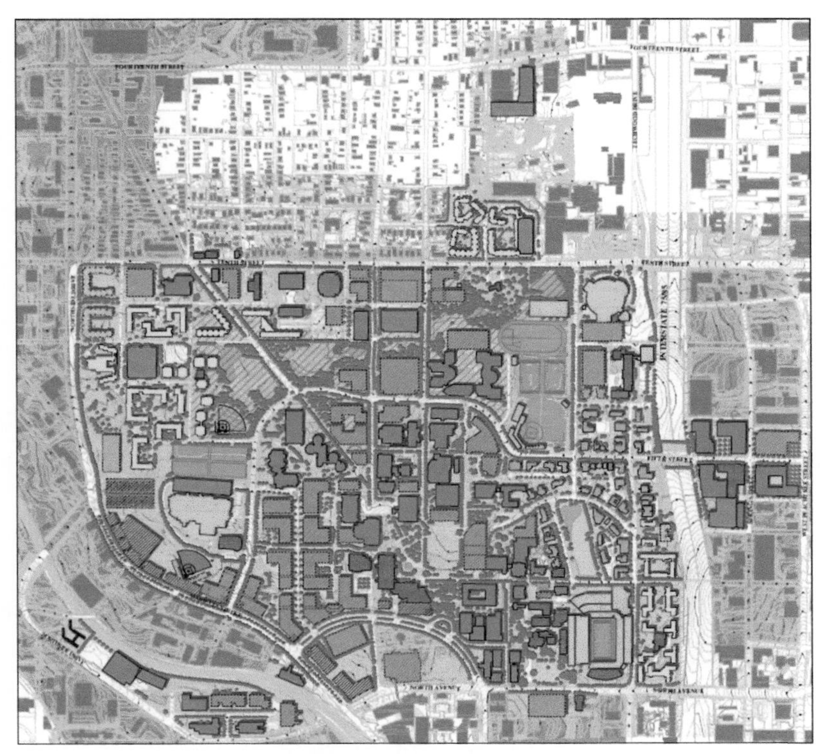

图2.3.5-2　佐治亚理工学院校园空间规划

2.3.6 美国加州大学伯克利分校战略规划与空间规划

加州大学伯克利分校位于旧金山东湾的伯克利市，是美国著名的公立研究型大学，下设14个学院和170余个系，有73位诺贝尔奖得主曾在校学习或担任教职，而美国科学奖得主、美国科学院、工程院院士等人数均排名全美最前列。学校主校区占地4.8平方公里，优美的自然风光和风格多样的建筑群共同构成了伯克利的校园符号。伯克利校园的格局是由美国建筑师约翰·霍华德（John Howard）在20世纪初设计的，校园被西南侧的草莓溪（Strawberry Creek）和东侧的小山（Berkeley Hill）环绕，绿树掩映中的白色建筑群沿地形排列。校园的古典构图在20世纪中期基本形成，而第二次世界大战后，新建建筑不断丰富着校园空间，最终形成如今校园多元化的建筑风格。

加州大学伯克利分校战略规划主要有如下特征：①多样性的教学体系。加州大学伯克利分校战略规划制定原则中，多样性强调教学体系是由学生、工作人员及教师共同组成，保证参与人员广泛性及课程设置规范性，有效缓解教师及学生的工作压力，确保教、学双方工作专一性的同时，确立了校园发展多样性原则。

注重战略承诺的引领作用与创新性相融合。②将优越性及使命感融合，注重战略承诺的引领作用，以建设高质量研究型大学，培养学生和教师拥有公平正义、服务社会的良好品德，作为加州大学伯克利分校每一个成员的战略承诺。以战略承诺为引领推动着科学研究和学术领域的发展，形成战略承诺与创新性相互融合、相互促进的发展理念。③以问责制及透明度作为战略规划制定的基本保障，是多样性、优越性、创新性、使命等原则制定的前提和基础。

加州大学伯克利分校战略规划的主要内容包括：

（1）发展目标：追求全面卓越。

（2）限制入学人数快速增长——战略规划委员会在2000年时建议限制学校在校生总规模不超过33000人。并且在人口高峰过后将逐步减少招生计划，降低办学规模，以进一步促进伯克利学术卓越。

（3）建立一套明确的评审标准，对所有学术项目实施定期的外部评估。

（4）通过在广大的教职员工征求意见，依靠群众智慧，依靠民主的程序和制度选择具有广泛共识的学科领域。

（5）将探究性学习引入本科教育、对本科生实施通识教育、完善本科生指导服务水平、规范本科生教育评估、鼓励所有教师为本科生教育作出贡献等。

（6）建立全校范围的教师角色指南、完善对助教指导与绩效评估系统。

（7）制订综合的战略，加大对研究生教育财政支持力度以及完善研究生项目间配置资源标准。

（8）建立明确的标准，以指导一项原创性研究行动的开展。开展一项新研究需要占用学校有限的校园空间，需要学校提供必要资源。

（9）未来发展布局在主校园及周边毗邻街区；主校区核心区域布局直接服务于学生或直接和学生有关职能部门；学校未来必须在教学、科研与社会服务方面提供技术支持。

（10）为大一新生提供两年大学住宿。对三年级学生，确保他们可以获得合适的可负担的住房更为重要。为研究生提供一年大学住宿，维持学校现有适合带孩子的研究生入住的住房数量。为非终身教职教师提供3年以上的学校住房。

2020年校园总体规划的目标是成为全美校园通过对教学使命、投资和设计的具象化整合实现校园更新的样板，校方和设计师力图使每项新的资本投资均可最大限度创造动态和互动的场所，以实现构建智慧教育社区的目标。规划的组织原则是通过滨河绿地的休闲步道和如画的建筑界定出的面向金门大桥的空间轴线，强化古典核心的巴黎美术学院派（Beaux Arts）风格特征（见图2.3.6-1）。

尽管既有的校园完整保留了穿过整个校园中心的山谷和溪流，但是在多年的发展后，它们更多被视为一种影响校园通行的障碍而非个性特征，成为一种消极的环境要素。新规划建议首先拆除一栋十层高的混凝土建筑，以几幢体量较小的建筑取而代之，并形成了从广场到山谷的跌落式台地景观。

对于校园空间规划，伯克利分校提出：一所卓越的大学应是一个充满活力的知识社区，应当有多元的文化和多样的观点，观点的相互碰撞带来新的见解和发现。社区繁荣发展要求对学校精心规划，合理布局，以促进这种互动交流的发生。在既有校园中，传统学科结构组成依然存在，但学科不再孤立和自我封闭。相反，潜在的创造性的交叉发生在学校各个地方。很难预测未来有发展前途的学科交叉综合会发生在哪里，因而伯克利校园规划布局的第一原则保持和加强在伯克利主校园及其周边布局的连续性。

为了加强师生间、师生与社会间的互动，激发户外公共空间的互动行为，规划将图书馆阅览室、教室、餐饮服务等较为活跃的功能空间，放在建筑的入口层，并将次要功能迁出校园核心区，将更多教学、研究取而代之，并将管理、公共服务（如一栋新的旅馆和会议中心设施、大学美术馆等）功能放置在校园边缘靠近伯克利市中心的区域，以实现与周边社区的资源共享，同时获得良好的城市公共交通服务。新的居住部分与当地社区开发计划统筹协调，形成校园20分钟步行、骑行和公交通勤圈内的高密度住宅、公寓区（见图2.3.6-2）。

图2.3.6-1　加州大学伯克利分校校园规划

图2.3.6-2　加州大学伯克利分校校园空间格局

支撑大学战略规划目标和政策的项目建设导则，对选址、空间利用和建筑与开放空间的设计，提出了更为详尽的准则与要求。投资审批程序经过修订，在项目的规模、形式和特征都得以考虑后才进行最终决策，以确保投资可以遵循规划和战略目标的总体要求，而不是某个局部或特殊的要求。

2.4 未来大学发展的共性特征

2.4.1 激发创新是未来大学的核心需求

从一个更广泛的角度来说，大学不再仅仅满足于传播与分析知识（“教学”与“学术”），而把目光更多地投向创造知识的发明与创新。——詹姆斯·杜德斯达创新和研究是研究型大学的两大主题。

按传统教学方式建设的教学建筑，缺乏容纳大型团队式科研的空间以及创新交往空间，难以满足研究型大学的需求。

熊彼特在1912年发表的《经济发展理论》提出“创新”(Innovation）的经济学解释——创新是一种可以实现生产要素新组合的生产函数，表现为处理不确定性的能力，是经济变动的根本因素。

协同创新（Collaborative Innovation）是多个协作主体打破界限，通过信息、知识、人才等创新要素的交流共享，围绕共同目标互补协作的创新活动，它是一种新的创新组织模式。主要形式包括产学研协同创新（高校与科研院所、产业、政府间协作），也包括学科间、团队间打破边界的协同创新，其本质特征是知识及信息的互动和共享。这种跨组织通过资源和优势互补进行创新协作的组织形式，已成为当今创新活动的新范式。

世界已经进入以创新为主要特征的知识经济时代，创新成为经济与社会发展的核心因素和推动力量。随着国家将研究型大学纳入国家创新体系，研究型大学作为培养高层次创新人才和产出创新知识的重要基地，在国家创新体系中将扮演着日益关键的核心主体角色。为此，积极探索培养创新人才及高质量创新成果的有效途径，成为现阶段研究型大学的历史使命。

除了构建有利于实现创新的课程体系、师资队伍和学科建设格局，大学校园空间在这一过程中，扮演着特殊重要的角色，它不仅是被动地为创新行为的发生提供物理空间基础，更应主动研究创新行为产生的空间规律，从而成为引导和激励创新行为发生的触媒和积极因素。

国外的成功案例显示，研究型大学创新功能及其在区域创新体系中核心角色的实现，不仅需要有与城市产业结合的区位，更需要通过优良的交通联系、丰富的生活资源、利于建立外部学术与产业联系的设施，来建立有利于其创新网络实现的环境条件。而目前我校新校区所在的良乡地区，城市化程度仍然较低，周边城市产业发展处在布局和起步阶段，校园急需提供充足的创新孵化、技术产业化的科技产业园区用地，以配合校园的先期发展，快速形成促进科研、创新活动发生的环境氛围。

研究型大学创新科研功能的实现，需要有足够的科研用地来容纳各类院系科研用房、政府建立的各类试验室、甚至企业界投资的研究中心。而目前我们所采用的《普通高等学校建筑面积指标》（建标〔2018〕32号）虽然已经单独设置了科研用地，但受我国地区发展差异大等基本国情的影响，新建设指标对于创新科研发展的预留，与国内外一流大学的实际经验相比，仍存在较大差距。

未来研究型大学校园特别注重通过复合功能、社区设计、交往设施、场所营造来实现多元交流、创新氛围，而目前大多数国内大学校园规划仍延续功能主义的规划理念，教学、科研、生活、体育等空间在空间上有明显的边界，带来校园空间活力的缺失，不仅由于过分注重教学科研功能而缺少对创新交往所需交流空间与设施的配备，也使得生活休闲空间失去了参与创新活动的机会，割裂的单一的功能区无法形成有利于创新网络形成的社区环境。

研究型大学空间的基本特点：相近学科临近布置、各区开放空间连贯成体系、丰富多样的校园生活设施，校园更像一个学术社区。

2.4.2 绿色发展是未来大学的共同“底色”

可持续发展已经成为人类文明必然的选择。高校因其具有独特资源优势和组织优势，在促进人类社会可持续发展进程中必须承担示范性和导向性的历史使命。早在2010年，印度尼西亚大学构建的一套关于大学可持续性排名指标，为开展大学可持续性建设提供了可行性框架和行动指南。美国高等教育可持续性促进会研发的可持续性监测评估和分级系统可以评估和预测高校可持续发展结果。这 8 年间已有部分国外学者将可持续发展理念引入高校战略规划研究之中，体现大学促进人类社会可持续发展的责任。当前，该领域已经成为国外高校战略规划研究的一个重要生长点。所谓“可持续发展”的大学，一方面是指大学自身发展的可持续性；另一方面指大学需要从环境、社会、文化和经济等领域的可持续发展入手，为这些领域的发展提供人才支持、智力支持和技术支持。在大学自身可持续发展方面：拉兰（Larran）发现西班牙部分大学很大程度上采取可持续发展战略，这种战略的存在可能与国家对高校绩效资助的强制性有关，也有研究提出完善西班牙部分高校整体规划中可持续发展举措的建议。在服务社会和文化方面：比奇（Bice）探讨了高校对全球性可持续发展的贡献，并就如何更好地履行社会责任提出具体框架建议。费勒巴拉斯（Ferrer Balas）以加泰罗尼亚理工大学为案例，从制度变迁角度探讨大学在社会可持续发展中的作用。在服务环境和经济方面，罗兹大学在维护和恢复城市生态方面扮演无可取代的角色，在为输入城市可持续发展驱动力上作出了重要贡献。在区域经济发展过程中，大学作为可持续发展的变革推动者可以充分发挥知识转移作用。

2.4.3 健康包容是未来大学的人文内涵

在双一流建设的背景下，高等学校校园的国际化程度日趋提高几乎是大势所趋，同时随着对大学创新及由此驱动下的大学开放性的提升，也带来大学校园人员的多样性的提高。由于校园活动参与者在年龄、地域、民族、信仰等方面的丰富性提高，差异带来的冲突也会增多，如何看待差异？如何处理冲突？“包容”被认为是一种更为合理的选择。包容是一种特殊的战略优势，它让我们能够吸引和留住那些有可能轻而易举地去其他地方的优秀人才。所谓的包容就是欢迎、承认和尊重不同人们在身体、智力、信仰、文化等方面差异（让我们与众不同和独一无二）。包容会创造一种环境，鼓励和培养人们开放式交流、革新想法和思维、参与式决策、公正和公平。这种包容性的环境会吸引和留住最好也是最聪明的教师和学生。因而日益重视大学内部结构的多样性，并把包容大学内部的“多样性”作为大学发展的基本目标正成为未来大学的共识。

同时，人类的健康发展作为教育的终极目标正促使人们不断拓展对于健康校园的理解，WHO（世界卫生组织）认为对学生健康的投资，将会在未来数十年带来巨大的回报。《“健康中国2030”规划纲要》提出，要重点加强健康学校建设，加强学生健康危害因素检测与评价，到2030年建成一批示范性的校园项目。因此，进行促进高等学校健康校园建设具有时代紧迫性和巨大社会意义。

随着以上两个理念获得更多认同，包容与健康之间的内在关联性也在得到更深的理解——包容意味着大学应接纳更多样的参与者，而这样的接纳不仅体现在大门与围墙的物理开放，更需要在校园物理空间配置、校园资源供给和服务提供方面，做出更精细化的回应，才可能实现真正的包容。而更强的包容性所带来的校园丰富性提升，将有助于提升师生的心理健康水平，从而将校园的健康水平从生理性健康的维度，向生理——心理的全面健康提升。从这个意义上看，包容与健康是构建未来大学人文内涵的两大基本条件。

健康促进视角下的校园设计研究可以借鉴循证设计方法，深入探析学生健康状况与校园环境之间的关联证据，进而提出优化设计策略。影响学生健康状况的校园环境因素比较多，需要通过循证研究方法进行关联程度判定，确认针对某种健康风险的环境影响因子，从而可以采取有针对性的设计策略。

2.5 物理空间与网络空间一体化的未来校园

按照党中央关于建设网络强国、数字中国、智慧社会的战略部署——实施国家大数据战略、“互联网+”“智慧+”行动计划，以及国家智慧校园建设框架要求，以智慧校园为代表的未来校园技术图景正在逐步形成。

2021年7月，教育部等六部门印发《关于推进教育新型基础设施建设构建高质量教育支撑体系的指导意见》(以下简称《意见》)，提出到2025年，基本形成结构优化、集约高效、安全可靠的教育新型基础设施体系，并通过迭代升级、更新完善和持续建设，实现长期、全面的发展。《意见》提到的“教育新型基础设施”是以新发展理念为引领，以信息化为主导，面向教育高质量发展需要，聚焦信息网络、平台体系、数字资源、智慧校园、创新应用、可信安全等方面的新型基础设施体系。教育新型基础设施建设（以下简称教育新基建）是国家新基建的重要组成部分，是信息化时代教育变革的牵引力量，是加快推进教育现代化、建设教育强国的战略举措。

教育新基建强调校园自身全栈式能力中心的建设，以完整的校园数字化基础设施、丰富且可控的数据资源、多样灵活的智能能力、统一标准、互联互通的数据集成共享平台，打破校园信息化建设的现实困境，实现校园服务的后端重塑、中台智合和前端融合，构建全校数据集成共享平台作为统一的智能中枢向校园管理者、校园决策者与校园师生提供智慧服务。

智慧教育是教育新基建的重点应用场景，是依托5G、云计算、人工智能等新一代信息技术，在物联化、智能化、感知化、泛在化的新型教育环境下实施的创新的教育形态。按照2020年3月发布《关于组织实施2020年新型基础设施建设工程（宽带网络和5G领域）的通知》有关“5G+智慧教育”要求，教育新基建将基于5G、VR/AR、4K/8K超高清视频等技术，打造百校千课万人优秀案例，探索5G在远程教育、智慧课堂/教室、校园安全等场景下应用，重点开展5G+高清远程互动教学、AR/VR沉浸式教学、全息课堂、远程督导、高清视频安防监控等。

传统的智慧校园主要通过数据集成、数据存储、数据管理、数据治理、数据共享和数据应用对数据进行全流程的处理，实现对多源机构数据的采集，对海量数据实时处理计算和分析，对数据质量较差的数据进行治理，对不同源的数据进行归类整理，对已有数据资产的对外开放共享，对数据的最终应用和价值挖掘等。

而教育新基建则在智慧校园的基础上，增加了外延、加深了内涵，其中最重要的特征是强化人工智能赋能整个教育行业。随着AI在语音语义识别、图像识别、机器学习、算法追踪、深度学习等方面的不断突破，监考判卷、课堂评估、答疑诊断、拍照搜题、分级阅读、智能题库、考情诊断……这些关于人工智能教育的设想都正在逐步成为教育实践的现实场景（见图2.5）。

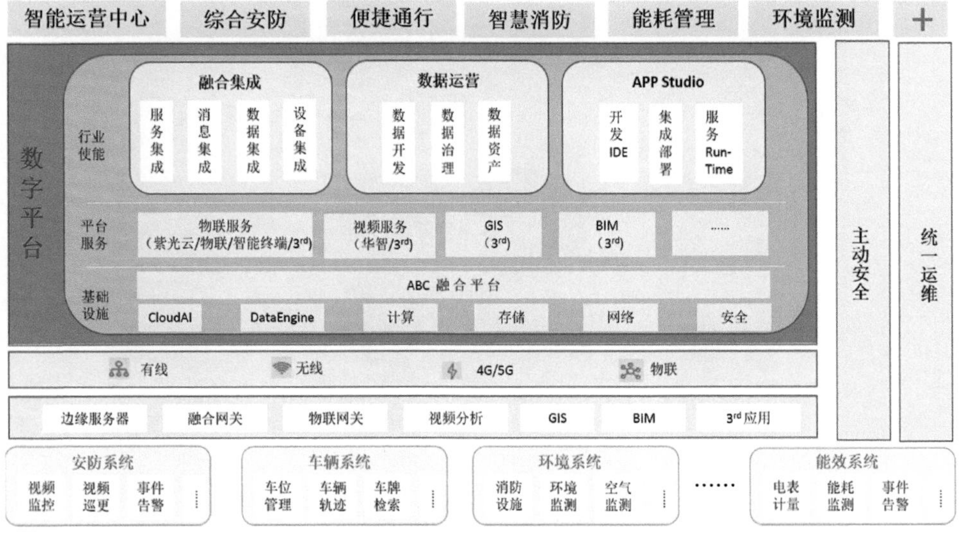

图2.5　智慧校园基本架构

第三章

面向未来的大学校园规划之促进交叉融合的创新校园规划

2020年9月11日，习近平总书记在京主持召开科学家座谈会指出：通过全社会共同努力，我国科技事业取得历史性成就、发生历史性变革。重大创新成果竞相涌现，一些前沿领域开始进入并跑、领跑阶段，科技实力正在从量的积累迈向质的飞跃，从点的突破迈向系统能力提升。但与此同时，当今世界正经历百年未有之大变局，我国发展面临的国内外环境发生深刻复杂变化，我国“十四五”时期以及更长时期的“经济社会发展和民生改善比过去任何时候都更加需要科学技术解决方案，都更加需要增强创新这个第一动力”。加快科技创新是推动高质量发展的需要，是实现人民高品质生活的需要，是构建新发展格局的需要，是顺利开启全面建设社会主义现代化国家新征程的需要。“希望广大科学家和科技工作者肩负起历史责任，坚持面向世界科技前沿、面向经济主战场、面向国家重大需求、面向人民生命健康，不断向科学技术广度和深度进军”。“要坚持需求导向和问题导向，对能够快速突破、及时解决问题的技术，要抓紧推进；对属于战略性、需要久久为功的技术，要提前部署”。

与此同时，党中央关于科技创新的历次决策部署，都是对落实创新驱动发展战略提出的具体要求，不仅对包括学科建设、人才培养、科技研究、校园建设等高校发展的各个层面工作，提出了明确的目标与要求，也将对推动科技创新成果不断涌现，并转化为现实生产力，对促进我国高等学校在新的历史时期更好实现创新发展，指明了方向。

创新空间（Innovation Space）的定义首先要从“创新”这一概念讲起。创新的概念，学术界公认的最早是由经济学家熊彼特（1934）提出来的，他认为，创新就是建立一种新的生产函数，即企业对生产要素和生产条件重新组合并引入生产体系。创新是知识经济时代的本质特征，是各国夺取战略优势的决定因素。我国自改革开放以来，经济持续了30多年的高速增长，然而一味地模仿则意味着处于全球价值链的最低端。经济发展动力要从要素驱动和投资驱动向创新驱动转型；发展方式要从粗放式发展向资源节约型、环境友好型发展转型；发展重点要从关注物向关注人，提升人的生活质量转型；发展空间也要从建设产业空间向打造创新空间转型。创新空间是一个崭新的概念，学术界专门的研究尚不多见。从目前已有的研究来看，曾鹏（2007）提出的创新空间的概念得到较多的认可。他认为，创新空间是聚集创新活动的场所，是以创新、研发、学习、交流等知识经济主导的产业活动为核心内容的空间系统。杜向风（2013）、汤海孺（2015）等在此基础之上，进一步指出，创新空间是创新型城市的创新极，是创新型城市建设的重要抓手。李晓江（2015）认为创新空间是创新活动所需要的空间载体，其本质上是一个强烈利益导向、对成本极度敏感、多元目标与多元价值共存、政策与市场共同配置资源的地区。因而，创新空间是集聚知识、人才、技术、资金等创新资源，开展创新活动的重要基地。

未来大学校园创新空间具有多样性、集聚性、商业性和交融性四大特征。

多样性：20世纪90年代初期，高校科研机构逐步对外开放发展，开放化的各类实验室、研发中心、科创服务中心、高新区内各类孵化器建设和企业研发机构等陆续建设起来，创新空间开始孕育和形成。伴随技术发展和市场环境开放，智慧与创造力成为最重要的创新资源，一种以创客为主体的创新空间逐渐形成。创新空间从最初封闭式高校科研空间，逐步向外部开放和扩展。既有大学的“校区”空间，又有高新区的“园区”空间，还有近年来创客集聚形成的“创客空间”等等。创新空间的规模大小不尽相同，创新主体由封闭转向开放、由精英化转向大众化、由个体转向群体多元化发展。

集聚性：经济地理研究发现，越是知识密集的创新活动，越倾向于地理集聚，并随时间的推移而愈显著。创新资源是进行创新活动的基础，其投入的多寡及空间分布，影响到创新能力的强弱。一方面，无论在城市区域还是校园本身，创新资源的配置都不是均衡的，随着交通、网络等科技的快速发展，创新人才、资金、技术等创新资源的流动性大大提高。创新空间的本质就是安排和使用创新资源。创新空间分布格局塑造了创新资源独特的地理分布模式。另一方面，不同创新空间的创新内容不完全相同，特定产业、学科的众多具有分工合作关系的企业或机构在一定区域集聚形成集群，能够更好地发挥整体竞争优势和规模效益，增强协同创新能力。弗里德曼（1994）认为知识溢出是促进集群创新网络发展的最根本动力。创新主体在创新过程中需要与外界进行大量信息的交换，集群化的创新空间使得创新活动得以在产业链上游、中游和下游有效对接。创新活动从内部组织到开放协同，在创新网络中与其他空间进行合作与交流，互惠互利，促进创新的产生。

商业性：创新空间的竞争力表现在创新活动数量上，但其本质是科技创新成果转化率。只有科技创新成果不断转化为生产力，将创新能力资本化、产业化，创新空间的竞争力才能得到保证甚至提升。商业性就是以营利为目的进行的创新活动。知识产权交易就是将闲置技术转让给需求方，提高科技成果利用率，用创新活动的成果驱动经济的发展。创新理念由技术供给为导向转变为市场需求为导向；创新资金的来源也在国家政府投入以外，增加了私企、外资等社会资本的投入与支持。政府和市场进行分工，创新的内容、方向与方式等由市场驱动，政策、组织协调等创新服务方面则由政府提供。创新空间的商业性特征愈发明显。

交融性：创新空间的核心功能是科创功能，但从目前各国创新空间发展的实践来看，创新空间的发展趋势不再是单一的科学创新研究区域，而是在市场需求的驱动下与外部经济体融合，除了满足创新活动的需求以外，兼具休闲、交往和学习等日常生活服务功能。例如美国的硅谷就是典型的以科创功能为主，且基础设施便利、产业、居住、娱乐、休闲等配套功能完善的创新空间。创新、生产与生活的交融已经成为创新空间的一个重要特征。

3.1 创新校园规划四重奏之一——开放

3.1.1 开放校园的基本特征

高等教育正向多元化与国际化发展，大学作为一种智力资源被社会广泛认可，一方面，随着信息技术的进步和知识经济的发展，大学已经由纯粹的哲学思辨场所转变为知识生产、仓储和传播的机构，大学与社会的互动性加强，大学不再是封闭独立的象牙塔，它必须融入当地城市、融入周围环境、融入社会，以自由开放的姿态促进思想、科学与技术的产生和传播，积极、创新、多元的交流氛围将更加有助于提高学生的交流协作能力，培养创新型、复合型的人才。与此同时，大学设施的共享为避免重复建设、提高资源利用效率带来可能。因而，未来大学校园空间将日趋由“中庭院落式”内向封闭转变为外向开放，建设产、学、研一体化开放性园区类大学，已成为未来大学校园重要特征。

从校园与城市的关系来看，开放式大学校园具有渗透性和融合性两种特征，其中渗透性特征指校园部分与城市交织在一起，属于半开放状态，即将独立的教学设施布置在中心位置。同时将与城市保持密切接触的可共享设施布置于校园外围。融合性特征则指校园与城市交织在一起，形成城中有校，校中有城的格局，属于全开放状态，即将校园各种类型的用地散布于城市街廓的地块中，并与城市用地交错布置。前者在我国的一些高校建设中，较多采用，后者则是以英美为代表的城市型大学较为常见（见图3.1.1）。

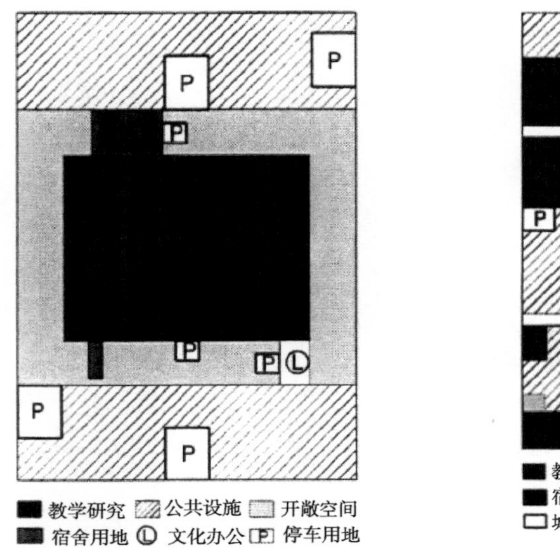

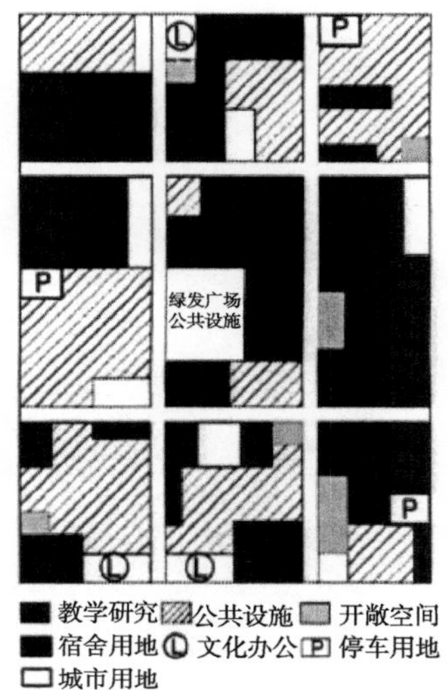

图3.1.1 渗透型开放模式和融合式开放模式

3.1.2 开放校园实践——中国人民大学通州校区规划

中国人民大学（Renmin University of China），是中国共产党亲手创办的第一所新型正规大学，是人民共和国建设者的摇篮、我国人文社会科学高等教育的重镇和马克思主义教学与研究的高地。学校首批入选国家“世界一流大学建设高校”（A类），在教育部第4轮学科评估中，14个学科获评A类，在我国人文社会科学领域独树一帜。中国人民大学通州校区位于北京城市副中心核心区，新校区建设是学校“双一流”建设的重要支撑，是中国高等教育改革的重要部署，是北京城市副中心建设的重要组成，是疏解北京非首都功能的重要举措，是国家京津冀协同发展战略的重要体现。

中国人民大学通州校区位于北京市通州区东六环潞城镇北京城市副中心东部，四至范围为东至春宜路、南至运河东大街、西至规划城市支路、北至玉带河大街。新校区距天安门约30公里，距中关村校区约38公里。中国人民大学在中关村的校区占地面积约为1137亩，而在通州的新校区规划总用地面积约为1670亩，新校区面积约为原校区的1.5倍。通州校区总建筑面积约为104.6万平方米，其中地上面积69.1万平方米，地下面积35.5万平方米，可容纳21800名学生（见图3.1.2-1）。

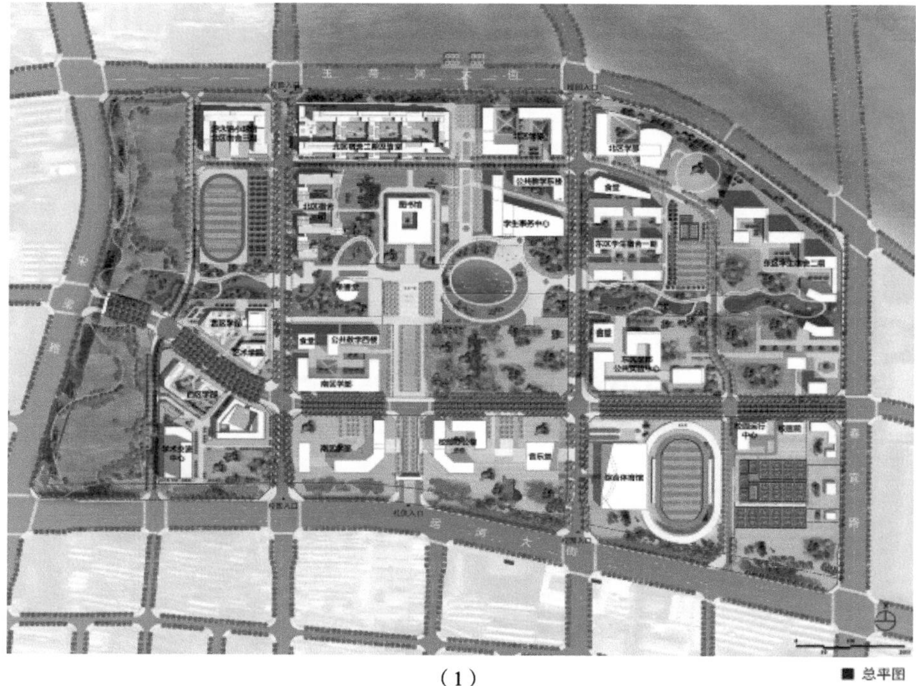

（1）

（2）

图3.1.2-1　中国人民大学通州校区规划平面与空间格局

通州校区的规划方案强调中国人民大学传统精神的继承和凝练，打造了一个兼容开放的新校园。具体体现在以下3个方面：

1.校园不建围墙，市政道路与校内道路互联互通

开放融合已成为新时代高校校园建设的核心策略，开放是姿态，首先就是要打造没有围墙的开放校园，充分赋能学校和经济社会发展。中国人民大学通州校区坚持开放策略，未设置校园围墙，城市次干路和城市支路成为校园交通系统的核心架构，增设一条与城市支路同级别的校园道路构成环路，增强了可达性。道路系统划分的街区组团内部均有便捷型的组团路，形成了校园交通畅行的“毛细血管”。在停车需求旺盛的体育场馆、学院楼周边均设置了地面停车。正是市政道路与校内道路的互联互通，提高了通州校区所在城市地区的交通通行效率，加强了学校与城市的互动（见图3.1.2-2）。

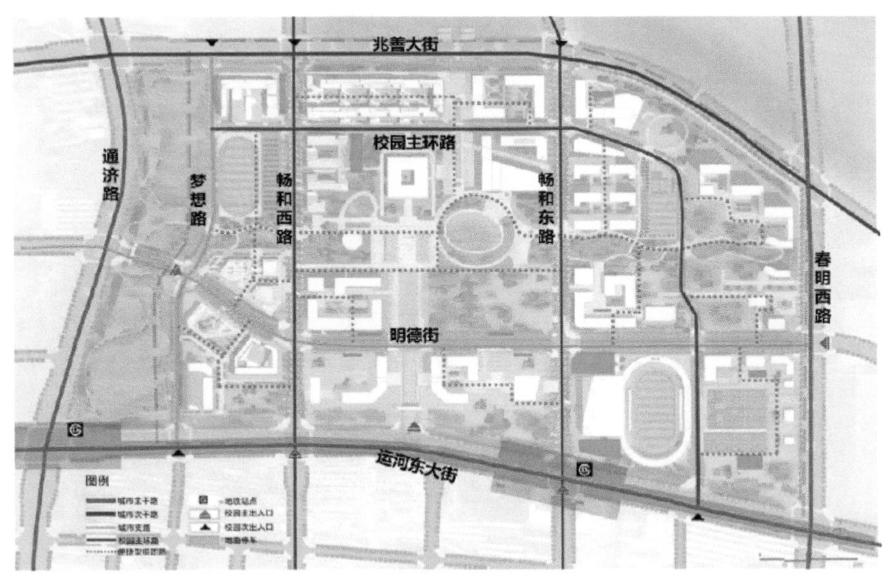

图3.1.2-2　中国人民大学通州校区交通分析图

2.校园在绿色中生长，与城市有机融合

中国人民大学通州校区的景观设计充分响应了北京城市副中心构建“蓝绿交织、清新明亮、水城共融、多组团集约紧凑发展的生态城市布局的”规划要求，以生态为基底，公共景观空间大开大合，山林草地、西流湖塘构成基本的景观元素，师生活动空间自由地穿插、浸漫其中，充分满足使用者的多样化功能需求，融入人大厚重的人文特色，塑造朴素、和谐而独具特色的校园景观，打造坐落在城市森林公园中、独具人大特质的现代山水校园，用特色校园景观创造特色

校园生活。

通州校区的绿地率超过40%，构建了“景观绿带、功能绿楔、组团庭院”的多层次绿化景观空间，校园绿地与周边城市绿地紧密衔接，并面向北京城市副中心开放，强化景观绿化的连贯性，形成良好的区域生态效应和人居环境。部分景观设计还兼具了特殊功能，如校园周界绿化带就通过多种手法设计形成了校园与城市之间的天然屏障，减少了城市对教学环境的干扰。周界绿化带宽约30余米，其中还设置了一条休闲步道，方便师生健身活动（见图3.1.2-3）。

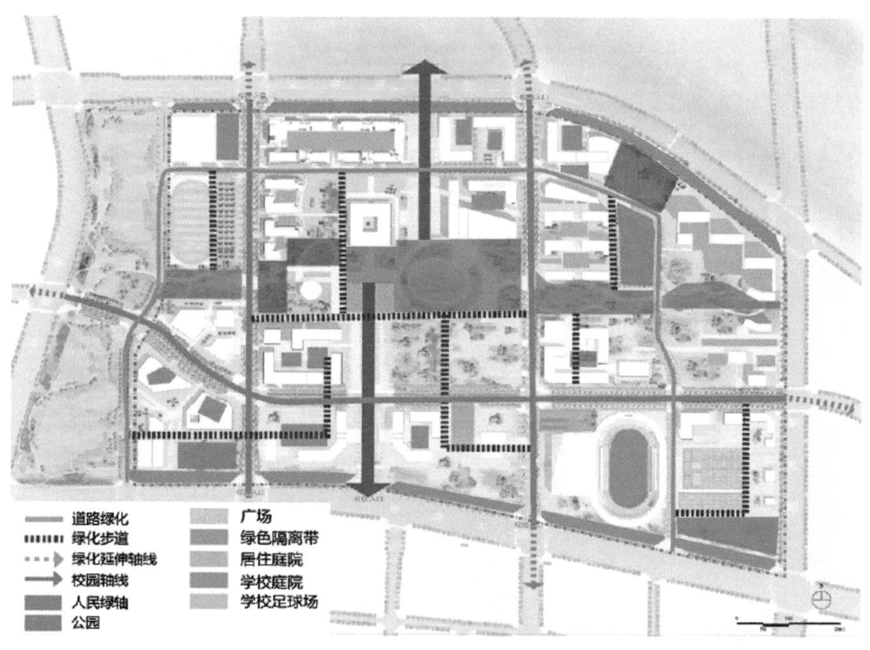

图3.1.2-3　中国人民大学通州校区景观规划图

3.校内资源面向社会开放

中国人民大学通州校区注重公共交往空间和国际合作交流场所的设计，充分体现兼容开放的特征，通过场所的营造创造和促进更多的交流。校园内的体育馆、运动场、音乐堂等公共设施面向社会开放，着力打造“资源共享、社区友好”型校园。

3.2 创新校园规划四重奏之二——复合

3.2.1 复合校园的基本特征

创新空间规划给校园规划的重要启示是：为创造一个具有活力的、学习无时无处不在的校园，其平面规划应避免孤立的单一功能区域的出现——尽可能将学习与生活空间、不同学科空间、学研空间等不同类型空间整合在一起，形成更加复合化的新校园。

为此通过合理的校园布局，构建集约高效、功能完善、适应本地人文、自然和建设条件的校园总体结构成为未来复合化校园空间的基本特征。

其中，首要因素是规模，校园规模既影响了校园功能布局方式和校园建筑的容量，还决定了校园公共空间的大小，与校园交通状况也有重大关联。特别是我国的高校占地面积通常较大，加之通常有封闭的校园边界，使其对城市交通布局带来不利的影响。但从长远的发展看，校园规划又需要留出足够的后备土地资源，二者常常成为一对摆在规划者面前的矛盾。以节地为基本原则，探讨校园的适宜规模是绿色校园规划的重要课题。

创新校园规划应按照节约土地、集约发展、合理布局的原则，从节约集约利用土地资源出发，合理控制不同功能建筑在校园用地范围内的分布，尽量采用组团式布局，以步行尺度为依据，合理控制每个功能组团的边界与范围，实现土地利用方式由粗放低效向集约高效转变。校园的生均建设用地面积指标应满足国家相关标准要求。

1. 适宜的建设规模

《普通本科学校设置暂行规定》(教高〔2006〕18号）中规定“普通本科学校生均占地面积应达到60平方米以上”“学院建校初期的校园占地面积应达到500亩以上”“普通本科学校的生均校舍建筑面积应达到30平方米以上”。称为学院的学校，建校初期其总建筑面积应不低于15万平方米；普通本科学校的生均教学科研行政用房面积，理、工、农、医类应不低于20平方米/生，人文、社科、管理类应不低于15平方米/生，体育、艺术类应不低于30平方米/生。

2. 恰当的开发强度

应合理提高校园建设场地利用系数，校园可比容积率与建筑密度均不应低于国家与地方关于学校建筑的标准（见表3.2.1）。

校园可比容积率控制　　表3.2.1

校园类型	用地面积T（公顷）	可比容积率R
普通高校及特殊类型高校	$T \leqslant 50$	容积率应≥0.7，宜≥1.0
	$50 < T \leqslant 100$	容积率应≥0.9，宜≥1.2
	$T > 100$	容积率应≥1.2，宜≥1.6
中等职业学校	—	容积率应≥0.9，宜≥1.2

注：可比容积率=学校地上建筑面积总和/学校可比总用地面积，“学校可比总用地”为学校总用地减除环形跑道的占地。

从校园的课间活动时间上和人体工程学的角度考虑，校园内的交通以步行交通为主，课间活动时间一般在10～15分钟，校园中心合理的课间活动考虑学生的往返，因此以5分钟为步行时间，以80米/分钟为步行速度，则校园中的合理的活动半径为：

$$r = 80\text{米/分钟} \times 5\text{分钟} = 400\text{米}$$

合理的活动范围为$A = \pi r^2 = 3.14 \times 400^2 = 50$公顷（750亩）

对于校园规模较大（超过2000亩）的项目，应设置多个功能组团，每个组团中均包含学生宿舍及生活服务设施、教学楼以及体育运动场所。由此一方面有利于减少学生的长距离跋涉，削弱阵发性人流带来的负面效应，为学生的日常生活带来便利（见图3.2.1-1）。

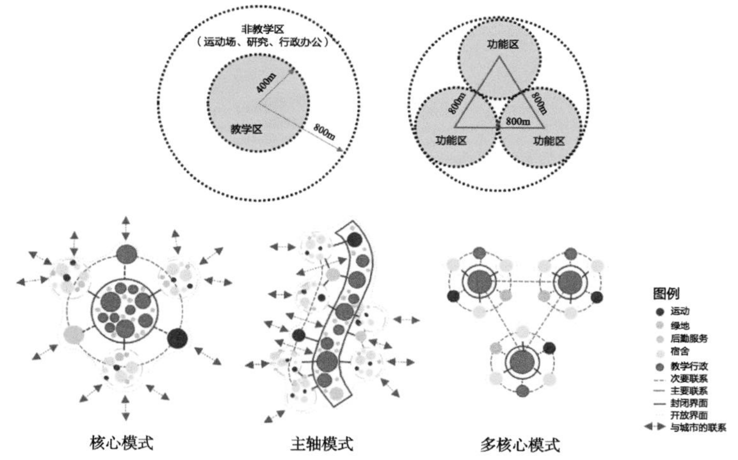

图3.2.1-1　基于紧凑要求的校园功能区组合模式

3.复合的功能组织

根据学科发展要求和特点，完善校园内外服务功能，均衡整体功能布局，推动教学、科研、产业、居住和绿化等功能分区的协调发展和全面提升（见图3.2.1-2）。

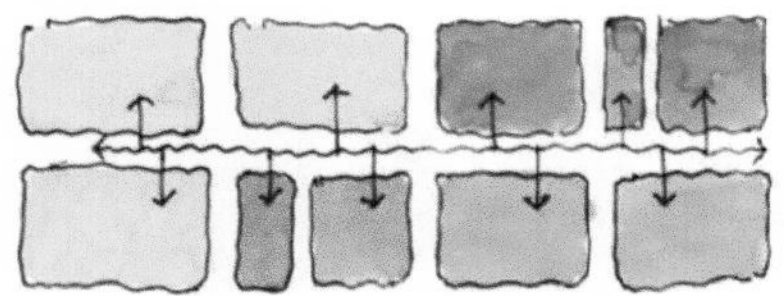

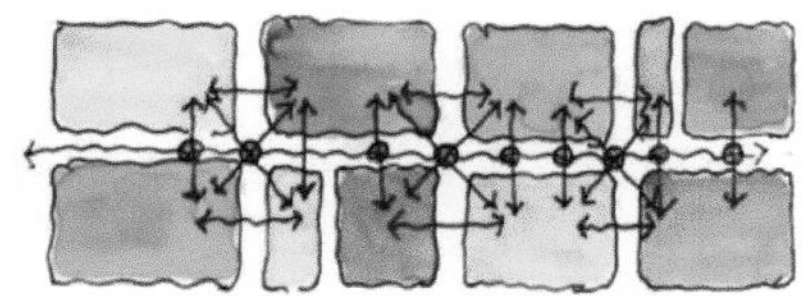

图3.2.1-2　适度复合的功能混合模式

3.2.2 不同学科建筑的空间组织新模式

3.2.2.1 通用教学建筑

通用类教学楼主要指用于公共教学、院系通识类课程教学用的建筑，该类型建筑的最新实践通常表现为：在空间布局上常以公共的非正式学习空间为统领，强调空间的灵活性和通用性，公共空间应便于停留，具有多功能特征，便于各个学科间的交流。该类型建筑在立面上常保持通透性，色彩鲜亮，造型活泼。新建的综合性教学楼，更加注重建筑的可持续性，强调节能环保，利用绿色建筑技术。

案例1　康奈尔大学布里扎罗（Breazzano）中心

这座建筑面积约7000平方米（76000平方英尺）的7层建筑，位于纽约州伊萨卡大学城，距离康奈尔大学本部只有一个街区的距离（见图3.2.2-1）。

图3.2.2-1　布里扎罗（Breazzano）中心建筑外观

建筑的主要教学空间包括小组讨论室、教室和社交空间以及可以容纳各类活动的4层高的中庭空间。建筑的5层、6层、7层主要是开放式的工作站、会议室、团队工作室、广播工作室等较为私密的办公环境（见图3.2.2-2）。

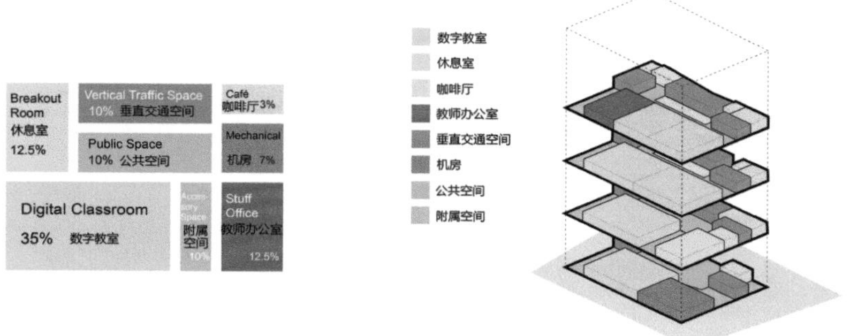

图3.2.2-2 布里扎罗（Breazzano）中心功能分布图（图片由韩旭绘制）

建筑外立面将透明玻璃、压花玻璃与彩色的竖向遮阳百叶相结合，与旁边现状暖色调砖建筑形成呼应。外立面上的丰富图案减少了建筑对城市街道的压迫感，位于建筑首层的透明的学习共享空间，设有一道装设LED屏幕的木制墙壁，向一侧的拽顿（Dryden）大街展现教学信息，上方楼层的深色的金属表皮与下方的通透空间形成不同空间感受，进一步在尺度上与周边的小体积现状建筑，形成和谐的尺度关系。

案例2 乌得勒支（UTRECHT）应用科学大学教学楼

该建筑由丹麦SHL建筑事务所设计，占地面积约3000平方米，建筑面积约22300平方米，将容纳经管、公管、信息通信技术、传媒等8个专业学院，约5800名师生（见图3.2.2-3）。

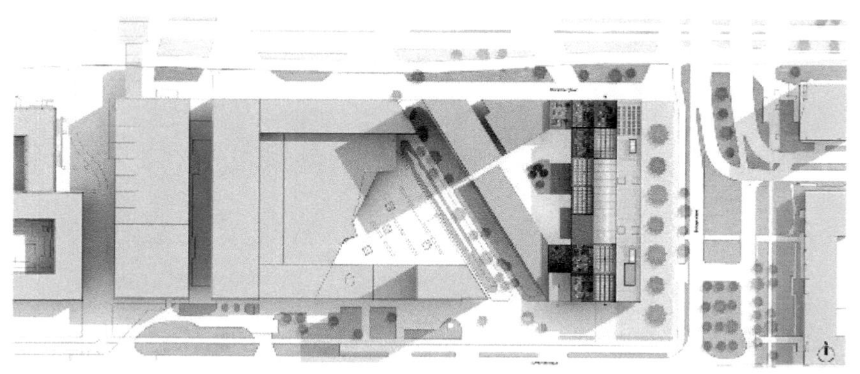

图3.2.2-3 乌得勒支（UTRECHT）应用科学大学教学楼总平面图

建筑以首层与城市广场相连的中庭为核心，一方面把自然光引入建筑深处，同时将城市生活和校园活动连为整体，形成交往聚集场所。中庭四周设置会议室和自习室，通过标志性的超长自动扶梯与城市空间连在一起，人们在不同楼层间的活动都成为空间体验的一部分。

建筑首层落地窗通过展示报告厅、教室等的教学活动，淡化室内外的界限。该层由学生运营的咖啡厅以及设有充足座椅的公共空间，强化了建筑的公共性。在主入口内光线柔和的垂直空间中，布置了楼梯、自动扶梯和室内天桥。沿中庭向上，每个学院都拥有一个专门的学生中心，它们分布在建筑顶部的六层楼。中庭中的“木盒子”是为1～2人会面或学习所提供的集中研讨区。建筑设有60多间公共教室，两个可分别容纳90人的小型报告厅以及20个项目研习室。屋顶花园则为学生、教职工和访客提供了户外休闲的场所。

建筑外立面包覆了中性色的阳极氧化铝板，两种颜色交替使用，形成了柔和的效果。楼梯上的穿孔板具有声学作用，内部安装吸音材料，降低建筑中使用者们日常活动所发出的噪声。教学楼内部则以白色、灰白色和木色材料为主，并通过在横跨中庭的三个自动扶梯上使用亮色加以点缀。各种颜色的相互交融，鼓励八座学院在建筑内的融合与互动（见图3.2.2-4）。

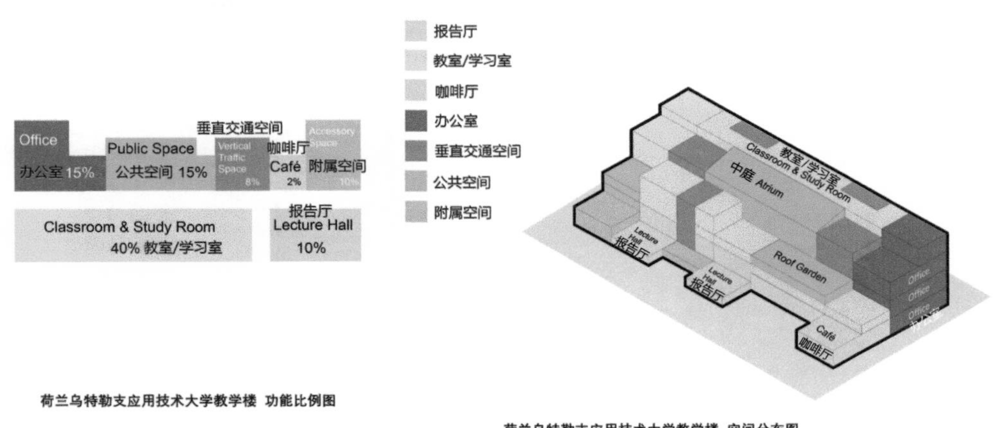

图3.2.2-4 乌得勒支（UTRECHT）应用科学大学教学楼功能布局图（图片由韩旭绘制）

案例3 哥本哈根大学Maersk实验楼

Maersk大楼项目是对哥本哈根大学健康及医学学院大楼（Panum楼）的一次扩建，建筑中除了先进的研究及教学设施，以及带有多间礼堂和会议室的会议中心，建筑师还需要通过空间设计手法，打造一个超越学科界限，且可以促进人们聚集和交流的场所，为创新活动带来更多机会。具体的设计手法见图3.2.2-5。

（1）透明而友好 | Transparent and welcoming的空间

大楼裙房是一个向城市方向伸展的、低矮的星形基座，其中包含了演讲厅、教室、食堂、展示实验室、会议室、书吧等共享式的公共设施，入口的大台阶采用温暖的木制表面，使得人们乐于在此坐下歇息，从而创造交流机会。门厅精心布局的公共空间，缩短了建筑各部分的距离，为研究员和学生创造了舒适的交互界面（见图3.2.2-6）。

图3.2.2-5　哥本哈根大学Maersk实验楼外观

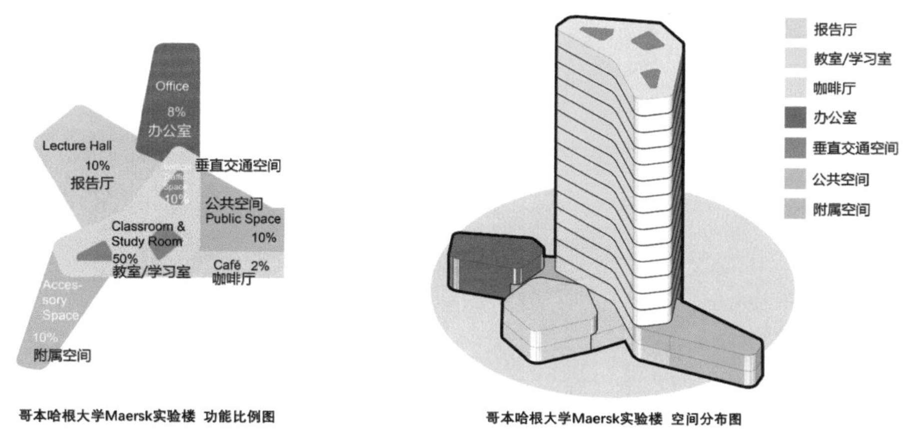

图3.2.2-6　哥本哈根大学Maersk实验楼功能布局图（图片由韩旭绘制）

立面上，Maersk大楼在色彩和韵律方面，均延续了建于20世纪70年代Panum大楼粗野主义建筑风格。透明的立面不仅使基座部分显得开放而友好，也使室内空间与室外的绿色景观更加和谐相融。

(2) 创新型研究的最佳条件 | Optimal conditions for innovative research

玻璃强调了室内空间的可见度和透明度，即插即用的功能设施保证了研究的科学创新性和灵活性。大楼内的每层空间通过高效的环路彼此相连，既缩短了交通时间，也更有利于促成团队合作。雕塑感十足的楼梯连接了15层高的开放式中庭，带来宏大而立体的空间感受。在每层楼的楼梯旁边都设置了员工们见面和交流的场所。透过建筑立面上的纵向玻璃窗，可以直接从外部看到旋转的楼梯以及科学广场，加上开放的基座部分，共同将壮观的城市视野引入建筑内部。

(3) 创新性的立面 | Innovative façade

建筑的立面覆盖着浮雕般的铜制百叶结构。铜材料的使用呼应了哥本哈根大量的铜制教堂尖塔，使建筑本身与城市景观形成更好的融合。百叶语言使立面呈现出富有深度的立体效果，打破了大块体量带来的厚重感，同时为建筑赋予一种细致优雅的纵向美感。

百叶同时还是可移动的气候调节部件，能够根据天气状况自动地开启或闭合，确保了室内环境的舒适。其结构不仅能够阻挡太阳的直射，还能够通过带有小孔的表面对自然光进行过滤。建筑结构以及百叶窗的设计起到了良好的抗风作用，为基座部分的公园景观提供了舒适的微气候。

(4) 大学公园 | The Campus Park

项目所在的大学公园为建筑创造了优越的室外环境条件，星形的裙房造型增加了环境融合界面的长度，可供人们步行或骑车穿越大楼的之字形“悬浮步道”，将建筑和公园联系在一起。坡道经过特别的设计，能够适应不同的天气变化——雨水可以从砖块之间的夹缝之间渗入，并被收集到一个巨大的蓄水池中。裙房的屋顶花园可以迟滞雨水的排放速度。过剩的雨水可被用于植物灌溉以及厕所冲洗等。

(5) 可持续性 | Sustainability

Maersk大楼采用了大量节能措施，包括可调节的立面系统和其他实验室节能装置，其最大的基础能源消耗量仅为40千瓦时/平方米，是丹麦同类型实验大楼能耗的一半。

未来的校园公寓与服务设施建筑仍然首先需要满足居住类建筑的要求——满足师生的起居和私密性要求，在此基础上，按照泛在学习空间的要求，提供必要的学习、简餐、交流空间。空间布局上一般采用单/双廊式布局，结合庭院等公共区域形成交流场所。

案例4 Tooker House生活综合体

亚利桑那州立大学的Tooker House是一个7层高、建筑面积约42500平方米的生活和学习设施，共有1582张床位、五个教师公寓、一个2500平方米525个座位的餐厅、便利店、一个大型创客实验室、一个健身中心以及大量学习室、社交室、教室等（见图3.2.2-7）。

图3.2.2-7 Tooker House建筑外观

（1）气候适应性设计 | Sustainable design for a desert climate

首先，该建筑从选址、形状和体量都是经过细致的阴影研究后得出的。8字形建筑群由两个面向东西方向呈平行位置的建筑体量组成，形成可“自我遮蔽”的庭院和立面。南侧立面经遮阳计算确定的U形遮阳板和一列穿孔的垂直百叶窗，确保在立面上每个窗口的位置都有独特的日光控制。

西侧夏季主导风从荫蔽的庭院和建筑的体量之间穿过，位于建筑廊桥和通风连廊上穿孔的金属板可以促进空气流过这些空间。雨水从屋顶收集，滋养了生态湿地的景观区，减少了对饮用水的需求，同时减少了地下管道和拱顶基础设施的数量。

（2）简洁的生活与学习空间 | Living/Learning

将建筑本身作为可持续教育的课堂，是建筑师的一个设计出发点——如将首层的机械室暴露出来，并用图形标志标记上每一件设备的功能；位于首层的开放的创客实验室，向居民共享学习空间和资源；实验室有可滑动玻璃墙，可以让活动延伸到室外，方便邀请路人参与并了解学校的研究项目。

案例5 斯坦福大学Highland Hall

新建筑是学术与住宿功能相结合的建筑综合体，分为三部分：西侧、北侧和南侧；多种用途区域、公共座位区、厨房和餐厅，都是为学校社区设立的。位于建筑群东侧入口广场的入口塔被认为是它的标志性元素，高度12.50米，强调了与既有住宅建筑的关系。在它的后面是大堂休息室，除了作为新大楼的一个重要的接待空间，这里还与主庭院和不同层次的复杂楼层相连接（见图3.2.2-8）。

图3.2.2-8 Highland Hall建筑庭院

1.4万平方米的建筑共4层，包含200个床位、服务区和多样的活动空间。建筑通过高度12.50米位于建筑群东侧入口广场的入口塔，强调了与既有宿舍建筑的关系。位于入口塔后侧的门厅，除了作为新大楼的接待空间，还与主庭院、不同高度上的复杂楼层相连接（见图3.2.2-9）。

斯坦福大学宿舍楼Highland_Hall 首层功能比例图

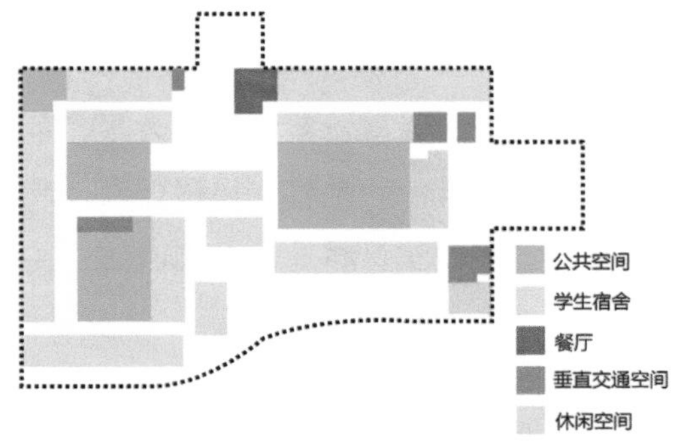

斯坦福大学宿舍楼Highland_Hall 首层空间分布图

图3.2.2-9 Highland Hall平面功能分区（图片由韩旭绘制）

3.2.2.2 文科类建筑

文科类校园建筑需要彰显其人文关怀特征，在空间上强调开放性，如阅读空间以及与学科专业相关的空间有机结合，首层大厅多以对外开放的欢迎姿态清晰地传达和体现了文科类建筑的包容性特征，即这里是学习、实践和社会融合的地方。

案例 ASU法学院Beus中心，亚利桑那州凤凰城

这栋6层建筑占地约2.4万平方米，由Ennead Architects事务所和Jones Studio合作完成。项目希望被设计成为一个致力于让学生和市民了解法律在塑造公民社会中的重要性的建筑（见图3.2.2-10）。

图3.2.2-10 Beus中心建筑外观

因此，该建筑的设计以面向公众开放为核心，通过一个横贯庭院空间的新建筑体量创造吸引人的、活跃的公共空间。一条人行通道将人们由城市带到建筑的核心——法学院的大厅和三个双层通高的中庭空间。这三个空间竖向堆叠，成为法学院的交通核心，第一层是大厅，第三层是主图书馆，第五层是一个室外庭院。图书馆的书架和学习空间延伸到上层，成为主要的流通路径，促进学生、教师和访客之间的知识和社会交流。

建筑主立面的单元化自遮阳锯齿形遮阳结构由亚利桑那州砂岩和铝制窗组成，可以根据太阳的方向、窗口大小和功能需求进行调节。高性能隔热墙和屋顶包括冷梁、置换通风系统一起，使得建筑达到减少37%能源消耗的节能目标。景观采用适应沙漠生长的植被，有利于减少场地上的灌溉需求。

其他设计特色还包括通过创新的可伸缩座椅系统，实现空间的多功能使用。

大厅前宽敞的双折叠式玻璃门，模糊了室内与室外空间的界限，配以许多零售店、书店、咖啡馆，以及一个大型媒体显示屏，以对外开放的欢迎姿态，清晰地传达和体现了法学院作为学习、实践法律和社会融合的首要使命，成为一个促进社区融合的独特城市空间（见图3.2.2-11）。

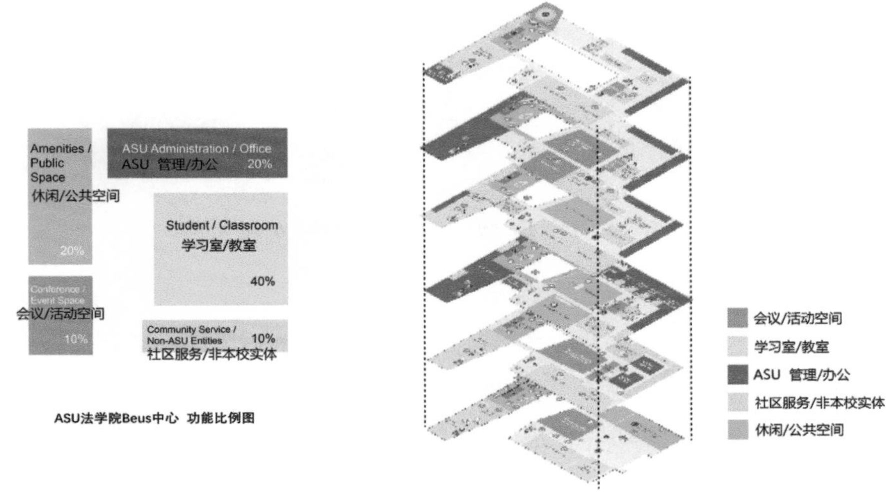

图3.2.2-11 Beus中心功能结构图（图片由韩旭绘制）

3.2.2.3 理学类建筑

理学类建筑创作手法大多强调工程学原理，常体现建筑数理化的美。由于专业的实验室需求，建筑布局常常比较规整。体块搭接或建筑内部单独成块的做法较为常见，分区鲜明。

案例1 杜克大学海洋实验室

Orrin H. Pilkey博士研究实验室位于美国北卡罗来纳州的Pivers岛上，是杜克大学滨海校区的“海上窗口”。这里为学生们提供体验式学习的环境和设施：课堂环境与实际场地、理论与实践相互地结合在一起，通过实际的科研项目，鼓励学生参与到当地土地的管理和自然资源的保护中（见图3.2.2-12）。

设计严格按照可持续设计要求，表达对海洋飓风、风暴潮以及海平面上升等海洋环境问题的关注。为了应对海平面上升（SLR）的挑战，一方面在建筑周围设置景观护堤，最大限度地减少风暴潮对建筑物边缘的冲刷，辅以周边排水系统，形成抵抗洪涝灾害的第一道防线。同时，拥有重要实验设备和研究标本的实验室被放置在二层，高于预估的海平面上升和风暴潮水警戒标高。木框架结构和混凝土砌体相结合，响应了当地的建筑技术传统，混凝土砌体墙基，还能有效防

图 3.2.2-12　杜克大学海洋实验室建筑外观

止潜在的水灾隐患。

建筑一层的大部分为公共社交空间，鼓励研究员的思想在这里自由表达，并碰撞出创新火花。开放的空间可直接通往户外的露台，大面积的玻璃确保内部空间不会受到季风的侵扰。教师办公室、博士工作室、教学实验室和服务空间围绕公共社交空间布置，曲折的平面组合可以更好抵抗风暴潮的侵袭。

建筑的二层是设备密集的研究空间，一个内嵌式的阳台让研究员可欣赏到北卡罗来纳州博福特市中心以及周围岛屿的景色。因为研究人员需要大量的设备及存储空间，所以建筑师充分利用建筑上部空间，从而将窄窗设置在了紧贴桌子的高度上。空间外围采用了先进的预制面板作为围护，极具现代感，显示出其内部空间作为科学和前瞻性研究的属性。

外立面采用了木材和大面积的玻璃作为围护结构，既体现了在20世纪30年代早期校园的建筑风格，也能让实验室向壮丽的滨海景观敞开（见图3.2.2-13）。

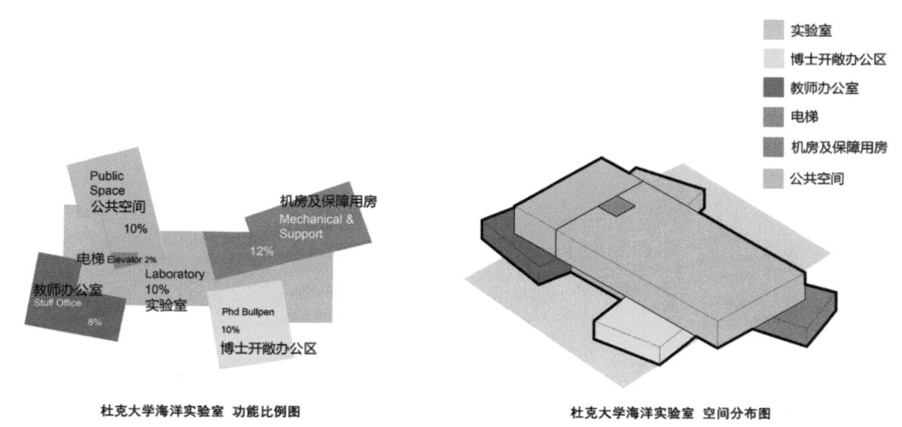

图 3.2.2-13　杜克大学海洋实验室功能结构图（图片由韩旭绘制）

案例2 **科克雷尔工程学院大楼**

该项目包括一个2100平方米专供本科生使用的国家仪器学生项目中心、James J.和Miriam B. Mulva礼堂以及会议中心——科克雷尔工程学院最大的活动空间。此外，德州仪器教学和项目实验室，以及一个致力于将创业精神和革新性思想快速投射到市场的核心空间——创新中心也包含在这个项目中（见图3.2.2-14）。

图3.2.2-14 科克雷尔工程学院大楼建筑外观

科克雷尔工程学院（EERC）此前提出了一种全新的工程学科教育系统：整合其本科项目和跨学科的研究生项目，并为之配套建造最先进的教室、大型实验室和创客空间。

为此，科克雷尔工程学院大楼的设计以"透明性和统一性"的理念为主，将电子和计算机工程学院以及跨学科研究生部门的实验室、办公室和工作空间，划分为两个石灰石材质、九层高的玻璃塔。两座塔楼由一个封闭的三层中庭相连，朝向内部的立面是玻璃幕墙，中庭的屋顶由折叠状玻璃和钢材构成，从而形成一个充满活力和阳光的公共空间，作为学院的社交活动中心，吸引并激发教师、员工、学生和市民之间灵感进行思想碰撞。

整个建筑创作手法都在强调工程学原理——从横跨两座塔的钢桁架系统到错综复杂的螺旋楼梯，从楼梯下的精致复杂的"V"形柱到连接楼层的天桥，无不在体现着工程学与建筑学的完美契合（见图3.2.2-15）。

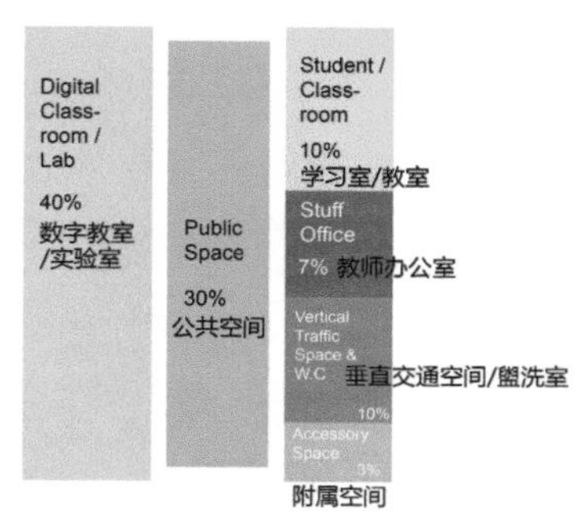

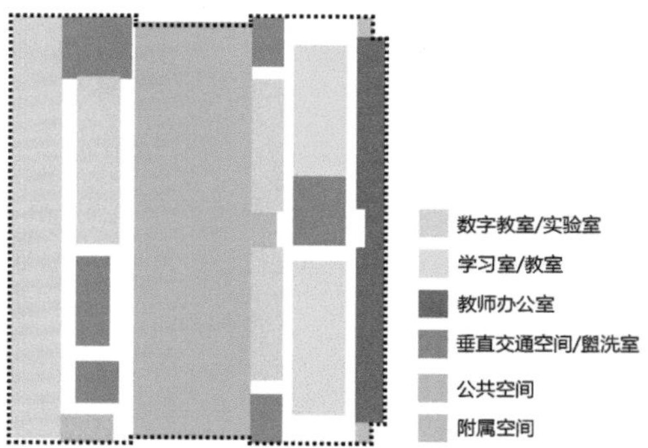

科克雷尔工程学院大楼 首层功能比例图

图3.2.2-15 科克雷尔工程学院大楼功能结构图（图片由韩旭绘制）

3.2.2.4 工学类建筑

工学学科的教学楼形状常常比较规整，空间也基本上为方正的几何形状。通透与私密空间划分明显，由于教师功能的需求，上层反映出单元式开窗，而底层或中庭采取通透围合。更加注重建筑节能及新技术的应用，反应学科特性。

案例1 罗彻斯特大学数据科学院（计算机、信息技术）

罗彻斯特大学数据科学院是罗切斯特大学全新战略计划的重点项目，该战略性计划旨在利用信息技术作为教育模型，来实现跨学科领域的研究和创新。项目总建筑面积达5600平方米，包含智能教室和院系办公室、机器人学、科学、计算机科学与环境实验室、160坐席会议礼堂，以及信息科学的公共资源中心Goergen研究所（见图3.2.2-16）。

图3.2.2-16 罗彻斯特大学数据科学院大楼建筑外观

该研究院的建筑体量由一个简单的矩形形态几何弯折演变而来，体现了科学与工程的结合，将现有外部行车路线整合成全新的步行与慢行交通空间，完善了建筑外部的景观环境。

建筑将标准红色砖墙的每一砖块视作数字像素信息——或宽或窄的旋转窗面象征着数据编码中的二进制语言，通过数字化方式传达建筑细部与总体之间的关系。这种立面设计方式使砖墙转化为“数据流”，用数字化语言对河流和校园进行解读。在阳光的作用下，突起的砖块在建筑立面形成变化的光影效果，激活了建筑，建立了建筑与环境和季节的对话，也让建筑在校园环境中彰显其独特的形象效果。

建筑内部的社交协作空间是一个拥有两层高的通透空间，它被整合进开阔的交通空间中，双层可视性良好的空间设计和与Genesee River及科学与工程学院的对视环境，也为学生和教职人员带来了全新的教研体验。实验室空间与协作空间相邻，并通过模式化架构系统，支持并促进跨学科间的研究和灵活交流。所有内部实验室走廊均设有大面积开窗，让自然光深入空间内部（见图3.2.2-17）。

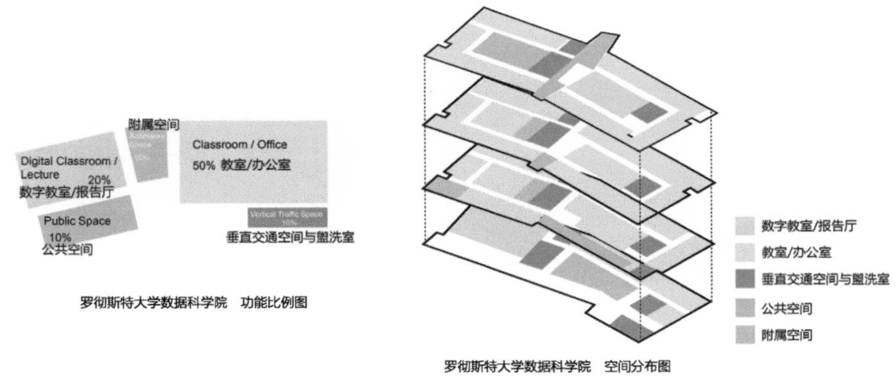

图3.2.2-17　罗彻斯特大学数据科学院大楼功能结构（图片由韩旭绘制）

案例2　宾夕法尼亚大学纳米中心楼

宾夕法尼亚大学纳米中心楼位于核桃街3200号街区的北面，其东侧紧邻大学的一个主要入口。建筑将实验室集中围绕在一个中央四方形庭院四周，使科学研究向着美丽的大学校园开放，同时也为使用者之间的交流提供了新的室内外开放空间。建筑通过釉料图案与镜像效果的应用，使得建筑内外空间的区别变得模糊起来。光芒四射的公共走廊被带有弯曲波纹的金属镶板立面包裹起来，反映并折射出了周围的建筑和城市的活动。一条上升的路线从庭院开始，经由建筑物，一路升到了一个悬挑于庭院上方约20米处的座谈空间（见图3.2.2-18）。

约7250平方米的新建筑拥有最先进的实验室空间，包括1000平方米的隧道式净化室、600平方米的特征分析套间和1100平方米的实验室模块。公共场所包括公共走廊、会议室、多功能座谈室等（见图3.2.2-19）。

图3.2.2-18 纳米中心楼建筑外观

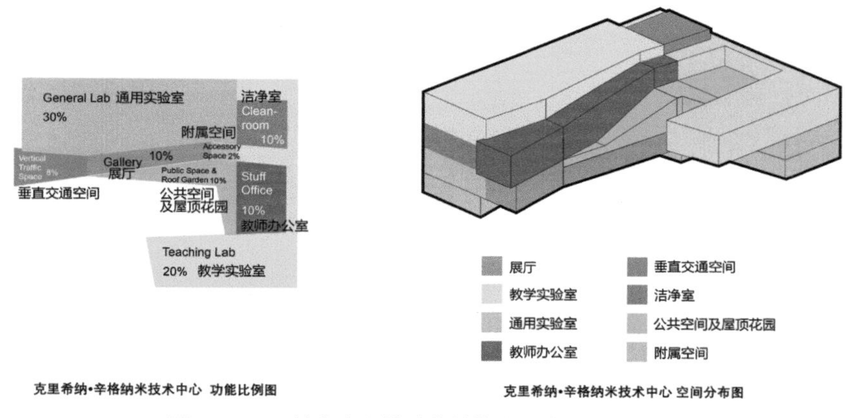

图3.2.2-19 纳米中心楼功能结构（图片由韩旭绘制）

案例3 华盛顿大学生命科学楼

项目由Perkins+Will设计完成，包括了一个1858平方米的温室，建成后迅速成为生物学院的门户担当与核心亮点（见图3.2.2-20）。

以鼓励团队协作为导向的空间组织模式——办公室、实验室和共用空间均紧邻设置，加上开放灵活的模块化科研教学空间，构成了本项目设计的最大特点。为增加研究人员偶遇、停留和讨论的机会，建筑师想出了各种处理手法，包括：为室内的空中楼梯配置了超大平台，室外庭院配有层叠楼梯与回收木料制成的座椅，屋面露台与咖啡厅相邻，还设有休息座椅。

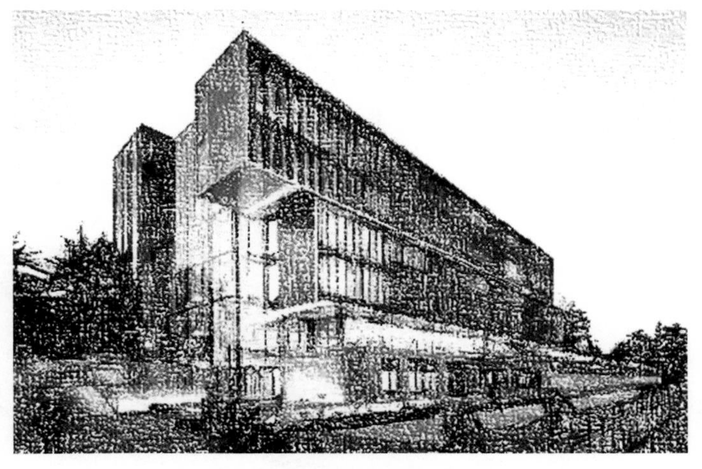

图 3.2.2-20　华盛顿大学生命科学楼建筑外观

项目采用的绿色技术包括：

（1）电梯核心筒由约60米高的花旗松制成的板材覆面而成，用以效仿树木在森林里的天然状态。

（2）率先运用创新太阳能技术，在室外安装了同类首批竖向玻璃肋板太阳能光伏装置，生成的电能可满足1150平方米以上办公场所的全年照明需求。

（3）自然通风制冷提供可开启窗。

（4）冷梁空调。

（5）利用水回收系统进行温室灌溉。

（6）辐射地板等。

学生和访客既能了解建筑内部开展的科研活动，还能通过一层的触摸显示屏实时了解建筑本身消耗水电能源的情况（见图3.2.2-21）。

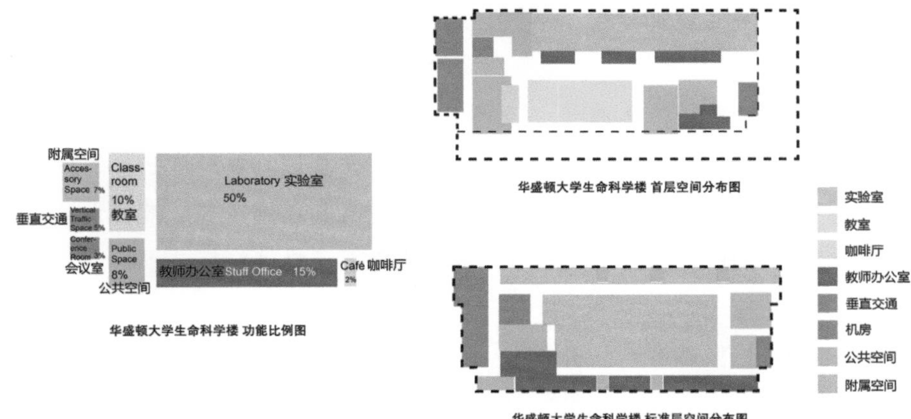

图 3.2.2-21　华盛顿大学生命科学楼功能结构（图片由韩旭绘制）

案例4 **兰加拉学院科技楼（化学生物实验室综合楼）**

兰加拉学院科技楼旨在通过一系列社交空间和学习空间的营造，推动社区交流，强化学生对建筑的空间体验，促进建筑内部的协作功能（见图3.2.2-22）。

图3.2.2-22　兰加拉学院科技楼建筑外观

由于毗邻地热田，建筑需要满足严格的场地要求，为保留现有室外场地环境，设计师采用16.1米大型悬挑结构定义建筑入口空间，并以动感的立面形象展示学院的未来教育愿景。

建筑以Semper的艺术理论为设计灵感和主要形态，通过直接或间接展露钢结构而彰显了该建筑在结构上的创新，包括横贯三层空间的结构采光井、裸露在大厅中的膨胀型钢结构等。建筑内部于采光井周围设置多层休息厅，开放性的楼梯间引领学生穿梭在建筑各层，为学生营造了多种非正式的学习环境。

该项目的可持续性策略主要包括高性能的建筑外围护结构和创新的能源管理技术，包括立面隔热夹层、光漫反射树脂墙面板系统等。建筑采用的Thermenex-In-A-Box能量传输系统装置，可以对热量进行重新分配，并将回收的热能用于实验室的能源供给，降低了建筑能源消耗和供给成本。横贯六层的采光井使建筑实现自然的通风和空气环流，进一步降低了机械能耗。

3.2.2.5 医学类建筑

医学类建筑因为有大量专业性很强的实验室空间和配套服务设施，因此在内部洁污流线控制、管线布置要求等方面都更加复杂，对于垂直交通系统的设置和其他专业类教学建筑有较大不同。医学类建筑同时较为注重采光，外立面多较为通透。

案例1 哥伦比亚大学医学中心

项目是一座14层玻璃、混凝土和钢结构建筑，最引人注目的建筑特征是作为立面要素暴露出来的垂直楼梯交通系统，它将建筑的社交空间和研究功能串联为一个完整网络，其中包括约9300平方米的先进医学和科学设施。串联式的室内设计将以团队为基础的教学空间联为整体。这一系列教学空间包括：位于一层的大堂和咖啡厅、“研究酒吧”、计算机工作区域和计算机实验室、先进的临床模拟中心、模拟考试教室、诊所、手术室、多功能礼堂（一个拥有275个座位的灵活空间，用于开展全校范围的讲座、放映和音乐会等）、社团教室（包括下拉屏幕和触摸屏，悬挂天花板、地板上的分布式电源和数据等设施）、庭院空间、种植了本地植物的空中露台以及一个带有屏幕和工作照明的解剖室等（见图3.2.2-23）。

建筑物同时也集成了一系列绿色技术：本地采购材料、绿色屋顶、最大限度减少能源和水资源消耗的机电系统、使用陶瓷熔块的立面玻璃等，这些技术用以降低整个建筑的碳足迹，目标是帮助哥伦比亚大学实现到2025年温室气体排放减少30%的目标。

图3.2.2-23 哥伦比亚大学医学中心建筑外观

案例2 罗格斯大学卡姆登分校护理与科学大楼

项目位于罗格斯大学卡姆登分校和Cooper医学中心之间的市政厅广场边缘，是这座传统校园边界之外的第一座学术大楼（见图3.2.2-24）。

为了达到带动城市复兴的目标，新建筑通过在用地的三个方向设置沿街店面激活城市街道，并同附近的轻轨车站建立联系。其中，建筑通过首层店面的开窗形式以及砖石色调的超高强度混凝土覆层，在北部和东部做出了场地回应。而在西南向，建筑设置了一面足有四层高的玻璃幕墙构成的“超级窗口”，俯瞰整个南卡姆登市，并通过这种方式将使用者的日常生活中与城市环境紧密联系在一起。

由于用地紧张且缺乏专门的外部空间，建筑需要创造一个动态、多样、灵活的复合化内部环境，以满足学生学习、社交、协作等功能——建筑本身就需要扮演完整校园的功能（见图3.2.2-25）。

图3.2.2-24 护理与科学大楼建筑外观

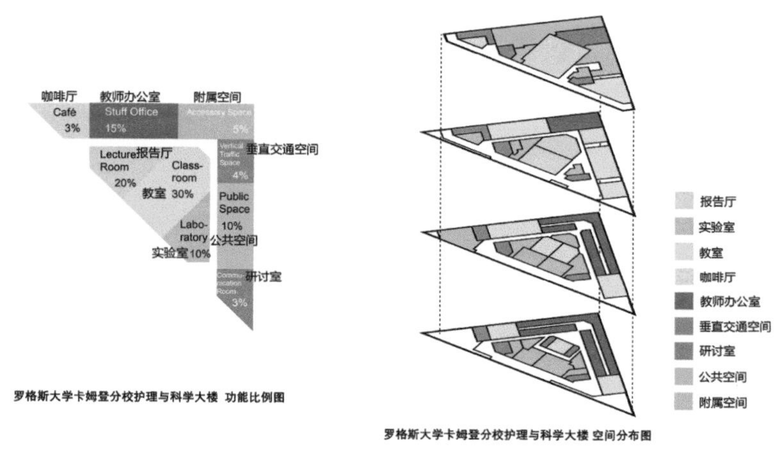

图3.2.2-25 护理与科学大楼功能结构（图片由韩旭绘制）

3.2.2.6 经济学和管理学类建筑

经管类教学楼平面布局与文科类建筑较为接近——空间较为灵活，无过多实验工艺要求，建筑整体多为规则几何形态。由于交流、沟通类课程需要，使得报告厅等观演空间往往在该类型建筑中占据较为显著的位置，因此，平面布局多突破“回”字形结构，呈现空间串联。

案例1 芝加哥大学布斯商学院

建筑物轮廓被分成两个序列。较低的元素，贴有被广泛应用在其他校园建筑中的印第安纳石灰石水平饰面，成为建筑的基座。基座之上以玻璃幕墙为外立面的教师办公室，退后使得整体体量最小化的同时，六层玻璃中庭覆盖下的阳光花园成为整个建筑的功能组织中心。阳光花园的屋顶由一组四尖拱顶支撑，显示了对一侧洛克菲勒教堂柳叶窗户的尊重。自然光透过阳光花园引入位于地下的教室和报告厅（见图3.2.2-26）。

图3.2.2-26 布斯商学院建筑外观

平面布置上，学生服务、阳光花园的公共空间和休闲地区在首层，餐厅和行政办公室分布在二至五层，教师和博士后办公室、会议中心、图书馆和研究人员的办公室设置在三至五层（见图3.2.2-27）。

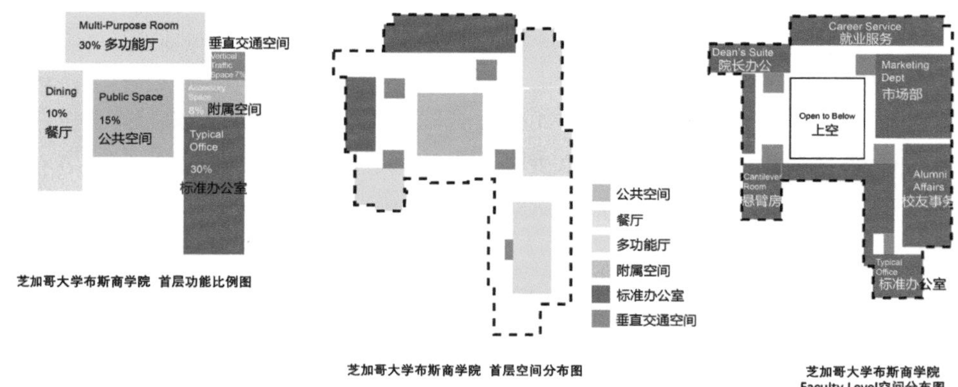

图3.2.2-27　布斯商学院功能结构（图片由韩旭绘制）

案例2　尚德商学院

完成于2012年的这个项目总建筑面积约25000平方米，投资7000万美金。设计的核心理念是在校园中带来明亮、舒适、统一的文化建筑。新加部分需要以戏剧化手法打造全新的风格，将学院复杂的各个部分作为整体，同时展现开放性、包容性和与社会的互动性（见图3.2.2-28）。

建筑入口处的幕墙以条形码的形式反映了数字商务信息的关联节奏。幕墙的后面采用原始的预制混凝土结构，其色彩灵感则来自西海岸的艺术家BC Binning，Jack Shadbolt 和 Emily Carry 的艺术作品。

大型讲演课堂的设计以复合木板为主体的材料，用来促进学院理论教育与商业实战练习的结合。外部设计采用透明或不透明的玻璃面板，将会议中心塑造为

图3.2.2-28　尚德商学院建筑外观

行业创新的灯塔形象。

中庭设计了一个高12米的学校创始人Bill Sauder的雕像，一旁的“建设者之墙”则陈列了在商业创新上有杰出贡献的学院教师。这个肖像幕墙使用现代像素形式，既展现了创新性的机制模型，又达到了很好的纪念效果（见图3.2.2-29）。

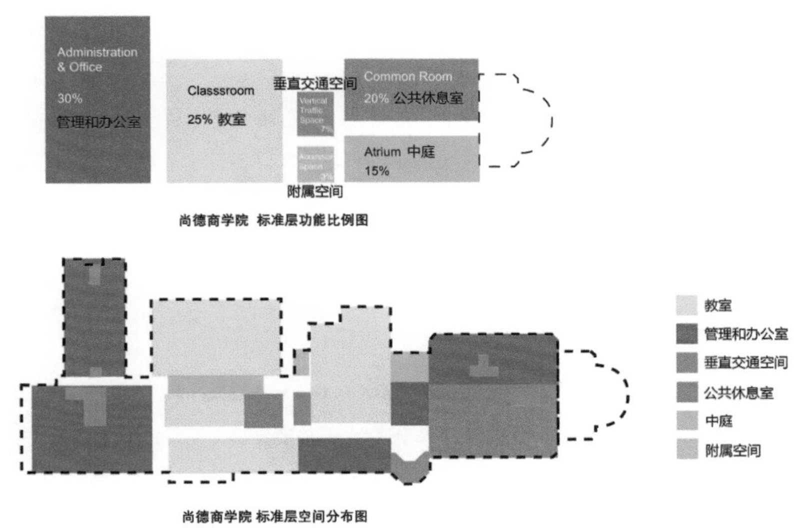

图3.2.2-29　尚德商学院功能结构（图片由韩旭绘制）

案例3　普林斯顿大学教学楼 & 国际大厦

建筑位于普林斯顿大学校园东北区，是历史悠久的西校区与现代东校区交汇的地方。作为社会科学的新中心，建筑师通过巧妙的体块处理和立面手法，将一个庞大的、单一的建筑转变为一个多孔、透明、对人欢迎的学习和研究环境（见图3.2.2-30）。

图3.2.2-30　普林斯顿大学教学楼 & 国际大厦建筑外观

校园步行通道系统被延伸到建筑周边，全新的玻璃屋顶亭台与传统文化遗产相结合，提供灵活的会议和研讨室，提供了对历史悠久的西部校园不同的观看视角（见图3.2.2-31）。

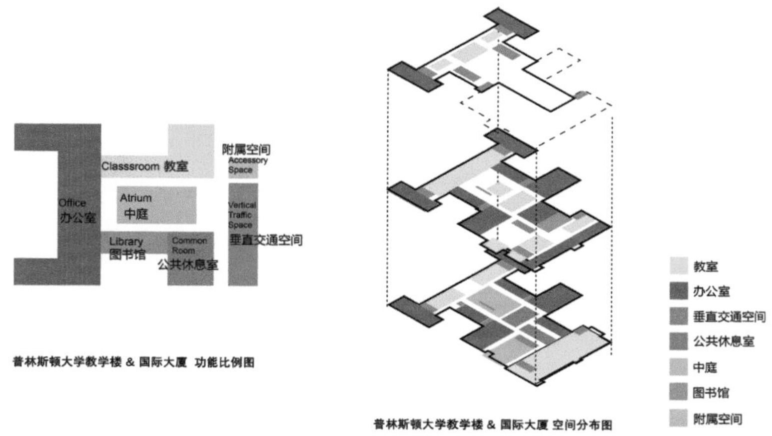

图3.2.2-31 普林斯顿大学教学楼 & 国际大厦功能结构（图片由韩旭绘制）

3.2.2.7 艺术学

艺术学科教学楼内部空间分割灵活，平面形制不光为纯几何形式，结合曲线形成灵动的空间效果。建筑形象与空间多追求艺术氛围，空间设置上适宜通过多样化的手法，保持空间的新鲜感。内部装饰及外立面多会尝试醒目色彩，造型灵动。

案例1 新加坡国立大学设计与环境学院新楼

项目是新加坡新建的第一个零能耗建筑，由Serie+Multiply Architects和Surbana Jurong设计，是一幢建筑面积为8500平方米的六层多学科教学楼，包括1500平方米的设计工作室、500平方米的开放式广场、各式各样的公共和社交空间、工作区和研究中心、咖啡店和图书馆（见图3.2.2-32）。

建筑师以学习功能所希冀的开放空间为出发点，通过一个模糊内外部界限的非常透明的立方体作为建筑形象，同时面对东南亚地区热带气候现实，挑战高能效建筑必须不透明的传统理念。为此，露台、景观阳台、大面积出挑、遮阳设施甚至周围高大的树木，都被融入建筑形体，建筑超过50%的面积是可以自然通风的——大部分空间都是通风的明房，空调仅在需要时打开，而那些夹在通风空间中间的房间，则受益于交叉通风，有助于交换热量。开放性可使空间自由地穿透建筑的外立面，将周围的景观与室内空间紧密相连。东西两边的墙面材料使用了透光的纱网，铝制幕帘既可过滤阳光，又能与周围环境呼应。

为达到零能耗的目标，建筑屋顶上装有1200个太阳能光伏板，采用由Transsolar KlimEngineering设计的创新混合制冷系统，为房间提供100%新鲜的预冷空气。尽管当地的温度和湿度水平高于一般环境，但通过吊扇提高空气的流通速度，能很好地调节室内温湿度。

灵活高效的平面设计是其另一个特征，为了保证展览布置对空间的需求、学校特殊的装置以及空间未来使用的多变性，大多数空间都可以灵活调整面积。环形走廊和折形楼梯连接，并在这个立体中穿梭，空间在学习室和研究室之间自由流转，从而凸显了融合性设计的特点。

建筑设有自然净化系统，利用景观来改善水质，径流流过屋顶和石头，达到清除沉积物和可溶物质的目的。约50%的植物来自南部的热带地区，为开展环境教育提供了机会（见图3.2.2-33）。

图3.2.2-32　设计与环境学院新楼建筑外观

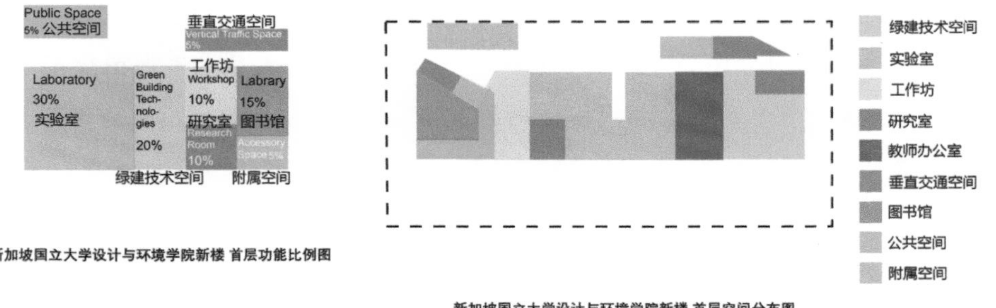

图3.2.2-33　设计与环境学院新楼功能结构（图片由韩旭绘制）

案例2 卑尔根美术、音乐和设计学院

项目占地约4.6公顷，其中3.6公顷被用作向公众开放的绿化区、露天广场和停车场等户外场地，包括Kunstallmenningen广场与餐厅露台形成的自然的集会空间。餐厅露台的下方设有一个巨大的水箱，能够从4100平方米的屋顶中储存多余的水，每秒的蓄水量可达到90公升，这些水最终会被汇集到广场下的500立方米储水池，从而有效地避免降雨和洪水对环境造成的压力（见图3.2.2-34）。

图3.2.2-34 卑尔根美术、音乐和设计学院建筑外观

建筑面积为14800平方米的新学院大楼沿着内外两条轴线进行布局：内部的轴线贯穿了学生和教职员的使用空间，外部的轴线则服务于公众。两条轴线最终在一个1300平方米大的，旨在鼓励所有使用者在空间中积极地联系、探索和学习的多功能大厅中交汇。建筑的入口与城市公共广场相连接，大厅的玻璃立面与开阔的户外空间使建筑与城市中心形成对话。

稳固性与可塑性的并存是本项目的一个重要特点。大厅及其周围分布的410个房间（包括礼堂、办公室和规模不一的工作室等）均以培养创造力为最终目标，且能够抵挡各种苛刻的使用和损耗——这在艺术院校中是不可避免的。

线条简洁、环保耐用的建筑立面由耐海水腐蚀的粗铝材料组成，错落的表面犹如一幅富有韵律的拼图。这900个大小不一的预制铝单元以不同的深度从墙壁上微微凸出，偶尔有悬臂式的箱型窗户点缀其中。金属的表面随着西海岸的天气变化在不同的时节会展现出不同的质感。松木地板、桦木饰面、未经加工的铝材、粗钢以及混凝土材料能够轻松地应对挪威西海岸的多雨气候，同时抵挡住高强度

的使用、磨损和消耗。室内空间的材料和配色延续了外立面的风格，为工作室、学生工作区和各类其他空间提供中性、耐用且适宜的创作环境（见图3.2.2-35）。

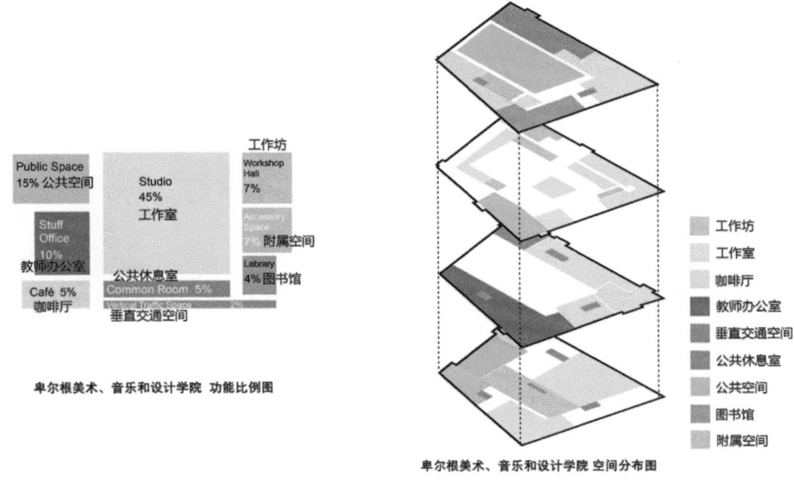

图3.2.2-35 卑尔根美术、音乐和设计学院功能结构（图片由韩旭绘制）

案例3 爱荷华大学视觉艺术馆

由史蒂芬霍尔建筑事务所设计的爱荷华大学艺术史学院的新视觉艺术馆，拥有一个14000平方米的挑高空间，展示包括古老的冶金技术、虚拟现实技术、陶艺、3D设计、金属艺术、珠宝艺术、雕塑与绘画艺术，平面设计、媒体艺术，影视与摄影艺术等成果。新馆还设有画廊、办公空间、户外屋顶工作室和艺术史教学空间（见图3.2.2-36）。

图3.2.2-36 视觉艺术馆建筑外观

视觉艺术馆利用垂直切割各平面形成的开放空间，促进学院不同艺术学科之间的合作。学生通过这些开放的区域可以看到不同学科正在进行的活动并参与其中，紧邻内部流线的工作室玻璃隔断进一步促进了互连。

自然光线和通风从中庭引入建筑内部。七个垂直切口因各水平层面不同程度的转移而各具特色。这个几何结构创建了多个阳台，为户外会议和非正式的外部工作提供了空间，进一步促进四个楼层之间的活动交流。窗户和天窗实现了建筑空间的自然通风，开孔的混凝土框架结构是建筑外墙隔热层，外观似“气泡”的辐射板为建筑内部提供制冷与供暖。

建筑楼梯被塑造成可进行临时会议、互动和讨论的空间，摆放着桌椅的楼梯休息平台处和带沙发的开放休息区，成为沟通交流的空间。建筑以模糊外缘呼应了周边校园的不规则几何空间，尝试使校园空间因而成为一片“艺术原野”(见图3.2.2-37)。

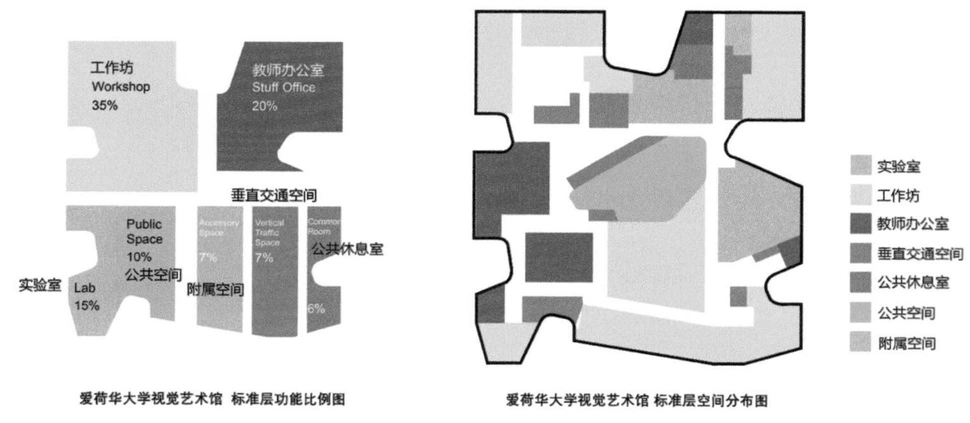

图3.2.2-37 视觉艺术馆功能结构(图片由韩旭绘制)

案例4 丹麦罗斯基勒音乐学校

罗斯基勒音乐学校(Roskilde Festival Folk High School)位于丹麦首都哥本哈根郊区的罗斯基勒市。它以“终身学习”为理念提供“非正式成人教育”——教育学生积极参与社会活动，并通过教授音乐、媒体学、领导力、政治学、艺术、建筑和设计课程，来进一步彰显罗斯基勒音乐节的价值(见图3.2.2-38)。

项目由前混凝土工厂改建而成的教学楼、两幢新建学生宿舍、一幢员工宿舍，以及一个具有强适应性的条形集装箱结构——摇滚博物馆组成，用于容纳与音乐或青年文化有关的创新型创业公司。

坐落在一个前混凝土工厂里的教学楼保留了原有结构中的柱子和屋顶，重新以五颜六色的模块——150人的礼堂、音乐工作室、工作室以及舞蹈、艺术和建筑学的教室——填满了仓库般的主建筑，并围绕着横跨建筑两侧的中央梁柱排列，最终到达学校的公共中心——一个木制的阶梯形讲坛。

两个学生宿舍区以简单的工业美学与场地的特色相得益彰，它们由木材建构，然后覆上金属外壳，外观看上去就像一个个集装箱，两个区域通过钢制走道互相连通。学生宿舍可住2～3人，每个楼层的房间都围绕着一个明亮的公共空间。摇滚博物馆以醒目的金色铝立面展现了青年文化（见图3.2.2-39）。

图3.2.2-38　罗斯基勒音乐学校建筑外观

丹麦罗斯基勒音乐学校 功能比例图

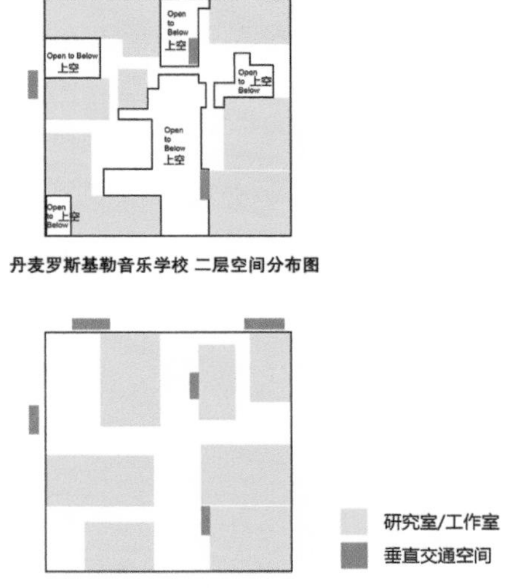

丹麦罗斯基勒音乐学校 二层空间分布图

丹麦罗斯基勒音乐学校 首层空间分布图

图3.2.2-39　罗斯基勒音乐学校功能结构（图片由韩旭绘制）

3.3 创新校园规划四重奏之三——共享

3.3.1 共享校园的基本特征

《中共中央关于制定国民经济和社会发展第十三个五年规划的建议》指出："共享是中国特色社会主义的本质要求。坚持共享发展，必须坚持发展为了人民、发展依靠人民、发展成果由人民共享，做出更有效的制度安排，使全体人民在共建共享发展中有更多获得感，增强发展动力，增进人民团结，朝着共同富裕方向稳步前进。"共享发展理念强调公共服务供给，坚持普惠性、保基本、均等化、可持续的发展方向。对高校而言，增加公共服务供给即为满足广大师生的共同需求而提供的、使他们共同受益的各种科研、教学、学习和生活的各项服务。因而高等学校的共享校园建设主要体现以下两点：

（1）在空间上，高等学校校园规划应在合理定位基础上，充分利用现有土地资源、科学布局，以集约、合理、节约、优质的应用校园资源为指导，通过优化建筑用地使用、完善设施配置，实现共享应用。

（2）在文化上，高等学校应注重文化资源和文化成果的共享，进一步主动开放自身的文化资源和成果，包括有形的图书资料、文化场馆等物质文化资源、人才资源和无形的智力成果等，增强与社会其他文化系统之间的资源和成果共享，使文化资源得到充分利用、文化成果惠及全社会。

为此，高等学校校园在规划上应做好如下工作：

（1）在规划准备上，规划之初应对区域空间结构的衔接、区域基础设施衔接、社区融合以及区域公共服务设施共享可行性，进行必要的研究。校园应与周边区域形成良好的功能衔接，构成完整的城市结构，以带动周边区域的发展，获得发展启动机会。另外区域协调应注重校园与周边社区、公共服务设施等的共享，充分反映公共价值导向，集约节约利用公共资源。

（2）在空间与设施规划上，为社会共享预留可能性。如校园停车设施共享：通过智慧化管理手段实现集约停车、停车设施社会共享；校园公共设施共享：通过外向性设计和智慧化交通规划，确保广场、绿地、体育场、体育馆、图书馆等校园设施，可以实现社会开放与共享。

3.3.2 共享的空间策略——蒙特雷科技大学“科技21教育模型”实践

蒙特雷科技大学在2015年启动名为“科技21教育模型”的前瞻性愿景规划，目的是全面重塑大学总体的教育模型，以最直接的途径应对崭新且日益迈进数字化的授课与学习方式。计划的一大重点是打破旧有教学体系的束缚，培育勇于承担社会责任、重视人文精神、拥有国际视野与热爱跨界协作学习的新一代优秀人才。“科技21教育模型”愿景规划以校园现有的条件为基础，通过一系列大胆目标来重构整个大学系统的教学方法，并试图提升当代学生的能力，使他们掌握必需技能以迎接21世纪的挑战（见图3.3.2-1）。

图3.3.2-1　蒙特雷科技大学校园规划

Sasaki与蒙特雷科技大学携手合作，针对“科技21教育模型”的愿景制定一套合适的校园空间规划方案。双方首先从综合角度考虑整体校园，继而深入研究个别学习环境，由此衍生的空间布局策略可套用在全校 29个校区或筹划中的新校园建筑，这对蒙大在全国上下推行新型教育模式至为关键（见图3.3.2-2）。

规划在校园背景下创建了吸引重要研究与开发投资的环境，同时将社区转化为充满生机与吸引力且互相融合的区域。总体规划通过拓展新研究项目、招收国内外顶尖教授与学生、吸引投资用作创新学习环境与空间重整，以实现更为广泛的学科间合作。与此同时，学校与产业界联手促进潜在的高端研究与产品创新。新的混合功能研究区紧邻学术核心，促进学术社区、知识产业与大蒙特雷社区之间的健全关系。蒙特雷校园本身已经是一个引人入胜且充满活力的大学社区，新设计试图在美丽的现代校园内，借着整合学术、文化、社交、居住与运动设施，

图 3.3.2-2　蒙特雷科技大学校园空间意象

去培养学生跨学科学习与问题解决的方式。整个校园成为一个大教室，汇聚创意人才，创造独特且完整的体验。学校坚信杰出的大学与活力成功的社区是共存的，总体规划为周边邻里提出战略性的提升纲要，对社区产生立竿见影的影响。通过持续的社区参与，总体规划提出对社区的改进建议，包括改善公园、增强安全性、改进街道与公共区域使其更加适于步行与骑行，让社区发展成为不断吸引人们来此生活与工作的区域。Sasaki将目标设定于推进校园与周边社区的改造，为总体规划中的主要区域进行了详细的建筑与景观研究：

（1）现有图书馆将转变为大胆且充满活力的21世纪学习环境。它将成为校园的核心十字路口，鼓励透明化地参与合作。

（2）在新的学生与教员活动区核心，全新TecXXI交流馆将作为聚会、社交活动与思想交流的汇聚点与会议场所。

（3）现有的波利格斯体育馆将成为新基地上能容纳15000名观众的场馆，培养与周边社区的整合，成为墨西哥首屈一指的大学足球场馆。

（4）先进的11000平方米活动中心将整合体育馆与奥林匹克标准泳池，加上附加的运动与休闲设施。这些设施和新的操场将成为从校园到新体育馆间的绿色廊道。

（5）接纳来自社区的意见，现有的科技公园将被重新塑造成科技社区中重要的城市生活中心，并作为改善周围社区环境的先导示范。

1. 模组

“模组”是一系列切合下一代教学和研究需求的空间，主要包括各类灵活弹性的教室，这些教室鼓励活动为本的上课体验，让学生在有条理的环境中进行针对性的研习活动。“模组”一般容纳20～25名学生，旁边是协作空间与非常规研习空间，为支持个别技能的培训或者进行跨领域的协作，“模组”配有必要的技术设备和基础设施（见图3.3.2-3）。

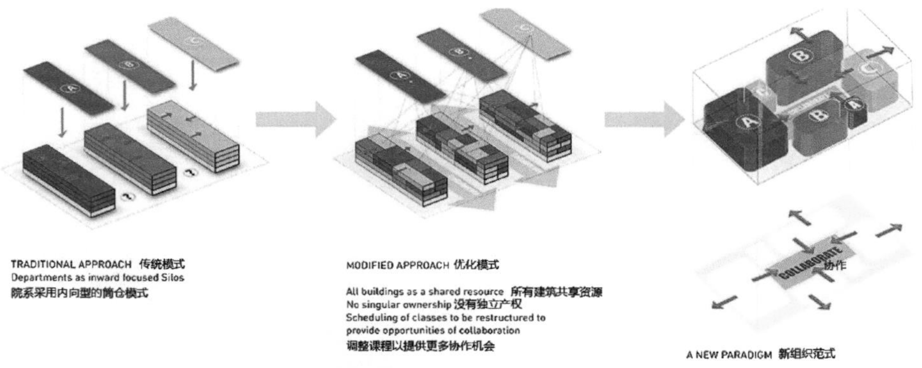

图3.3.2-3　蒙特雷科技大学功能组织模式（图片由韩旭绘制）

2. 挑战体验区

旨在促进学生与教师协作，是进行小组项目和各种自由讨论的场地。“挑战体验区”以不同形式存在，它可以是容纳2～4名学生的协作室，也可以是适合大型实验和参与式学习的多功能小屋。此外，校园的景观也被视为“挑战体验区”的一种，其组织架构也是以促进实验和研究为前提（见图3.3.2-4）。

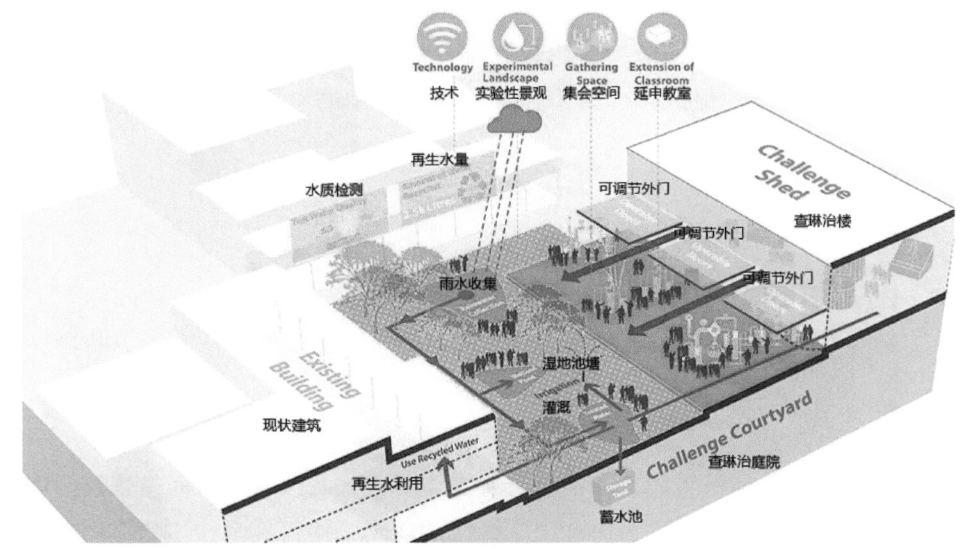

图3.3.2-4　蒙特雷科技大学校园体验区（图片由韩旭绘制）

3. 评估区

专门用于学生之间的相互反馈、教师评论环节、学生成果展示以及展览会。为推动众人积极参与当中的活动，这里的设置极为开放，利用可移动的展示板和屏幕，灵活的基础设施，评估区的空间可按活动规模和要求随时重组调整（见图3.3.2-5）。

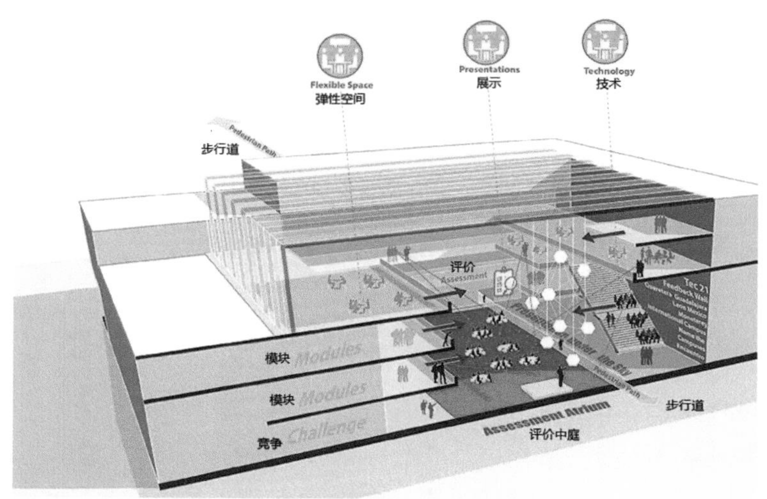

图3.3.2-5 多功能中庭（图片由韩旭绘制）

在评估所有29个校区之后，克雷塔罗校区获选为实行新型教学模式的先导校园，而快速拓展中的普埃布拉校区则紧随其后。这两个校区将摆脱一向以车辆交通主导、封闭保守的格局，积极改革为以行人优先的校园环境，以求实施前瞻性的学术系统，促进跨界、协作、以项目为本的学习方式，为学生提供全人教育。

3.4 创新校园规划四重奏之四——智慧

3.4.1 教育新基建的基本特征

教育新基建以网络空间技术的升级带动学习方式的改变，从而带来校园物理空间的整体转型。如大数据中心和人工智能的应用，使得教学知识的存储和知识图谱的构建成为可能，这使得一方面可以对学生进行精准分析和个性化测评，用“上帝视角”解构学生，并为每个学生规划合适的学习路径，制定个性化的学习方案，最终实现因材施教。同时，老师和学生可以突破时间和空间的局限，随时随地实现教学和学习。而且，优秀的师资力量得以跨越物理空间束缚，让欠发达地区的学生直接享受到优质的教学水平，推动教学公平。

教育新基建是新时代大学信息化发展的必然趋势，是大学科学发展、实现现代化的迫切要求。教育新基建指导下的未来校园总体可以分为智慧园区、智慧管理、智慧教学、智慧生活等内容。智慧化未来校园的规划要遵从“智慧化教学、可视化管理”的设计理念，遵循前瞻性和开拓性原则，在保障阶段成熟技术使用的基础上，充分考虑到未来高校智能化飞速发展的需求。做到“整体规划、持续发展，同时满足目前使用和未来拓展的需求”。

教育新基建要求未来校园建设按照软硬兼备、线上线下融合的思路，通过建设创新应用新型校园基础设施，以智能输入、网络打印、无线AP等硬件设备为基础，配以智慧教学管理软件、智慧云空间、智慧校园管理软件等应用，覆盖“教、学、研、管、评”等课前、课中、课后全教学场景，常态化提高学校教学管理水平，通过整合政府、学校、老师、家长、学生、机构六大主体教育角色，形成一个“生态化”的智慧教育服务体系，打造以老师、学生为中心的智慧校园。

教育新基建指导下的未来校园物理空间规划将呈现如下新的特征：

1. 信息网络、平台体系新型基础设施成为标配

扩大学校出口带宽，实现校、省数据中心、高校超算中心等设施的高速互联。通过5G、千兆无线局域网等方式，实现校园无线网络全覆盖。依托校园物联网实现安防视频终端、环境感知装置等信息化设备的互联，以及以新型数据中心建设为核心、强调多元参与和开放协同的“互联网+教育”平台体系，均将成为未来校园基础设施建设的新重点。

2. 教学空间的全面智慧化转型

未来随着多媒体教学装备水平，支持互动反馈、高清直播录播等教学方式的应用，同时依托感知交互、仿真实验等装备，将可以打造具有生动直观形象的学科新课堂。同时，实验室将转向利用信息技术辅助开展科学实验、记录实验数据、模拟实验过程，创新科研实验范式的智能化实验室。重大科研基础设施、高性能计算平台和大型仪器设备，在信息化技术支持下将更为开放和共享。

3. 教学资源的供给和监管将升级

依托信息化技术，未来校园将可以汇聚数字图书馆、数字博物馆、数字科技馆等社会资源，共享社会各方开发的个性化资源，建立教育大资源服务机制。通

过构建国家统一的学科知识图谱、升级资源搜索引擎、探索人工智能技术支持下的数字教育资源内容审核、利用区块链技术保护知识产权，全面提升教学资源的质量和监管效率，推动数字化教学资源的迭代更新。

4. 校园管理水平全面提高

教育新基建将建立基于人工智能技术实现突发事件的智能预警，全面升级校园公共安全视频网络，支撑平安校园建设；建设学校餐饮卫生监测系统，加强食材供应链管理和厨房环境管理，建立师生健康档案，支撑健康校园建设；探索推进基于物联网的楼宇智能管理，因需调节建筑温度和照明等，支撑绿色校园建设。同时通过绘制网络空间资产地图、建立教育系统应急指挥网络、建设教育系统密码基础设施和支撑平台、提升教育移动互联网应用程序、教育软件、在线教育平台和新型数字终端等监管的信息化支撑能力等多种手段，全面提升校园管理水平。

教育新基建应遵循以下原则：

1. 着眼未来，统一规划

系统建设既要满足学校近期教学要求，又要适应学校长远规划发展。实行统一规划，统一数据标准、统一应用服务体系、统一安全标准和共享制度，保障系统互通与安全。保证数字化校园不同业务系统的集成与建设的合理性、先进性及可扩充性。

2. 技术先进，实现资源共享

系统建设必须强调先进性和标准化，采用目前先进的、符合发展趋势的智能化技术，保证整个系统集成合理。充分满足教学、科研、生活各项功能的需要，做到规模适宜，分区明确，功能齐全。在先进技术支撑下，整合学院各种资源，集成各类信息，实现全校范围内的基础教育资源共享和交互。

3. 管理便捷，易于维护

系统建设既要便于用户使用，又要便于系统管理和维护。既要充分考虑信息资源的共享，更要注意信息资源的保护和隔离，应分别针对不同的应用和不同的网络通信环境，采取不同的措施，包括系统安全机制、数据存取的权限控制等。系统建设应采用升放性的设计思想，提高系统的适应能力，延长系统的生命期。

4. 便于扩展，可持续发展

为了适应日新月异发展的技术，系统设计必须具备易扩展性。系统的建设要采用业内统一的标准和协议，软硬件要考虑未来的升级及扩充，一定要保证可持续发展。智慧校园要为未来的智慧城市建设预留接口。

5.安全可靠，节能环保

未来校园各智慧化系统的建设要为大学提供一个安全的教学、科研、生活环境。要突出节能环保，与绿色校园、生态校园相适应。

6.经济适用，适度超前

未来校园智慧化系统建设要充分重视经济性，要与学校的特点及发展相适应。建设要充分利用现有的信息资源和已经建成的平台资源，积极利用已有的软硬件设施，在保证各项功能完满实现的基础上，以最好的性能价格比配置系统，以最大限度地保护投资。

3.4.2 创新校园的智慧大脑——数字图书馆

3.4.2.1 数字图书馆的基本内涵

数字图书馆（Digital Library）是用数字技术处理和存储各种图文并茂文献的图书馆，实质上是一种多媒体制作的分布式信息系统。它把各种不同载体、不同地理位置的信息资源用数字技术存储，以便于跨越区域、面向对象的网络查询和传播。它涉及信息资源加工、存储、检索、传输和利用的全过程。通俗地说，数字图书馆就是虚拟的、没有围墙的图书馆，是基于网络环境下共建共享的可扩展的知识网络系统，是超大规模的、分布式的、便于使用的、没有时空限制的、可以实现跨库无缝链接与智能检索的知识中心。

在2003年，芬兰的奥卢大学图书馆在数字图书馆的基础上，提出了“Smart Library”（智慧图书馆）一词，并引起业界的广泛共鸣。目前业界一般认为“智慧图书馆”指的是把智能技术运用到图书馆建设中，形成的一种高度智能化、自动化管理的数字图书馆。因而“智慧图书馆”可以被纳入广义的数字图书馆范畴，由此当前的“数字图书馆”概念实际包含了三个范畴：数字化图书馆（纸质图书转化为电子版的数字图书）、数字图书馆系统（图书的数字化存储、交换和流通）以及依托物联网、云计算和智能设备等新技术，实施智慧管理的服务体系。

数字图书馆理念的提出，与数字化与网络化技术的发展息息相关，正是由于网络逐渐取代书籍成为人类信息的主要传播渠道，传统图书馆围绕纸质图书所建立起来的知识收集、整理、保存和传播体系，才遇到前所未有的挑战。数字图书馆作为基于信息技术和虚拟环境的一种新的信息资源组织与服务方式，将在未来成为社会公共信息和知识服务的中心和枢纽。

俄罗斯西伯利亚联邦大学的Baryshev R A等人将物理空间层面的“数字图书馆”定义为基于信息交互技术的各种电子资源及专业服务的文化场所，他认为数字图书馆的内涵包括：

（1）构造智能环境：利用新技术改变图书馆的业务流程，更好地满足读者需要；

（2）提供移动接口：让读者不受时间和空间的限制来使用图书馆的资源和服务；

（3）促进知识传播：通过社交网络，群策群力，利用集体的智慧促进知识的创造与传播；

（4）提高资源质量：保证图书馆各种知识库的质量与可用性，存放资源不是目的，通过一站式检索，让各种资源互联互通来方便读者使用才是目的，并要通过各种评估手段来监测资源的质量；

（5）个性化服务：根据读者的水平和需求来定制所需的服务系统。

3.4.2.2 数字图书馆的典型特征

1.资源数字化

数字图书馆的所有资源都有数字化版本——某种格式的“数据”，数据管理不仅管理数据的组织、检索和提供，而且包括数据的生命周期完整过程。而随着图书馆成为更大数据网络的组成部分，图书馆资源建设要从捕捉和记录馆藏资源的描述性细节，转变到识别和建立更多资源的关联和联系上来，让发现资源之间的关系重要于发现资源本身，解决资源孤岛的问题。同时，图书馆应具备参与数字出版的条件，从而创新信息资源生产和流通的上下游关系，成为重要的信息资源数字出版机构。

2.馆藏仓储化

随着远程服务和互联网技术的进一步升级，信息资源服务商完全没有必要通过图书馆这个中间环节来为用户提供信息服务，信息资源服务商与最终用户的点对点服务模式将出现，这使得图书馆纸本图书的利用率大为降低，纸本图书的传统上架存取方式将发生根本转变，馆藏图书的文化价值将逐步超越其信息价值，利用更为高效的仓储方式将文化传承与空间效率结合，成为数字图书馆兼容和传承纸本阅读文化遗产的重要选项。

3.数据知识化

与传统图书馆不同，数字图书馆为使用者提供基于知识化的优质资源服务，而非简单而碎片化的信息和数据，这构成了未来数字图书馆不断发展的内在驱动力。在以大数据为核心的信息技术发展背景下，数字图书馆将从海量的数据中提取关键核心知识，实现从数据到知识转变。此外，人工智能技术的成熟，对用户行为的分析也更加精准，数字图书馆根据用户行为为其精准匹配知识单元，从而实现从知识到价值的转变。

4.语言通用化

信息时代，“参与越多、沟通越多、连接越紧密”成为支撑创新成果迭出的底层行为逻辑。图书馆作为未来社会文明交流不可或缺的空间纽带，必须向所有母语人群提供更为平等的服务。因而通过基于人工智能的即时沟通交流与沟通工具的支持，数字图书馆将在信息与资源的“语言无障碍”方面，展现更强的友好性。纽约公共图书馆系统正试图确保更多的用户使用它所提供的服务，并且已经开始实施ESOL（使用其他语言的英语用户）和ESL（将英语作为第二语言）项目。

5.阅读移动化

新技术支持下，人们信息获取和阅读方式呈现出多渠道、移动化、社交化的特点，数字阅读正在逐渐融入大众生活，移动阅读将成为数字图书馆阅读的主要形式。为了吸引更多的年轻人，芝加哥公共图书馆将传统的系统与被称为YOUmedia的数字媒体实验室相融合。在那里，他们可以使用录像、编辑设备、电脑、带有键盘和转盘的录音室，以及学习一些平面设计、播客和摄影的课程。有了这么多吸引力的服务，高中生可以学习更多他们感兴趣并且有助于事业规划的东西；大家可以看到图书馆如何在教育中发挥作用，而这些服务并不偏离图书馆的核心价值。

6.服务智慧化

随着移动终端和穿戴设备的普及，以及各类信息感知技术、增强现实和大数据分析的采用，数字图书馆服务的智能化水平——个性化服务和智能交互能力将大幅提高。数字图书馆更像是一个充满智慧的有应答的朋友，而不是简单的应答服务。用户在哪里，图书馆的服务就在哪里，用户无论在何时何地都可以获得图书馆的服务，甚至用户可能还没有意识到却已经利用了图书馆的资源或者得到了图书馆馆员的帮助。通过可视化用户行为、信息统计、用户聚类等，数字图书馆可动态追踪用户行为，识别用户需求，及时调整个性化服务。人工智能技术的应用，如智能机器人、虚拟与现实应用等将大大提升用户的体验感，满足用户深层次服务需求。

在芝加哥大学图书馆，只要开通Joe和Rika Mansueto之间的自动化系统，读者就可以通过网络检索获得所有的书籍，访问者不必再因访问图书馆令人眩晕的编目系统而苦恼。相反，他们只需要输入他们想要读的书目，这个复杂的系统对需求进行分析进行获取和传送。“浏览”需求将消失，自动化获取成为数字图书馆服务的新标准。

7. 空间社会化

资源历来是图书馆的生存命脉，这使得传统图书馆特别强调资源、空间和服务的统一性，而资源数字化带来的信息普及加剧了传统图书馆的生存危机，剥离了资源之后，围绕图书馆所在地区或地域的特色进行资源建设，可能是数字图书馆唯一具备竞争力且相对成本最低的一种方式。依托图书馆空间进行城市或区域的特色资源建设——成为其所在城市、学校文化象征，成为图书馆确保在资源数字化趋势下依然可以生存发展的源动力。数字图书馆将从最初的确定的信息共享空间（IC）扩展为泛在的学习共享空间（LC）、研究共享空间（RC），并继而扩展为创客空间、交流社区、移动书店和街区书馆，结合空间再造运动将从多方面重新定义图书馆（见图3.4.2-1）。

图3.4.2-1 数字图书馆的空间探索

3.4.2.3 数字图书馆物理空间的技术应用

在互联网技术的推动下，数字图书馆将不仅满足于为用户提供丰富的文献资源和信息支持，还应依托智能手机、个人电脑等感知设备，以实体信息和虚拟信息相结合的方式，为使用者提供包括科学研究、知识传播、人际交流等在内的全方位服务；当然也包括利用智能建筑技术提高图书馆物理空间自身的智慧化程度。

数字图书馆的基本技术逻辑是：基于网络虚拟空间、大带宽高速度的信息输送以及区块链等技术，打破知识和信息壁垒，真正实现资源共享，并通过虚实有效整合，让读者切身体验多元化参与和协作学习的服务，有效增强用户的体验。数字图书馆有效突破了传统图书馆陈旧的服务方式，巧妙利用了现代化技术来实现了图书馆智慧化服务，因而它的服务更为智慧和高效，进而衍生出了一种新型的智慧化管理模式（见图3.4.2-2）。

图3.4.2-2　融入数字图书馆物理空间的新技术

1.适应移动学习

20世纪80年代，随着个人计算机的普及，移动学习开始兴起。进入21世纪，智能设备快速发展，特别是在互联网广泛接入及全球智能手机拥有量增长的推动下，移动设备日益成为学习互动的新方式，电子阅读超越纸质阅读已成为现实。2013年皮尤研究中心的一项研究发现，大约37%的12～17岁青少年拥有智能手机，至少四分之三的青少年会使用移动设备访问互联网。近年来，随着光纤与5G等信心输送技术的普及，以及智能化移动终端的多样化（如智能手表、支持AR/VR/MR的耳机显示器和物联网设备等），依托于新信息交互方式的移动学习，将深刻影响图书馆的空间形态。2018年我国有69.3%的成年国民进行过网络在线阅读，73.7%的成年国民进行过手机阅读，20.8%的成年国民在电子阅读器上阅读，20.8%的成年国民使用Pad（平板电脑）进行数字化阅读，国民的网络在线阅读接触率、手机阅读接触率、电子阅读器阅读接触率、Pad（平板电脑）阅读接触率均保持了多年的持续上升态势（见图3.4.2-3）。

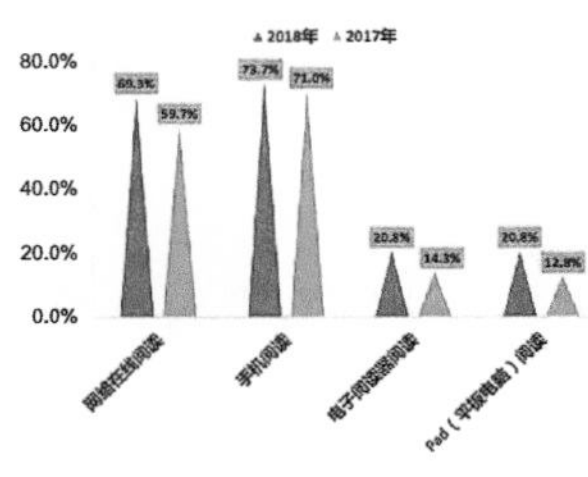

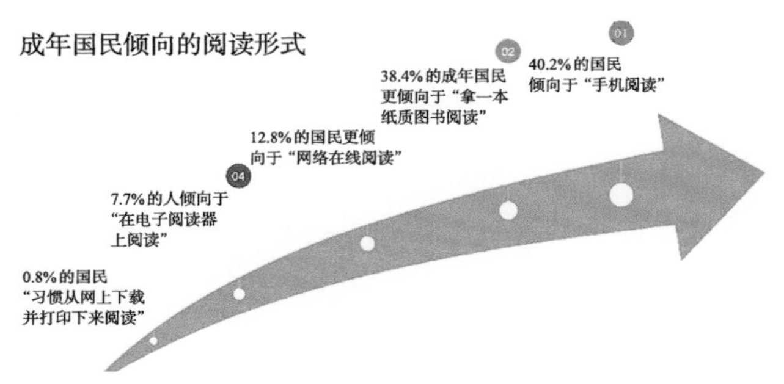

图3.4.2-3　数字化阅读成为主流

早期的移动学习主要体现为利用设备助力生成性学习、激励自主内容创建和增强课堂学习与探索体验。如教师鼓励学生通过基于互联网的资源重组和自主学习，强化其对知识的深层理解；鼓励学生利用移动设备进行内容创建，并实现知识共享；利用移动设备（包括智能手机与头戴式显示器的结合）通过蓝牙、全球定位系统、近距离无线通信技术（WI-FI）等途径，创造新的学习体验等。

移动学习的主要特点是移动性、交互性和协作性，如大学生参观科学博物馆时，与手机蓝牙设备进行互动，引导他们与展品进行更广泛的互动。目前，即时通信软件广受欢迎，与传统的互动工具相比，即时通信软件有望支持社交互动。随着访问速度的提升、芯片计算能力的进步，移动学习通过增强现实和虚拟现实应用程序，让学习者以比以往任何时候都能以更真实的方式进行体验和实验（见图3.4.2-4）。

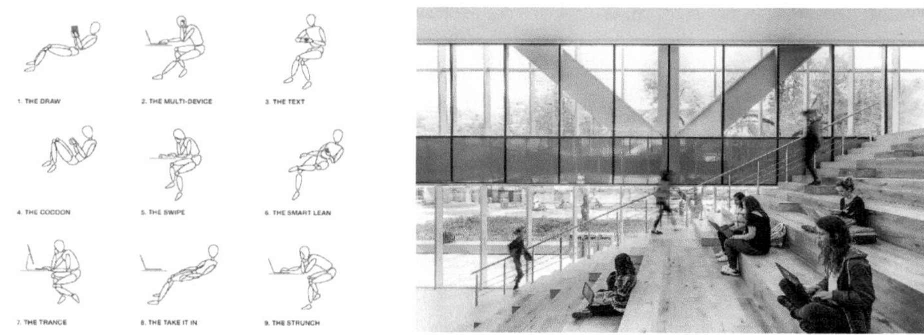

图3.4.2-4　移动学习下新物理空间意向

2. 引入智能分析

分析技术和分析能力是未来教育机构将得到更多使用的智慧教育技术，除了对学生学习成绩和行为进行静态的描述性分析外，分析功能还提供包括动态的、连接的、预测的和个性化的系统和数据。

对图书馆而言，做好读者分析工作虽然极为耗费时间和资源，但如果实施应用得当，可以极大提高知识与信息服务的主动性和准确性，从而提高其作为资源中心与创新中心的效能，极大地丰富使用者的学习和教育体验，促进其成功。未来数字图书馆的管理者，应该更深刻理解动态与集成的数据系统，以及强大的分析能力所具有的价值，并主动通过与数据系统和数据分析能力的结合进行决策。在智能分析系统的支持下，使用者的体验高度个性化、反应也更灵敏，并最终变得更积极、更成功。同时，及时的反馈使数字图书馆可以准确把握其建设和发展的方向——通过动态大数据支撑下的读者需求解读，为使用者主动提供个性化学习路径的定制或及时提供干预信息，同时强化使用者数据保护的相关政策，确保数据安全和隐私保护。

3.探索增强现实

增强现实（Augmented Reality）技术是一种将虚拟信息与真实世界巧妙融合的技术，广泛运用了多媒体、三维建模、实时跟踪及注册、智能交互、传感等多种技术手段，将计算机生成的文字、图像、三维模型、音乐、视频等虚拟信息模拟仿真后，应用到真实世界中，两种信息互为补充，从而实现对真实世界的"增强"。

增强现实的关键特征是它的交互性——通过扩大任务与活动范围，学习者可基于对虚拟对象的体验形成新的理解，因而该技术非常适合体验式教育。通过场景模拟和360度视频，虚拟现实可以让用户访问他们现实生活中可能无法访问的场所，以及完全无法到达的地方，使用户能在物理世界完成一些不可能完成的事情，如操纵整个环境或在血管中进行观察，或是有危险的事；与物理世界中不可见的事物（如电磁场）进行交互；使接受艺术教育的学生能使用他们可能无法获得的材料进行创作；通过建筑和空间的虚拟布景以及环境可视化和分析、建模和改造，培养设计感。总之未来数字图书馆的使用者可以通过增强现实技术，培养科学素养、增强解决问题的能力和增加知识。所有这些都为拓展数字图书馆的资源体验方式，从而进一步提升其基于数字资源的研究潜能提供技术支撑。

4.应用机器学习

人工智能以机器学习算法为基础做出预测，从而实现像人类一样完成任务和做出决策。尽管，随着人工智能展现出更多类似人类的能力，公平、包容、算法偏见和隐私保护等方面的伦理问题变得越来越敏感，但其在降低运营成本、提高个性化体验等方面所展现出的潜力，将确立其在未来数字图书馆领域的影响力。

在教育领域"如何才能提高学习者的参与度？"是一个经常面临的问题，在图书馆界以服务为导向的今天，从希望为使用者提供吸引人的阅读或研究体验，到希望保持这些体验的同时提高图书馆的使用黏性，都表明"参与"是个引人注目的难题。参与是人们实现主动学习的基础，人工智能支持自适应学习、主动式研究等新理念，通过使用更为精明的算法，为图书馆使用和定制内容，以满足使用者的个性化需求。除了资源和专业层面的分配和推送策略，人工智能还可以利用图书馆联盟机构的横向数据资源，帮助管理者动态了解自身的使用情况、干预需求和项目绩效。随着数据挖掘的使用及挖掘深度的增加，对数据的分析也需要更为深入。诸如IBM Waston这样的分析软件，可结合人工智能来提供随使用者需求而变化的辅导和支持机会。

塞尔维亚贝尔格莱德大学尝试采用一个基于大数据的数字图书馆推荐系统，该系统的特点是集成了多个数据源的信息进行综合决策，使图书馆成为教学整体中的一个组成部分。该系统的大数据框架整合了5个方面的数据：

（1）学生Moodle课程平台上选择的课程以及与教师之间的互动信息；

（2）大学在线书店服务器日志文件，即收集学生浏览及查询记录等信息；

（3）从图书馆物联网（IOT）传感器收集的信息，即学生对图书馆中的纸质资源的使用数据；

（4）从社交媒体网络收集的信息，例如博客、脸书等；

（5）教育机构信息系统上学生的基本信息。

这些数据利用Hadoop生态系统进行收集、处理和分析，最终形成基于用户兴趣的个性化内容感知推荐，学生可以在系统上直接预约借阅推荐的图书，也可以通过在线书店进行购买。根据对该系统效果的统计分析显示：通过系统推荐后的图书，比未推荐之前借阅次数有显著的增加，证明了该系统对提高图书的利用率以及推动学生自主学习的能力方面有显著的作用。

5.推动数字公平

区块链是一种将数据区块以时间顺序相连的方式组合成的、并以密码学方式保证不可篡改和不可伪造的分布式数据库技术（或者叫分布式账本技术，Distributed Ledger Technology，DLT），简单来说，就是组合和加密的技术。该技术的核心价值包括：促进数据共享、优化业务流程、降低运营成本、提升协同效率和建设可信体系。

区块链技术对于数字图书馆的建设影响，首先是可以将读者的阅读数据组合起来，读者的所有阅读信息都可按时间顺序记录下来，解决了目前各个阅读空间信息相对独立，读者信息割裂的问题，有利于读者了解自己的阅读轨迹和学习进度，对下一阶段的学习进行合理规划，让自主学习更有效率。对于图书馆来说，资料和信息能更大规模更规范地进行整合，使图书馆的服务更精准，更高效。其次，区块链技术的加密方式是不可篡改和不可伪造的，为阅读活动与经济活动的结合提供安全保障，例如阅读时长和阅读量可与积分兑现活动相结合，防造假的特点可以保证数据的真实性，同时保障了读者和商家的利益。推而广之，在此技术基础上可延伸无数的活动方式，逐渐可让阅读与生活方式完全结合，让阅读无处不在。

罗马尼亚锡比乌大学图书馆采用了具有RFID标签的智能文献管理系统，开发了图书自助分拣、批量借还、整序排架、馆藏盘点、防盗等功能单元，并探讨了图书馆作为社会服务机构承担保护知识自由的责任，并由此呼吁图书馆界建立一套RFID系统的使用规范和标准，以防范RFID的不当使用侵犯读者隐私。

6.应用智能技术

随着物联网（IOT）范式的出现，图书馆利用智能传感器和执行器网络，能够向读者和馆员提供范围广泛的高层次服务。例如包括智能书架与图书定位系统、座位预定系统、智能照明、空气环境监测装置、自动通风换气系统等。2016年，美国梅奥医疗集团图书馆的Hoy.M.B在《智能建筑：图书馆未来的样子》一文，探讨了一些适合应用在未来图书馆中的智能建筑技术，包括：

（1）智能随动化太阳能收集立面系统——通过将太阳能收集器设置在每一个智能随动化玻璃单元中——方位感应装置确定太阳所在位置，最大限度地提高太阳能收集效率，为建筑提供电力、热能、采光，并且可降低夏季太阳能的热量（见图3.4.2-5）。

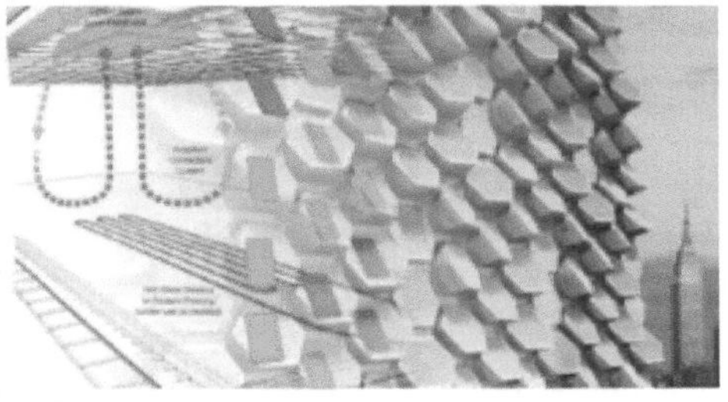

图3.4.2-5　智能随动化太阳能收集立面系统

（2）智能LED照明系统——基于光照传感器、红外传感器、声音传感器及控制电路系统，实时检测区域室内自然光强度和是否有人，可实现照明开启关闭以及亮度的自动调节。

（3）电致变色智能玻璃，在电场作用下具有光吸收透过的可调节性，减少眩光和热传递，无需窗帘并大大降低空调能耗，电致变色玻璃还可以有效防止珍本古籍及其他文物褪色老化。

（4）能耗效率监测系统，借助物联网可以实时监测图书馆不同设备或区域的能源消耗情况及人员访问情况，通过数据对比，优化管理策略，达到合理控制能耗的目的。

（5）基于移动设备的室内定位系统，不仅可以帮助读者定位到所需的参考资料或服务，还可以实时反馈室内IEQ参数及人员定位信息，对不满足参数提示，并智能化地提出改善建议及方案。

自20世纪90年代后期以来，欧美等一些发达国家的许多图书馆开始应用RFID技术，如美国的杰弗逊国家公共图书馆、明尼阿波利斯市公共图书馆、圣安东尼奥市的图书馆等，广泛应用了RFID技术为读者开展服务。在阿曼苏丹国中东学院图书馆建立了基于RFID和移动物联网技术的系统，用于精准提供图书信息（见图3.4.2-6）。

图3.4.2-6 融入新技术的数字图书馆新意象

总体而言，受技术演进的阶段性、渐进性以及人们对物理空间的认知惰性和适应性等的双重影响，信息、人工智能、物联网等新技术对于以图书馆物理空间的影响，将呈现出短期、中期和长期的复杂特点，不同数字图书馆的建设战略将取决于其对于不同阶段趋势的把握，以及自身在提供图书信息服务的群体、范围和目标。

3.4.2.4 数字图书馆物理空间的功能特征

1.学习空间成为核心功能

全球最大的全文期刊数据集成出版商EBSCO开展的《大学生如何开展研究》的调查显示：68%的人利用谷歌和维基百科开始他们的研究过程。因此，许多图书馆开始腾出空间，设计主动学习教室、媒体制作工作室、创客空间和其他有利于合作和实践工作的区域，其中学习空间已经从以往的基本功能上升为主要功能，如厦门大学马来西亚分校图书馆的学习空间建筑面积占比达到50%～60%。现代数字图书馆中的多元学习空间主要包括：各学科专业综合开架阅览区（包括信息共享空间）、数字体验区、小组讨论与共学区、特藏区等支持不同载体形式、不同学科类别、不同学习方式的各类空间。学习空间一般采用大开间开放式布局，便于灵活使用和方便日后功能调整，除特殊使用功能外，所有服务区域全面向读者开放，各个分区之间应减少硬性隔断。

（1）信息共享空间

一般由数字成果展示区、新技术体验区、视听休闲区、互动体验区等区域组成。如四川大学图书馆信息共享空间使用多终端交互管理，提供投影仪、幕布、

MAC和DELL 工作站，可触摸平板电视等。浙江财经大学图书馆信息共享空间则划分了公共数字阅读区、研讨室、新技术与数据库产品体验区、交流讨论室、音乐欣赏室和多功能报告厅等特色功能区域。南京理工大学图书馆信息共享空间设立了站立式阅读区、互动交流区、视频区、席地而坐区、冥想区。

（2）智慧学习教室

在设施配备上，以“智慧教室”为代表，学习空间将配备可交互桌面终端、集成图书馆的电子资源，配备互动触摸屏及纳米黑板、智能视频监控联动系统等。在不被干扰的情况下、不知不觉中完成微课录制、课堂教学录制。也可设计成智慧的研讨室，室内配置多媒体设备、小型会议桌、雕刻作品展示柜、绘画作品展示墙，在同一室内还隔断几个讨论区。师生可在同一空间内完成会议与分组讨论（见图3.4.2-7）。

图3.4.2-7　无处不在的学习空间

2.藏借空间比例逐渐缩小

由于信息技术浪潮迅速改变着文献资源的形态，图书馆的传统馆藏区域和参考服务区域远不如读者可以自由使用的空间受到欢迎。2011年，C. Stewart针对美国大学新建或更新图书馆空间开展的调查研究得出：繁忙、高使用率的区域依次是团体研读空间、个人学习空间（包括大自习桌、个人隔离座位、安静自习区等）、公用计算机区、信息空间等；能呈现图书馆角色的区域依次是馆内教室与各种指导练习室、团体协作空间、信息空间、学习空间等；能呈现社交功能的区域依次是咖啡吧、会议室、艺廊与馆藏展示区等。

近十几年来，图书馆空间的功能和用途正在发生变迁。对于现代图书馆，封闭式书库、独立的阅览室已不再适应发展，需要营造一个现代复合式的多元化空间，以满足信息时代读者的多层次需求，学习者可以在这里小组讨论和团队交流，研究者可以使用计算机技术和数字资源从事创新性工作，让读者到图书馆取有所得、学有所乐、专有成果。因而在数字时代，纸质图书馆藏空间比例将持续缩小，传统“藏-借-阅”图书馆空间组织架构将解体（见图3.4.2-8）。

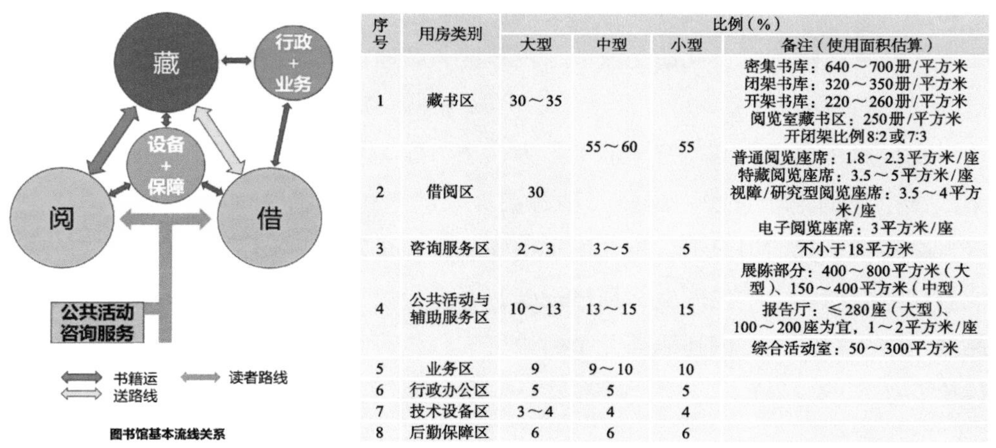

序号	用房类别	比例（%）			
		大型	中型	小型	备注（使用面积估算）
1	藏书区	30～35	55～60	55	密集书库：640～700册/平方米 闭架书库：320～350册/平方米 开架书库：220～260册/平方米 阅览室藏书区：250册/平方米 开闭架比例8:2或7:3
2	借阅区	30			普通阅览座席：1.8～2.3平方米/座 特藏阅览座席：3.5～5平方米/座 视障/研究型阅览座席：3.5～4平方米/座 电子阅览座席：3平方米/座
3	咨询服务区	2～3	3～5	5	不小于18平方米
4	公共活动与辅助服务区	10～13	13～15	15	展陈部分：400～800平方米（大型）、150～400平方米（中型） 报告厅：≤280座（大型）、100～200座为宜，1～2平方米/座 综合活动室：50～300平方米
5	业务区	9	9～10	10	
6	行政办公区	5	5	5	
7	技术设备区	3～4	4	4	
8	后勤保障区	6	6	6	

图3.4.2-8　传统图书馆的功能关系

根据对8个国内外新近建成的典型创新型图书馆的功能指标分析，可以发现随着数字资源的增多，未来图书馆的各典型功能区的面积占比正发生根本性转变（见图3.4.2-9）。

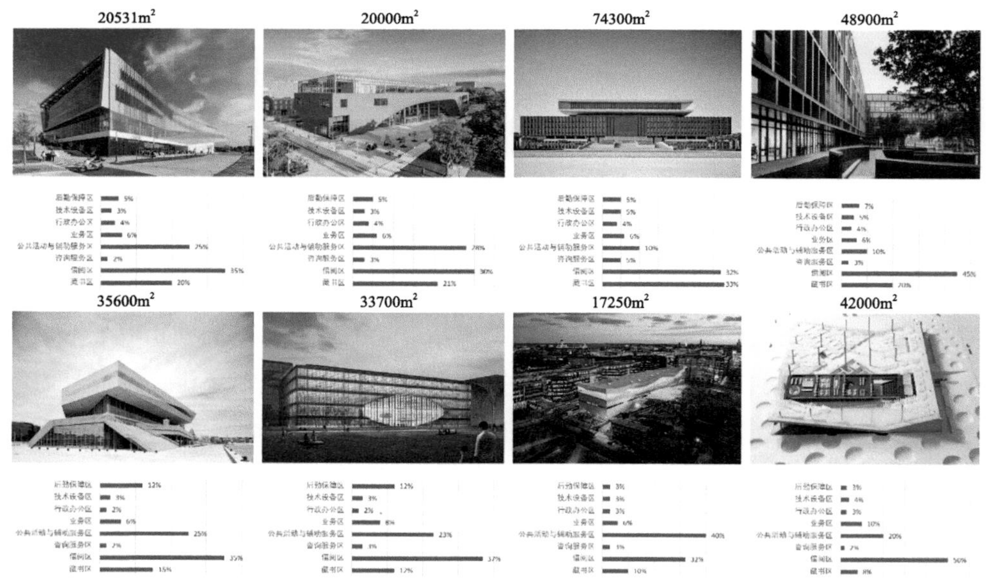

图3.4.2-9　未来图书馆典型案例的功能分析

3. 交流空间比重持续上升

随着“创新”在社会进步中的核心地位得到进一步确立，对主动学习、实践学习方式的支持度成为衡量图书馆空间创新价值的关键指标。数字图书馆有必要站在新视角，将用户看作创新者，为其提供空间和资源，支持其创造性行为。该部分空间主要包括学术交流和读者交往、休闲，汇集了学术报告、讲座、展览、读者沙龙及其他各类文化活动，实现数字时代的多功能交流。该部分建筑面积占比将上升至15%～20%（见图3.4.2-10）。

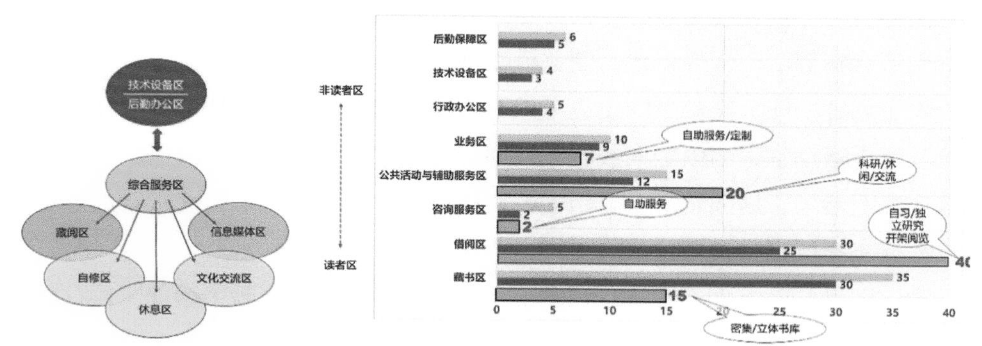

图3.4.2-10　数字图书馆的功能关系

美国未来教育学家David Thornburg博士认为适应未来教育需求的三种典型学习空间是：积极灵活的学习空间支持团队协作和基于项目的学习；半私人的开放空间，供小团体协作，共享信息与交流；安静的隐匿处可以帮助学生专注并深入学习。

创客空间——让用户参与实践，开展跨学科学习，促使其挖掘新知识和兴趣，开启新的研究或创业活动的空间——正成为数字时代图书馆的新内容。例如，肯特州立大学塔斯卡罗瓦斯分校的图书馆创客空间，就以帮助使用者将想法转化成企业产品和适销产品，它也是俄亥俄州小企业发展中心所在地，用于培养数字和创业素养。

创客空间的核心是一个允许图书馆使用者建造，组装和实验的区域，正被更多的图书馆纳入其功能空间。这一空间一般会为图书馆使用者提供了材料、工具和工作空间来推动他们的自我创造。《学校图书馆杂志》的一项调查显示，23%的学生已经拥有创客空间，另有9%的人计划加入这些空间。创客活动是没有限制的，可以是原型设计，3D建模，视频编辑，艺术和手工艺。

研究型图书馆协会（ARL）2016年一项调查显示：参与调查的64%的北美图书馆提供、规划或试行创客空间服务。很多图书馆正在整合核心服务（包括查阅、培训、硬件、扫描）与知识库形成新的模式，强调3D设计、印刷和扫描。几乎所有参与调查的图书馆都提供或计划提供针对个人的技术培训和技能培训课程。

创客空间还包括与创业、创新行为相关的非正式交流场所——通常表现为咖啡等休闲性空间。如2014年长沙市图书馆的创立“新三角创客空间”，配置了3D 打印机、3D 扫描仪、数控雕刻机、激光切割机、工业缝纫机、小型五金车床、手持机床等近200 种制作加工所需的设备与工具，还提供DIY 培训、项目踪、文献咨询、创业指导、阅读推荐等专业的信息服务，开展创客沙龙、创意展览、创意竞赛等活动，为创新、创业搭建桥梁。

除了创客空间，交流空间还应考虑有不同规格的学术报告厅、演讲厅、国际会议及读者活动室，用以定期或不定期举行各类大中小型讲座、演讲、学术会议及读者沙龙活动，培训教室主要用于各类语言、计算机及图书馆使用培训等。

4.服务空间适应数字转型

数字图书馆的管理、服务空间除了承担传统图书馆的文献采编加工、设施设备管理、读者指导和内部业务办公等工作外，还将因应数字资源成为馆藏主体后进行必要的功能转型——增加与数字图书馆新服务需求相匹配的新服务功能。这些功能包括：

（1）计算机网络中心：担负着全馆网络化、自动化及数字图书馆平台的管理任务，为全馆信息资源与管理服务的整合提供技术支持与保障。

（2）数字信息资源中心：负责开展信息组织、加工、管理，并对馆藏资源进行数字化整理，为读者提供丰富全面的数字化资源。馆际协作中心负责馆际间协作、业务交流、对外工作联系、读者教育培训等工作。

（3）情报研究中心：负责图书馆信息资源的建设、管理和服务，科研支持，文献信息编撰，数字图书馆服务，数据库建设，开展与此相关的图书馆学、情报学以及服务人员培训等工作。

除此之外，随着数字图书馆产业服务和经济带动作用的强化，基于数字资源的高校、企业科技研发服务，也将对服务空间的功能、规模带来影响。未来针对特定产业细分领域或学科特定分支的资源整理与知识输出服务，有望成为数字图书馆的新功能，物理空间如何对接这些新功能的需要？将成为数字图书馆物理空间研究的一个重要方向。

5.弹性设计成为业界共识

《规划和设计学术型图书馆空间》报告通过一系列访谈发现：77%的建筑师

和50%的图书馆管理人员优先考虑空间的灵活性，倾向于采用可移动和可定制的物理空间。多数受访者指出，新的图书馆空间设计要支持多种学术、学习活动，其中希望得到支持协作活动的占83%，个人研究活动的占73%，而支持随时随地提供服务的占63%。

为了兼顾当前和未来用户的需求，图书馆必须采取灵活的、矩阵式组织结构。矩阵设计在空间弹性方面具有一定优势。

弹性设计的核心是对具有类似功能的空间进行集中设计，使得空间具备可以整合或者拆分的条件。图书馆必须能通过独特的空间或所谓的区域，配备可移动的家具，提供不同的学习方式，供团体或个人学习。这种多样性允许学生通过简单地移动或重新安排他们的环境，来快速改变他们的空间质量，通过置换、组合功能、变换家具、增减空间界面等形式发挥空间的最大效能（见图3.4.2-11）。

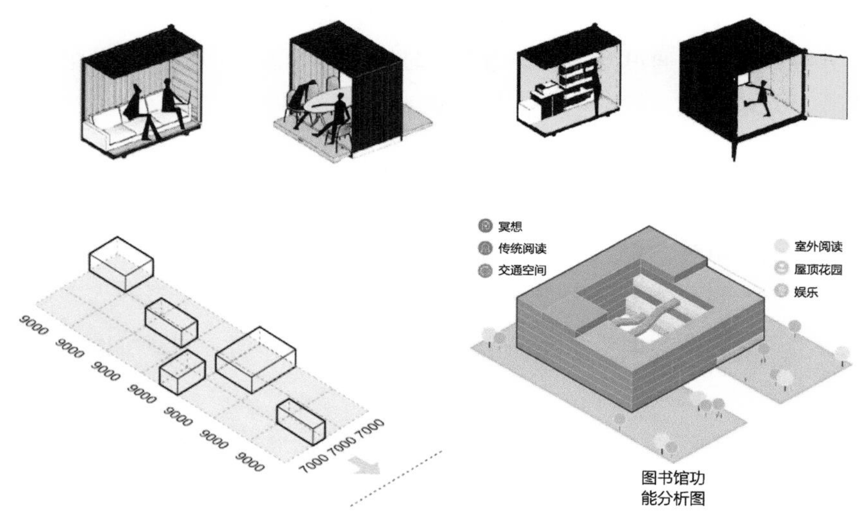

图3.4.2-11 弹性空间设计示意

3.4.2.5 数字图书馆如何重塑未来校园？

数字图书馆与未来校园的互动关系可总结为：

1.塑造智慧人群

作为未来校园的知识中心，图书馆为师生乃至所在社区和城市提供终身学习机会，提升参与者的信息素养、数字素养、创新素养、批判性思维能力的基本职能并未发生变化，只是图书馆需要从“锻造智慧人群、创建智慧文化”的高度重新规划设计上述服务。为适应21世纪校园发展对培育创新型人才的新要求，图书馆将在原有学生阅读素养、信息素养、数字素养培育中加入新内容，包括适应全球知识时代的沟通与合作能力、创新能力与问题解决能力等；适应科技发展、社会公平及多元文化的批判性思维能力、公民责任及社会参与能力等，以高质量的智慧人群驱动，带动创造高质量的现代文明。因此，未来数字图书馆可以为学生提供丰富、全面、及时的信息、知识和数据来源，通过高效的推送系统不断地、实时地向用户的移动设备推送其感兴趣、需要的信息资源，从而大大提高了学生文化素养，提高自身文化竞争力。

2. 营造智慧环境

图书馆在协助营造智慧环境的过程中，将重点从以下两个方面着手：

（1）营造信息公平、教育公平的社会环境。智慧群体的创新必须是公平创新，即社会为各类创新主体提供平等的创新机会，包括帮助创新主体发展创新能力及获得创新资源两个层面。图书馆一方面要利用信息技术手段建立更广泛、便捷、能响应万众创新需求的公共知识传播基础设施，为创新主体提供平等的创新资源；另一方面需要通过发展早期教育、辅助中小学教育推动教育公平，获得创新所需的素养和技能，赋予个体平等的发展机遇。

（2）推动学科建设中的包容性创新。图书馆在推动包容性创新中将通过为不同年龄、种族、性别、宗教信仰、文化背景、社会地位的人群提供包容性的信息服务，扶持弱势群体，制定平等、多元、包容的服务政策，探索最佳实践路径，不断提升包容性服务能力，弥合数字鸿沟，推动全社会特别是低收入人群亲身参与、推动、实施具体的创新活动，在创新过程中发挥作用、创造价值。

3. 实现智慧流动

在信息技术冲击下，校园将不断发展成以信息资源为主导的高度信息化社区，数字图书馆将进一步促进物联网、云计算、人工智能等科技的使用与强化，提高馆藏资源存储与保留，实现信息资源共建共享。应用数字化长期保存技术、云计算技术发展数字图书馆，将成为一个与社会信息系统互通有无的开放生态系统——智慧的“蓄水池”。与此同时，智慧流动对应知识的关联，它是知识延展、知识创新的基础。在推动未来校园建设与发展中，图书馆不仅需要参与构建网络知识化的基础设施，更需要通过语义网络、元数据和知识图谱技术探索关联数据，支持结构化知识的索引、发现。最后，智慧流动对应知识的传播和交互。有学者认为，“知识流在流动过程中，不断地与不同的现实相结合，不断产生出价值的节点，因而使得价值链不断地得以延伸”。

4. 助力智慧经济

数字图书馆将致力于推动ICT与人力资源、社区资源及社会经济体的结合，促进ICT在经济社会各领域的全面应用及跨界融合，以信息化、智慧化推动经济发展方式的转变，以“人工智能+”“互联网+”、大数据助力经济转型升级，夯实区域经济实力、协助发展智慧产业、促进经济转型升级，以及提升区域经济实力。在协助强化区域研发能力方面，数字图书馆依托其创客空间、校园创业、中小企业服务等项目，加快推进ICT与新型产业、智能制造技术的融合发展，帮助校园科研团队及企业全面提升研发、管理的智能化水平，及其发明专利从创造、申请到保护、运用全链条各环节的质量水平。在协助优化区域产业结构及贡献成果方面，图书馆凭借信息及技术服务方面的优势，帮助企业及时获取、准确理解第一手市场需求信息，由此形成对用户多元化、个性化需求的准确把握和灵活应变能力，从而推动区域经济发展。

5.推动智慧管理

立足既有资源优势、合作优势的基础，在智慧校园的模式创新与合作深化方面，数字图书馆将承担三重角色：一是引领者，即图书馆身体力行，以成功的合作案例形成示范效应，引导校园各部门的探索与合作；二是协调者，即灵活协调校园各方的资源和力量，形成智慧校园建设的集合效应；三是创新者，即图书馆将成为智慧校园建设的顶层架构与核心模块，为学科交叉提供创新合作模式，帮助校园管理者达成更多颠覆式战略合作。

6.引导智慧决策

数字图书馆的数据中心蕴含由知识积累与创新形成的大量数据信息，运用大数据技术将图书馆用户信息与阅读信息相结合研究，分析大数据分布态势与发展规律，利用可视化技术实时反映不同分类下不同领域、学科研究者、学习者的阅读动向与阅读热点，挖掘用户潜在阅读信息，预测不同学科的最新发展方向，从而反映出整个知识领域的人文发展方向。

因此，未来数字图书馆在校园建设中将不仅承担核心精神文化载体的作用，象征着整个高校的文化品质，促进不同学校间文化的交流与协作。还将通过加大跨校、跨产业的协作力度，提高社会与知识信息资源的整合效率。

第四章

面向未来的大学校园规划之全面环境友好的绿色校园规划

4.1 绿色校园规划

绿色校园的规划工作流程可以分为以下四个阶段：

4.1.1 前期策划

该阶段主要内容为“确定绿色校园的选址和组织现状调研”两项工作，是明确工作范围以及梳理现状条件的前期准备工作。

1.选址

绿色校园选址应在城市总体规划、国民经济和社会发展规划、土地利用总体规划的基础上，结合城市发展战略、学科发展规划以及其他政策综合考虑。

绿色校园规划应遵循如下选址原则：

法定原则：绿色校园建设用地应在城市总体规划确定的建设用地内选址；

生态原则：校园建设不应破坏当地基本农田、自然栖息地、自然水系、湿地和其他风景名胜等；

邻近原则：绿色校园（高等学校或职业学校）与城市或城镇建成区距离不宜大于30公里，且在100公里范围内应有可依托的大城市；

交通便利原则：绿色校园应靠近已有或者已规划建设便捷的对外交通；

规模适宜原则：绿色校园所选择的地域规划建设控制范围不宜大于相关标准所规定的生均用地规模要求，并应满足上位规划对开发强度的要求。

2.现状调研

在开展绿色校园的规划工作之前，应进行详尽的现状踏勘与调研，并搜集详细的现状发展资料与文献。该阶段，规划建设单位应完成包括资料搜集、现场踏勘以及现状分析三部分工作。

基础资料包括规划基础资料和规划区的现状资料。资料收集见表4.1.1-1。

基础资料包括的内容 **表4.1.1-1**

资料收集	现状资料	现状建设	校园地形图、地籍权属、已批已建及已批在建项目资料
		公共服务	所在区域的文化、教育、体育、卫生等公共服务设施现状与发展计划
		社会经济	所在地区人口、地方志、统计年鉴、经济与社会统计资料
		基础设施	周边给排水、电力电信、燃气、环卫等市政基础设施以及交通基础设施的现状、需求与发展计划
		生态环保资料	校园所在区域的生态环境资料（水环境、大气环境、动植物种类与分布等）
	规划资料	地方法规	所在地区地方法规与规划标准
		上位规划	所在城市总体规划、周边地区在编或已编控制性详细规划
		相关规划	校园所在区域产业、生态、交通、市政基础设施等专项规划

现场踏勘的内容包括规划区及周边的地形地貌、水文地质、交通支撑、景观资源、校园选址区域内部的自然地形地貌、土地利用性质、既有植被分布或建设情况等，判断规划建设的技术难度。

现状分析主要是根据收集的基础资料及现场踏勘的结果进行深入分析，初步判断规划的重点问题，并以现状分析图、现状调研报告的形式表达，具体工作内容及要求见表4.1.1-2。

现状发展条件分析表 **表4.1.1-2**

现状发展条件分析	区域现状分析	城市发展条件分析	分析所在城市经济社会发展水平、地理水文与气候条件；分析影响规划校园开发的城市建设因素、市民生活习惯、传统文脉及行为意愿等
		区位条件分析	对校园的区位和功能、交通条件、公共设施配套状况、市政设施服务水平、周边环境景观要素等进行分析与评价
	基地建设现状分析	土地利用现状分析	分析校园周边主要功能布局和用地权属，明确基本农田的分布
		建筑现状分析（仅针对既有校园）	对校园既有建筑根据其使用功能、建筑质量、层数及高度、建造年代、保护价值进行分类，明确保留、改造或拆除的建筑
		基地危险源分析	分析场地洪涝、工业与土壤潜在危险源
		景观风貌分析	研究地形变化对用地布局、道路选线、景观设计的影响； 分析自然条件（河流、植被、动物栖息场所等）、人工建设（建筑、构筑物）、校园历史人文（人群活动场所、文物古迹、文化传统）、重要景观点、界面及视线通廊等要素
	基础设施现状分析	交通现状分析	主要分析校园拟建范围所在区域道路交通、公共交通以及步行系统现状，其中道路交通要对道路等级、红线宽度、断面形式、路面质量、路网密度、停车设施、对外联系方向详细分析
		市政基础设施现状分析	对校园场地及其周边现状的给水排水、供电、燃气、通信、环卫等市政基础设施的发展状况进行分析研究

4.1.2 基础研究

其主要内容为“确定校园功能定位、制订校园发展策略、构建绿色校园指标体系”三项工作，是研究校园生态建设条件、确定校园发展基本导向与原则、指导后期规划的基础性工作。

1.确定校园功能定位

确定校园的功能定位是绿色校园规划的关键工作，其目标是通过明确学科发展背景、发展条件与潜力、新校园定位、新校园发展评估等前提条件，作为制订绿色校园建设策略的重要依据。该项工作应遵循学科建设的规律，采用类比的方法，综合国内外经验和相关政策要求，以发展战略研究的形式开展。

（1）学科规划

校园的规模和功能设置与学科定位有着紧密关系，因此学科/办学规划是绿色校园规划的前提和基础。无论是新建校园的规划抑或既有校园的更新，均应从办学愿景、学科发展国家和地方政策、学科发展现状、未来发展规划等角度，分析学科发展特点和潜力。

可持续发展正深刻影响学校的办学理念和办学方向，学科发展与可持续发展理念的日益紧密地结合，是绿色校园规划的推动因素，也是决定绿色校园个性的内因。

（2）同类型校园调研与功能策划

绿色校园的建设既是政府引导、校方实践的结果，也应遵循教育发展的客观规律，充分激发作为校园主体的学生和老师的主观能动性和积极参与。同时，绿色校园规划也共同遵循着一定的生态建设规律，因此有必要在规划之初，总结和吸取同时期国内外同类型校园的建设与发展经验，既对绿色校园的建设建立更为清晰的判断，同时也可以借助类比的方法，总结、归纳本校园绿色规划的目标，明确各类学科板块与校园功能的类型及规模，提出恰当的空间设计要求，作为后续即将展开的空间绿色规划的基础条件。

2.制定校园发展策略

为科学务实地建设绿色校园，明确生态建设重点，指导规划与建设的具体工作，需要研究校园生态建设的各类条件（如：自然禀赋条件、市政支撑能力、交通支撑能力、生态承载力等），因地制宜地提出绿色校园的发展策略，选择合适的生态技术（如绿色交通策略、绿色基础设施建设策略、气候适应型空间形态策略、绿色建筑发展战略等）。

绿色校园规划策略的制定应围绕发展目标，结合项目所在不同地域的环境特点与发展条件，进行针对性研究。

（1）研究原则

生态发展条件与策略的研究内容选择，一般应遵循以下几个原则：

①水文情况复杂地区应注重水环境保护以及生态敏感性等分析；

②山区或地理环境复杂地区应注重建设适宜性评价及生态诊断等分析；

③历史地区或旧城更新地区应注重政策影响条件分析、物理环境分析，交通发展条件研究、并符合历史保护相关要求；

④与常规校园规划相比，绿色校园应以更高标准进行建设，研究范畴应更广，并根据经济发展水平，注重对适宜绿色生态技术的选择和应用。

（2）区域协调研究

绿色校园应与周边区域形成良好的功能衔接、构成完整的城市结构，以带动周边区域的发展，获得发展启动机会。另外，区域协调应注重校园与周边社区、公共服务设施等的共享，充分反映公共价值导向，集约节约利用公共资源，体现绿色校园的开放、共享原则。

研究工作包括明确区域空间结构的衔接、区域基础设施衔接、社区融合以及区域公共服务设施共享的规划对策与基本方案。

（3）政策影响条件研究

绿色校园的建设一般都会涉及地方的土地政策、拆迁安置政策、生态环保政策等，对土地供应与建设要求将产生关键影响。

研究的工作内容需要对相关政策的影响要素、约束性要求进行详细分析，提出绿色校园的政策响应框架，以确保规划的实施性。

（4）生态诊断与生态格局研究

绿色校园应维系或帮助修复所在区域的生态格局，保护自然生态保育地区，并针对不同区域的生态敏感程度形成约束性建设条件，以秉承人与自然和谐共处的核心原则。

生态诊断的作用在于通过分析土壤、物种等因子，有效确定生态廊道、水安全格局等，保障生态格局稳定，识别各区域的生态敏感性与安全性，以制订具有针对性的生态发展策略。

（5）建设适宜性评价

分析绿色校园内各类建设约束条件与支撑条件的影响度、技术解决难度，形成评价建设适宜性的评估体系。

综合分析地形地貌、水文地质、土地性质等因子的影响，形成片区用地的建设适宜性评价，提出空间适宜建设区域。

（6）绿色校园规划建设策略研究

结合当地自然气候特征以及周边区域的建设状况，研究校园热环境、声环境、光环境的约束性条件，提出比周边区域更优的物理环境指标。一方面有助于在校园在空间形态设计与建筑布局中的适应性，另一方面有助于体现地方特色。

绿色技术应以经济、有效、可实施、具有地方特色的原则进行选择，综合考虑地方经济、自然条件、周边建设状况以及应用技术的生态贡献、空间供给情况等情况进行最终确定。

3.构建绿色校园指标体系

该部分工作主要目的是量化绿色校园的建设成效与具体要求。绿色校园指标体系应包括总体指标与系统评估指标。其中：总体指标为概括校园总体生态效能的指标，系统评估指标为体现校园各系统绿色建设要求的评估指标。可结合《绿色校园评价标准》的要求，进行指标体系的构建。

（1）总体指标

总体指标是判断绿色校园总体生态发展状况的评价指标，是反映校园在较低能源损耗下，实现较高社会目标，保有较高生态质量的重要指标。

总体指标反映了绿色校园整体发展水平，是一项评价性指标，非实施性指标。较好实现该项指标需要绿色校园的空间、交通以及低冲击等各个系统的全面均衡发展。

（2）系统评估指标

评估性指标是依据《绿色校园评价标准》的要求，在各个系统中抽取若干具有代表性的指标，作为空间、交通、能源、资源等低碳子系统的系统评估指标，可以反映某一系统的绿色发展状况。

评估性指标的作用在于两个方面：一方面让各个系统拥有相对独立的评估方向，及时反映出空间、交通、能源利用等方面的发展状况；另一方面让各个系统的规划实施，在此评估目标下寻找相应的实施途径与控制方法。

因此评估性指标是衡量各个系统发展水平的标准，并依赖各系统具体设计逐步实现。

4.1.3 系统规划

其主要内容包括“校园功能规划、校园形态与景观规划、交通系统规划、市政基础设施规划、建设运营规划”五项工作，是涵盖绿色校园空间建设系统、实施空间规划的技术研究工作。

1. 功能规划

绿色校园功能规划应以促进土地资源集约高效利用为总目的，以生态保护、紧凑开发、功能完善、便捷可达和适应本土为核心原则，对绿色校园的总体布局、功能组织和土地用方式提出指引。

绿色校园的功能规划一般包含的内容见表4.1.3-1。

绿色校园功能规划的内容 **表4.1.3-1**

总体结构	确定发展边界	确定校园建设用地的发展边界，控制用地分期利用规模，明确校园总体结构及用地布局
	总体结构	
	总体用地规模控制	
	用地比例优化	
功能组织	弹性模式	提出功能布局方案、结合分期建设要求，明确教学、居住、运动、社会服务等功能的弹性布局与公共服务设施体系
	公共服务设施	
土地利用方式	土地混合利用	在用地布局方案的基础上，提出土地混合使用指引以及开发强度指引；并结合校园的发展特征，合理规划地下空间
	地下空间开发	
	开发强度管控	

2. 形态与景观规划

绿色校园的形态与景观规划应以提升校园空间环境品质，减少校园建设和运营的资源消耗为总目标，以因地制宜、倡导步行、便捷舒适和节能环保为基本原则，针对校园总体形态、景观空间和建筑环境的设计提出指引。

绿色校园的形态与景观规划包含的内容见表4.1.3-2。

绿色校园形态与景观规划包括的内容 **表4.1.3-2**

校园总体空间形态	气候适应	通过区域地形、日照、通风、热岛等的分析，形成保护自然生态联系、顺应地形地貌、恰当设置通风廊道、合理控制热岛强度的校园空间布局
	协调地形	
校园景观与开放空间系统	校园街块尺度	确定校园街块规模，合理构建开放空间系统 确定校园绿地广场规模，绿地广场的布局和选址，确定绿化要求，结合雨洪综合整治要求，提出一体化生态景观格局
	校园景观设施	
	校园开放空间布局	
	绿化配置要求	
	综合利用	
绿色建筑	绿色建筑达标比例规划	明确绿色建筑的达标要求，优化场地布局，指引建筑设计，优化物理环境
	场地控制	
	建设和设计导引	
	建筑微气候环境控制	

3.交通系统规划

绿色校园的交通系统规划应以“交通需求管理”为导向，以“慢行优先”原则组织整个校园的交通系统，建立健康、宜人、安全的校园慢行系统发展策略，同时针对土地集约利用原则，提出道路系统与停车系统设计优化方案。

绿色校园的交通系统规划包含的内容见表4.1.3-3。

绿色校园交通系统规划的内容 **表4.1.3-3**

慢行系统	步行系统与自行车系统	提出步行系统与自行车系统规划，设计步行与自行车环境，提出自行车停车设施控制要求
机动车交通环境	校园道路	对校园道路网络密度、道路断面设计及机动车停车等方面提出控制要求
	机动车停车	
绿色交通工具与智能交通	新能源汽车及配套设施	提出发展新能源汽车充电桩设置以及交通智能化管理的建议
	交通智能化管理	

4.能源资源系统规划

绿色校园的能源资源系统规划应以构建安全、充足、低碳、系统化的绿色校园基础设施为目的，从资源和能源利用的角度降低校园的碳排放强度，对能源系统、水资源系统、材料资源系统提出指引。

绿色校园的能源资源系统规划包含的内容见表4.1.3-4。

绿色校园能源资源系统规划的内容 **表4.1.3-4**

能源综合利用	优化能源结构	构建能源综合利用系统，提升用能效率，因地制宜引导可再生能源利用，保障能源基础设施建设
	提升用能效率	
	建设绿色基础设施	
水资源保护利用	水资源管理	调整用水结构，发掘和拓展水资源增长及优化潜力，加大非传统水源利用率，基于低冲击开发模式，维护水生态和水健康，重构清洁、自然的水文循环
	水资源循环利用	
	校园水文循环	
材料资源管理	废弃物减量化	倡导合理的建设和生活方式，减少废弃物产生以分类收集为前提，提高交换回收比例，在无害化处理的基础上促进资源再生和循环利用
	废弃物减量化	
	废弃物再循环	

5.建设运营规划

绿色校园的建设运营规划应以促进绿色校园的低碳建设、高效运营和绿色教育作用的持续发挥为目的，从校园建设、运营和使用者行为引导的角度，降低校园的碳排放，对绿色校园的施工、运维和教育推广提出指引。

绿色校园的建设运营规划包含的内容见表4.1.3-5。

绿色校园建设运营规划的内容 表4.1.3-5

绿色施工	绿色施工原则与要求	围绕绿色施工目标，从施工管理、环境保护、节材与材料资源利用、节能与能源利用、节地与施工用地等方面，对施工策划、材料采购、现场施工、工程验收等阶段，提出相应的绿色施工规范要求
	绿色施工要点	
	绿色施工“四新”要求	
绿色运维	绿色运维管理制度	构建以绿色技术调适、校园能源-资源监测、绿色物业管理为主要内容的绿色校园运维体系，完善相关技术平台建设和环境管理制度的搭建
	绿色技术管理	
	绿色环境管理	
教育推广	绿色推广制度与团队建设	制定绿色科普宣传计划与教育一体化长效机制，完善绿色建设信息公示制度，引导并鼓励社团参与绿色共建，开展绿色校园旅游与展示
	绿色教育与社区互动	

4.1.4 规划实施

其主要内容为“规划评估与校核、编制实施建设计划”两项工作，是评估规划影响与生态效应，并制订各项建设计划的后续实施性工作。

1.规划评估与校核

在绿色校园规划方案初步确定后，应评估方案对自然生态机理（包括地形地貌、自然水系等）以及风环境、光环境、热环境、声环境等物理环境的影响，确保不产生不利影响。

一般通过道路交通支撑能力评估，判断校园道路交通规划方案的整体合理性。

对校园市政基础设施规划方案的风险评估和价值评估，主要包括：

校园排水防涝规划方案在设计标准和超标降雨下的积水风险；

各类低碳能源设施的减排贡献；

再生水设施建设、海绵校园开发技术措施、太阳能建筑一体化建设、电动车充电站桩建设、垃圾分类收集系统附属设施建设等的具体指引。

对校园规划方案开展生态经济绩效测算，主要目标是衡量校园功能组织、绿色建筑规划以及海绵校园建设等各项绿色生态技术应用的经济合理性，以合理校正绿色校园规划方案。

2.编制实施建设计划

在绿色校园规划的空间方案及相关技术方案确定后，应提出绿色校园的建设实施计划，以保障各项绿色基础设施、绿色建筑目标得以按照学科发展的总体要求，科学、合理地予以推进。

绿色校园规划实施计划一般包括建设分期、近期实施重点、适合当地的绿色设计导则、绿色适宜技术指南等内容。具体计划见表4.1.4。

实施建设计划的内容 **表4.1.4**

实施建设计划	分期实施区域	提出分期实施区域的划定原因、建设原则及分期方案
	绿色交通建设计划	提出近远期绿色交通系统需要落实的设施（校园内部公共交通、新能源汽车设施、共享单车进校等）与道路工程的建设计划
	开放空间建设计划	提出近远期开放空间（集中绿地、广场等开放空间）的建设计划
	市政基础设施建设计划	明确校园近远期市政基础设施（能源设施、给水排水工程等）的建设计划
	环境保护实施建设计划	明确各类环境治理（水环境、声环境、空气环境）工程与设施的计划
	主要功能板块建设计划	明确生态校园内各项教学、科研、居住、服务设施（体育、文化等）的建设计划
	拆迁安置实施计划	明确生态校园内的拆迁范围、规模等内容的拆迁安置计划

综上所述，绿色校园的规划工作可以参考以下“工作流程”予以组织推进（见图4.1.4）。

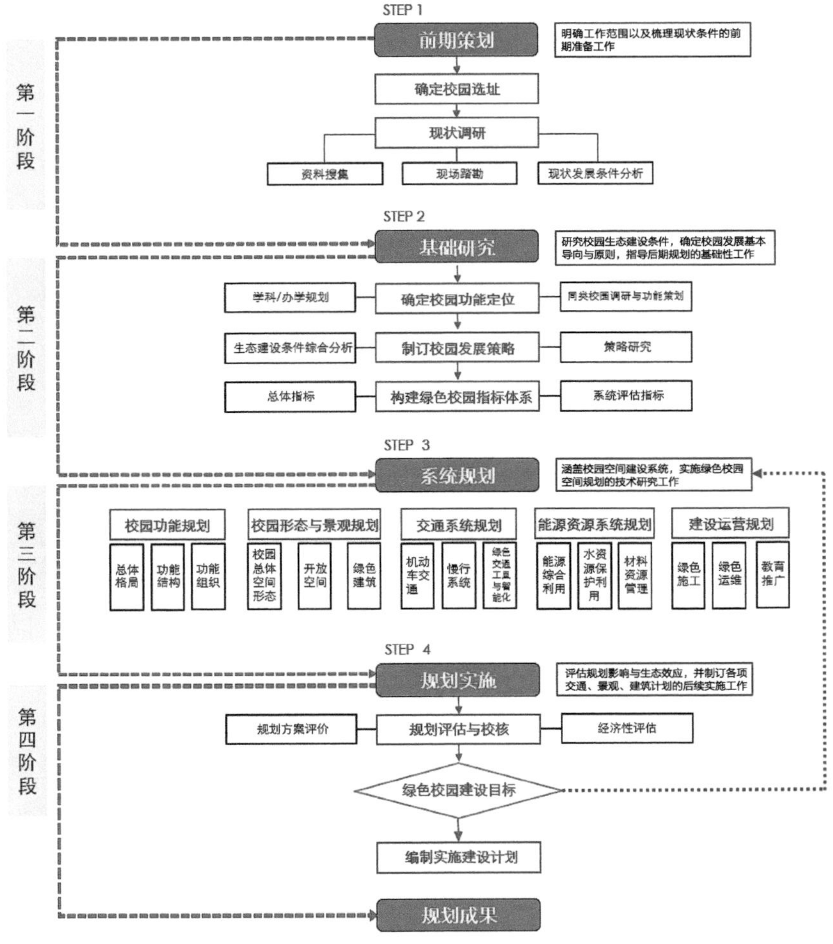

图4.1.4 绿色校园规划工作流程

4.2 景观一体化海绵校园规划

4.2.1 校园景观的生态内涵

水系统是绿色基础设施的核心组分，包括完整的水文循环和有关节水、水资源再生利用的整体设计、自然水处理系统、排水风险减轻策略（针对雨洪、水体污染和季节变化等不同情形）以及与水体相关的能源生产、栖息地保护、愉悦感营造等问题。

作为现代城市模式的典型代表，当代校园普遍严重依赖由蓄水池、地下雨水管道组成市政排水系统，将地表径流收集、导入自然水体。而可持续雨洪系统则希望通过发挥既有自然生态系统的最大功用，达到不需要或减少由校园新建设带来的校园雨洪系统扩张的目标。

因此，由雨洪管理、气候适应、缓解城市热岛强度、促进生物多样性、提高空气品质、可持续能源生产、清洁用水与土壤净化，通过在城市和村镇及其周边提供娱乐和遮蔽林地，提高生活品质的许多以人为本的功能设施等组成的“绿色基础设施”正成为营造可持续校园景观的关键理念。

践行“绿色基础设施”理念可带来如下帮助：

（1）雨水处理临近源头。

（2）令景观不仅有视觉舒适性，还具有实际使用价值。

（3）强化景观的生态功能。

（4）降低景观维护成本。建筑与校园基础设施的可持续规划与设计可以有效降低运行费用，从而实现其在整个寿命存续期内的资金节约，甚至在许多案例中，可持续设计的初投资并不比常规设计增加多少。

（5）提供教育和研究机会。教育学生成为有思想的公民是大部分大学或学院的办学目标，他们知道需要在环境教育与环境意识塑造方面有所作为以提高学校的声誉，并因此在教学上提供了一些有关可持续发展类课程的设置。

校园空间的环境管理可以给大学带来很多帮助，同时有助于达到其在可持续教育方面的使命要求。一个可持续发展的校园从认识和尊重自然的景观开始。利用校园空间开展与可持续相关的或特别的教育课程，是大学可以从环境管理中获得帮助的主要方面。同时，新鲜的空气、自然采光、更多地接触室外自然环境对于提高成绩和教师创造力的积极作用，已经被许多相关研究证实。

大学可以通过在整体校园规划与布局、合理利用场地地形地貌与景观特征、建筑的朝向与绿色设计等方面的努力，实现环境可持续目标。

即使不考虑对环境的贡献，首选提高既有设施使用效率而非新建可以大量节省投资是显而易见的。然而，许多大学并没有尽可能高效地使用现有的教学设施，仅需要一些更有效率的重新安排或辅以类似学费打折的经济激励措施，就可以有效改善既有教学设施的利用效率。尽可能重新利用场地或既有建筑、采用填入（而非蔓延）式发展模式等，均有助于营造宜人且经济上更为合算的空间。

理解使用主体——人——对于景观美学与节水之间关系的态度，对于进行土地与用水规划而言非常重要。

随着大众环境意识的提升，越来越多的校园景观开始倾向于采用自然拟态的方式进行营造，一部分人们开始担忧传统校园景观的人文气息以及为社会交往而设计的开放空间，是否会因此被削弱或消亡？

为此，需要综合运用如下策略：控制校园雨水水源的污染度、将雨洪径流倒入自然系统（如生态池塘等）、末端控制（如雨水花园、生态湿地、自然湖泊等），这些措施的综合使用，有助于保持水质、扩大动植物栖息地范围、提高校园景观作为休闲和娱乐的空间品质。

4.2.2 天津大学北洋园校区海绵校园规划

天津大学老校区的敬业湖、青年湖承载了一代代天大人的记忆，因此北洋园校区中又特别营造了湖水景观。其规划依托现有的卫津河、先锋河，外围形成景观优美的护校河，内部引入环形水系围绕中心岛，运河、阳光、草坡，共同勾勒出具有“花堤蔼蔼，北运滔滔”浪漫风情的“天大文化公园”和促进学院之间交流碰撞的绿链公园。这种以水为脉、延续天大记忆的设计不仅是景观空间规划，表面之下是在北洋园校区中构建的“海绵校园”（见图4.2.2-1、图4.2.2-2）。

2012年在规划天津大学北洋园校区时，便提出了“海绵校园”的概念，校园将具有与海绵一样的能力和灵活性，以适应环境变化和处理雨洪灾害。这里构建了“弹性”雨洪管理系统，以分区而治、内外联合为主要特点，根据校区的整体布局和功能组团规划将校园分为3个子排水分区（见图4.2.2-3）。每个分区结合自身的功能定位、用地特性，因地制宜地规划设计了不同的雨水管理系统，系统间配合协作，修复提升水环境生态，从而实现校区水安全与水利用的双赢。

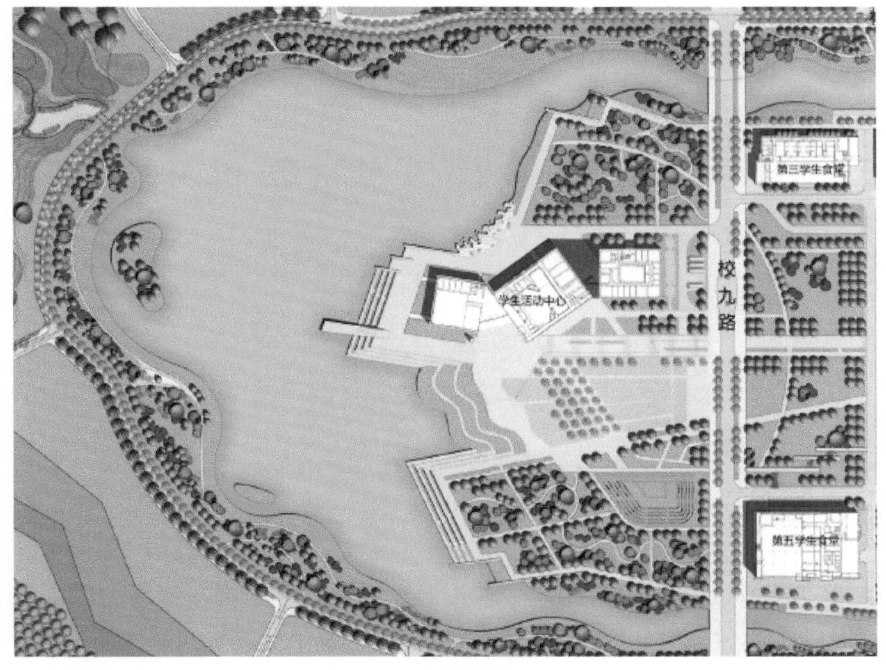

图4.2.2-1　中心岛景观平面

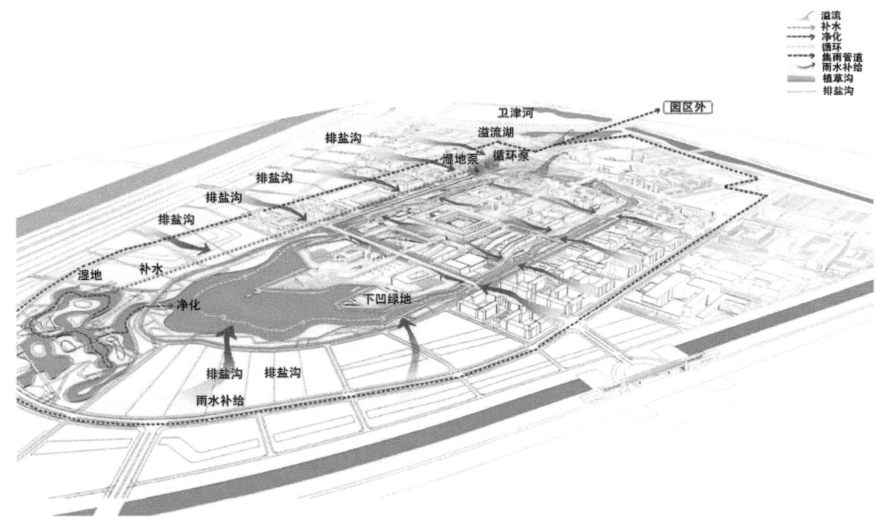

图4.2.2-2　校园雨水组织平面

中心岛调蓄区将生态防洪系统融入建筑景观中，通过使用下凹绿地、透水铺装、植草沟和绿色屋顶等绿色基础设施整合整个景观元素，岛内采用慢行交通，实现了透水铺装85.8%的覆盖率，将路面的综合径流系数由0.9降至0.5，大大降低了从现场溢流至河流的可能性，水被收集并作为景观水回用，实现功能一体化。

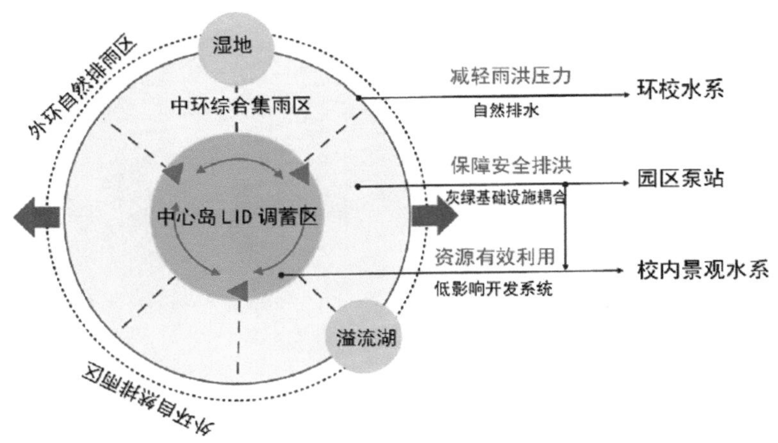

图4.2.2-3　校园排水分区与管理策略

中环综合集雨区设置水景观，例如中心湖、中心河、溢流湖和湿地，可以收集中心岛调蓄区溢流，并将其存储在干旱条件下有景观应用潜力的水道和土壤中，从而加强该地区的海绵状功能。中环综合集雨区还通过溢流点（湖泊和湿地）与外环自然排雨区连接，有助于缓解校园内积水。

外环自然排雨区通过释放雨水到自然水道系统中来减轻校区暴雨季节排泄压力。由于多余的雨水会从护校河流入相邻的自然河流，以避免在核心区域发生洪水，该区域既可用作缓冲区，又可用作释放阀。由于场地土壤盐碱水平高，且该区规划为苗圃，该区的雨洪管理需充分结合排盐处理（见图4.2.2-4），在减轻校区暴雨季节排洪压力的同时降低土壤盐碱度，保障苗木成活。

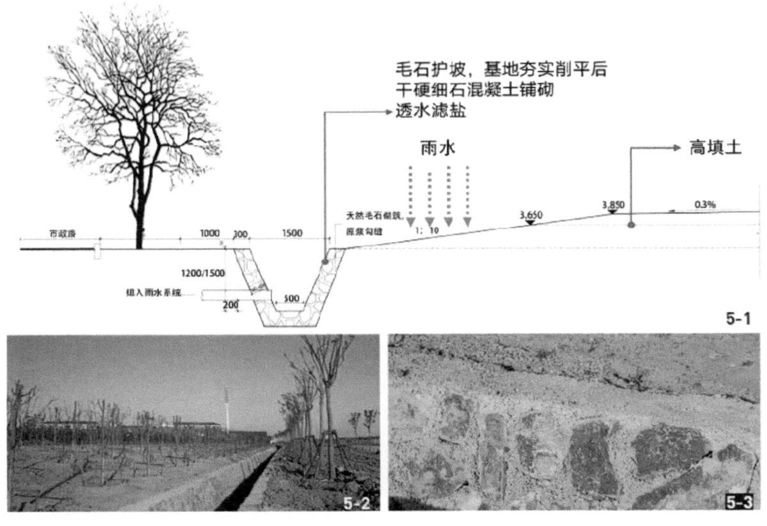

图4.2.2-4　雨洪管理与盐碱地土壤改良的融合

植草沟分布在整个校园内（见图4.2.2-5），植草沟技术作为生态排水体系的重要组成部分，与其他一系列处理设施组成应用，建立生态排水体系，控制和削减进入受纳水体的径流污染负荷，在完成输送功能的同时达到雨水的收集与净化处理要求。核心区通过下凹绿地和人工处理湿地等一系列绿色基础设施保存和渗透雨水，过量的水储存在净化湿地和内环河中。在干旱期间，当景观植物需要用水时，可以将这些雨水由泵站提升抽回校园中使用。当净化湿地和内环河中有多余的水时，会被泵入外环的护校河。如果护校河中有多余的水，则会泵入邻近的河流。

北洋园校区是海绵城市模式在中国的首例应用之一，其规划和设计理念非常具有参考价值。现校区已被使用了4年，在雨洪管理方面取得了较大成功。2016年7月20日发生的一场大风暴淹没了天津市的许多街道，而北洋园校区的路面积水却始终未超过20毫米，校园内积水在雨后半小时左右就能全部排清。

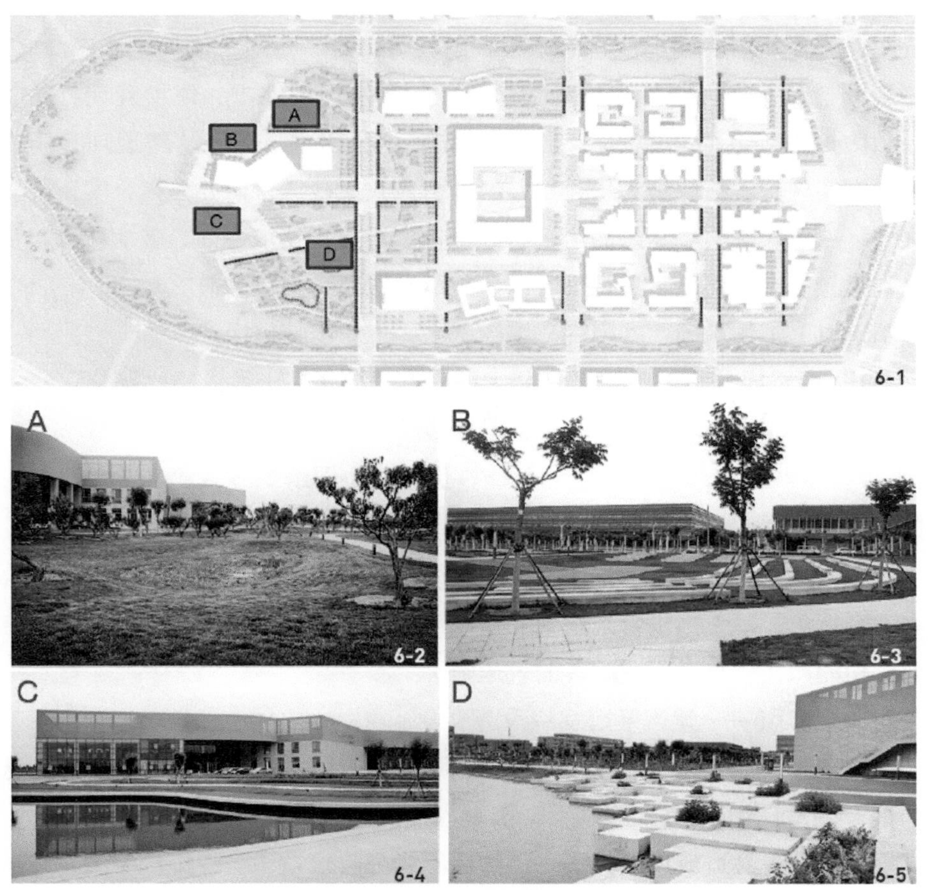

图4.2.2-5 海绵校园景观

4.2.3 清华大学海绵校园建设

清华大学海绵校园建设的一大特点是问题导向、自下而上——并未将海绵校园作为一项专项规划纳入校园总体规划，而是将其融入校园生态保护与环境提升、校园管网系统优化等部分，从分析校园环境水文建设存在的诸如积水点多、相当比例的校园缺乏雨水管网、整体下垫面硬质比例偏高、绿地分布不均衡、部分绿地养护成本高、耗水量大、校园水系补水不足、水系水体流动性低、存在雨洪内涝及面源污染等问题，通过一系列关键节点的改造，逐步实现整体校园的雨水排、蓄状况的改善。

简言之，这是一种基于2009年以来与课程相结合的持续不断的校园雨水排放环境提升工作成果，形成一种自下而上、由点及面的海绵校园建设模式。

1. 典型节点——胜因院改造

1946年建成的胜因院是清华近代教师住宅区，因地势低洼局限、雨水排放系统更新不足、居住功能变迁带来维护缺乏等因素，每逢大雨便饱受内涝之苦。胜因院改造是一次以海绵建设为契机，同步解决历史保护、雨洪管理、功能更新、活力振兴等方面问题的实践。在具体实施过程中，首先从腾退现状用户和最大程度实现真实性保护为切入点，通过引入人文社科科研办公区，实现区域功能更新，通过长达两年深入的历史研究、专家走访、技术咨询、多学科合作基础上，基于景观水文理念，进行景观设计与雨洪管理一体化改造。

基于以上工作基础，胜因院海绵改造主要工作步骤包括：

（1）进行竖向分析、汇水区划分、径流过程分析、土壤渗透性测定等，掌握场地雨水积涝分布区域及原因，有针对性地选择灰绿基础设施的组合；

（2）反复校核灰绿基础设施的效能，优化其协同组织方式，确定最适合的技术措施体系，融入景观总体设计构思；

（3）将不同位置雨洪管理设施的功能和景观设计结构相融合，考虑四季及干湿季不同特色，赋予雨洪管理设施元素以设计感和表现力，使之融入对场地空间序列、功能、文化符号及活动等的表达中。

2. 典型节点——建筑系馆庭院改造

建筑馆内庭院是一个宽4～5米、面积1780.4平方米的狭窄带状空间，这里共汇聚有建筑屋面的14根雨水管，雨季屋面降雨径流短时间集中汇流至此，流速流量很大，极易造成场地积水。虽然在围绕庭院建设了一圈排水明沟，并在负一层地下建设了约150立方米的雨水收集池，接收四周汇水，超标水量通过水泵压至市政管网。但因容量有限，四周汇水及排水压力仍然很大。因此，海绵化改造的核心首先在于妥善解决雨洪问题、缓解排水压力，同时需要精心处理建筑通道、室外模型制作场地、户外交流场所等使用功能与空间营造。

由于没有宽裕空间及土壤绿地条件用来进行自然下渗、调蓄、净化，因此改造设计一方面在充分肯定利用雨落管、雨水井、沟渠及市政管道等，快速解决狭小庭院的排水威胁同时，仍然尝试恢复自然水循环的可能性——通过因地制宜采取源头减排（屋顶绿化、透水铺装等）、中途净化、过滤（雨水花园、高位植坛等）和末端调蓄、收集、利用、溢流（雨水收集池、超标溢流系统等）等全过程治理策略，实现削减峰值、延迟汇流、滞留调蓄、过滤净化的雨水控制目标，构建一种自然与人工相结合、更具绿色效益的灰绿基础设施系统。

具体而言，首先以北京地区一年一遇8小时降雨为标准，按汇水分区分别计算各屋顶雨水径流产汇流总量约为99.2立方米（其中B区南侧产流量约30.6立方米、C区产流量约60.2立方米、D区产流量约8.4立方米）。在此基础上，针对既有建筑改造为植被屋面难度较大、狭小庭院难以布置较大低影响开发设施且建筑基础紧邻庭院，不符合渗透设施设计要求等实际困难，采用“高位植坛”方式实现滞留雨水功能，部分消纳屋面径流。

为了消解雨水管口的雨水下冲动能，防止水流对土壤的冲刷造成土壤流失，需要在雨落管正下方、种植土层上方，设置防冲砾石石笼，同时铺设土工布，避免土壤细粒堵塞砾石层。

在植物物种选择上，以狼尾草、马蔺、千屈菜、黄菖蒲、八宝景天等浅根且耐湿性较好的宿根花卉为主，增加场地植被的观赏性（见图4.2.3）。

图4.2.3 海绵景观节点

4.3 校园低碳化交通系统规划

4.3.1 从“需求响应”到“需求管理”

在过去的十余年里，一些北美主要的大学开始在提供更为便利的校园交通和确保高质量的校园环境之间左右为难。许多大学发现：无论提供多少停车位都无法满足机动车的停放需求，实际上，增加停车位常常刺激了需求的进一步提升。机动车同时还带来很多其他困扰大学的问题，如破坏校园环境肌理、场地硬化、行人与自行车安全、学生身心健康、空气和水的污染、破坏邻里和谐关系等。

这是一个困难而令人玩味的过程：许多有关学校交通组织方式的成规，正由此发生深刻的变化。校园用地越来越紧张，导致无法提供更多地面停车空间；停车设施/建筑的高维护成本；周边社区的投诉压力；对空气质量和校园绿化空间的保护等，都成为促进校园交通组织模式转变的推手。寻找有效的替代办法以解决日益增长的校园停车需求，成为彰显大学在环境问题上领先地位的最好方式。

发展公共交通、建设更完善的自行车和步行交通系统、通过补贴政策减少师生对私人小汽车的使用等，这些与传统校园交通规划形成鲜明对比的新策略，改变了过往一味通过新建交通道路和停车设施，以满足日益增长的机动车出行需求的模式。“交通需求管理”(transportation demand management，简称TDM)的理念成为校园规划的新思路。

学生住校数量是影响校园交通需求的重要因素，当学生们紧邻或驻校时，他们的日常交通需求就可能和很大程度上通过步行、自行车和校园巴士等方式解决，而个人小汽车仅成为周末郊游的选择，在那些要求一、二年级驻校学生限制使用私人小汽车的大学，对于交通量的控制贡献更为明显。而相反，如果学生都在学校之外居住，则驾车往返校园和居所的需求，就会明显带来校园交通流量的上升。许多学校已经正在计划增加校园学生公寓的数量，以部分满足他们交通规划所提出的目标。

为了解决机动车交通带来的高运营成本、空气污染、出行安全等问题，许多大学开始走上“驯服汽车”的道路——一方面在校园核心区限制机动车的进出与停靠，同时运用政策(如提高停车费用、共用车激励、自行车优先、公交卡等政策)和设计等策略、手段鼓励替代性交通工具的使用。俄勒冈大学尤金校区

（University of Oregon in Eugene）规定道路与停车面积的校园占比不超过10%，仅为在校的1.7万学生和1400名教职员工提供约3270个机动车停车位，同时提供4600个以上自行车停车位，并对在校生和在职员工提供免费的公交卡，以鼓励公交出行。

因为校园的人口密度为公交系统发展提供了必要的规模基础，当地政府由此可以推进公交的建设与完善。与随着数量越多整体服务质量下降的私人小汽车规律不同，公交系统遵循相反的规律——使用者越多，越有利于提升服务水平从而提高乘坐体验，这也是为什么校园周边的社区更易于获得长期投资，用以提升区域公交服务配套和服务的原因。

行人优先的校园需要提供高效和安全的步道网络系统，景观、树荫、游廊和良好的照明都应有利于步行体验和质量，同时步行道设计应尽可能保持视线通畅和人们的交汇。

交通控制技术可以用于降低机动车的通行速度，实现步行优先和改善步行的安全性。这些技术包括窄道、减速板（交叉路口高度提升）、路口变窄等。沿路平行停车也有利于降低车行速度，为行人通行提供缓冲区。

校园功能的合理布局可以极大影响出行频率和交通工具的选择，假设校园功能完备且都在一个步行可及的范围内，人们会主动通过步行或自行车去完成相关活动。即使对于较大型的校园，不可能完全依赖步行时，有意识地采用组团式布局，每个组团均确保为师生、员工提供相对完备的配套服务功能，也将有助于减少人们采用机动车出行的几率。

交通需求管理（TDM，见图4.3.1）主要针对通勤者提供新的更有竞争性的区域交通选择，针对住校学生停车需求，以强化校园内部交通便捷性的方式，减少

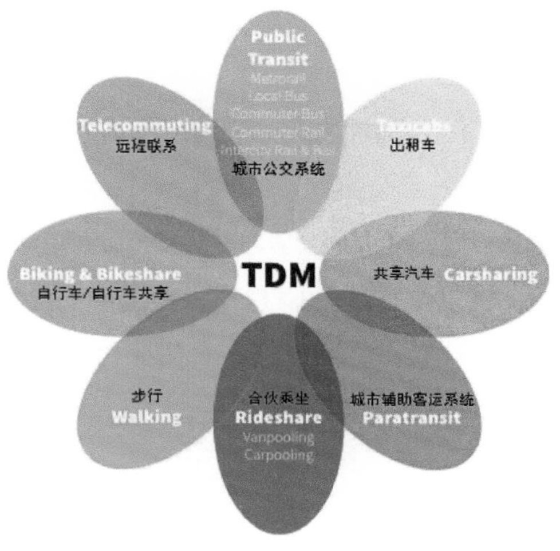

图4.3.1　交通需求管理模式示意

他们将私人小汽车带入学校的数量。具体策略包括：

TDM的一个基本原则是：交通规划必须与校园的土地规划结合进行，一方面是由于交通量与驻校生数量有密切关联；另一方面则是因为交通政策和设施规划将对校园的绿地规模、硬化地面比例、可建设用地面积等产生直接影响。

想要准确评估每个特定策略或措施，对整体出行行为以及由此带来泊车需求变化的影响，是非常困难的，这也是TDM很少每次仅提出一种特定策略的原因，它们通常会提出一整套综合化的策略包，其中包括一系列新的和经过改善的出行和通勤选择，以便在总体上惠及校园人群的方方面面。通过对一些大学校园进行案例调研显示：同一套策略对于降低单一交通工具出行比例的影响，会在10%～25%之间变化，最高甚至可能达到40%，从而可能带来同等比例的校园泊车需求的降低。

4.3.2 中国海洋大学海洋科教创新园区（西海岸校区）低碳交通系统规划

中国海洋大学（Ocean University of China）是一所海洋和水产学科特色显著、学科门类齐全的教育部直属重点综合性大学，是国家“985工程”和“211工程”重点建设的高校，2017年9月入选国家“世界一流大学建设高校”（A类）。

中国海洋大学科教创新园区位于青岛市西海岸新区古镇口军民融合创新示范区大学城南端，西侧为大珠山风景区，东临黄海，规划总用地面积188.6公顷，总建筑面积约185万平方米，其中地上约150.8万平方米，地下约34.2万平方米。科教创新园区定位于支撑学校海洋科技创新转化的滨海实验基地和海上试验场、服务产业发展的工程技术学科集成释放区、服务于海洋战略对策研究的人文社会学科协同创新基地、军民融合发展的创新示范区、多方共建共管共享的海洋科教体制机制创新示范基地。

校园共分为九大功能区：公共教学实验区、学院区、学生生活区、文体区、生态绿地区、行政服务区、教工公寓区、双创中心区、科研平台区。科研联系带东西向布置，促进各学科交流、创新；学习生活带南北向布置，学习和生活氛围通过园林绿地进行转换；设置学生生活联系带，促进不同学科学生开展课余活动；设置环形园林交往带，为步行提供优美景观，并为交流创造空间（见图4.3.2-1）。

校园低碳交通系统规划如下：

1.出入口

礼仪性主入口开设于滨海旅游大道——海军路和城市主干道——三沙路，利于展示形象；其余周边道路尽量利用原有城市道路开口，设置校园次入口。主次入口均能便捷通向校园主环路。

出入口多点对接城市道路，部分校门在先期封闭管理时可以选择性开放，以达到使用便捷和高效管理的平衡（见图4.3.2-2）。

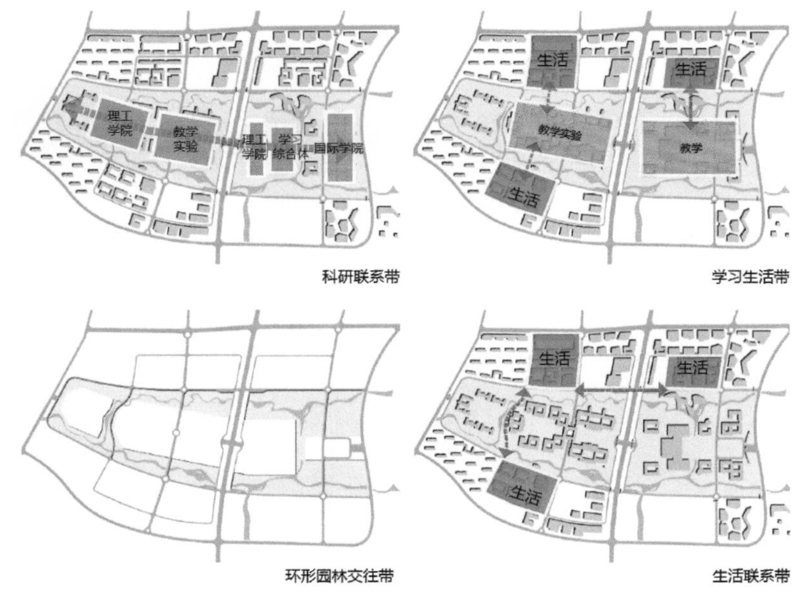

图4.3.2-1　中国海洋大学科教创新园区功能分区

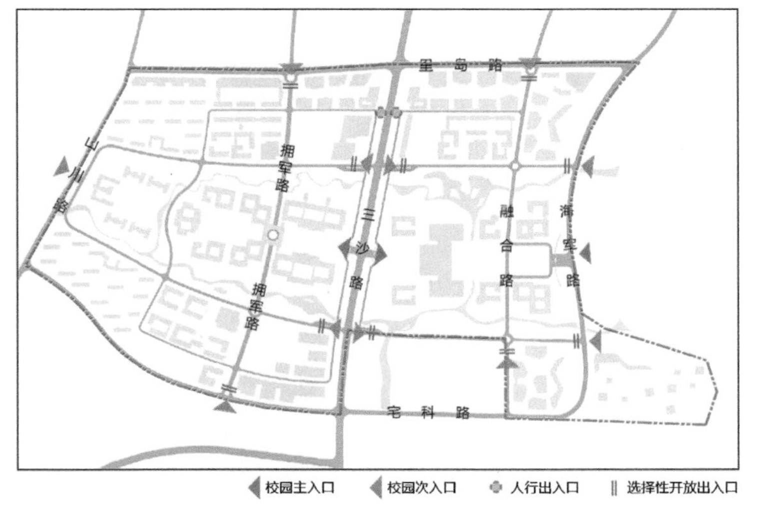

图4.3.2-2　中国海洋大学科教创新园区入口分布

2. 车行系统

校园主环路通过下穿隧道将东西地块连接成一体，在组团间设置次要道路将各功能区串联起来，形成完善的车行交通网络。主要组团内部不受车行交通影响，穿越中心教学科研带的次要道路在人流高峰期间限行。车行道与广场硬地共同成为消防车紧急通道，兼顾美观与安全（见图4.3.2-3）。

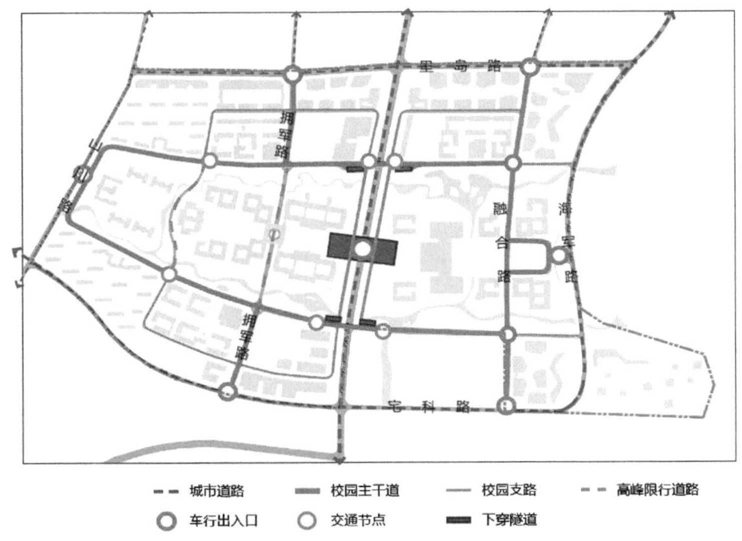

图4.3.2-3　中国海洋大学科教创新园区道路系统

3.校园电瓶公交车系统

海洋科教创新园区延续崂山校区成功的电瓶车公交模式，并使其成为海大的校园风景。行车路线主要沿主环路设置，并通达东西主要校门。在重要建筑节点、主要组团出入口设置站点，以300米为半径覆盖整个校园，满足师生日常使用（见图4.3.2-4）。

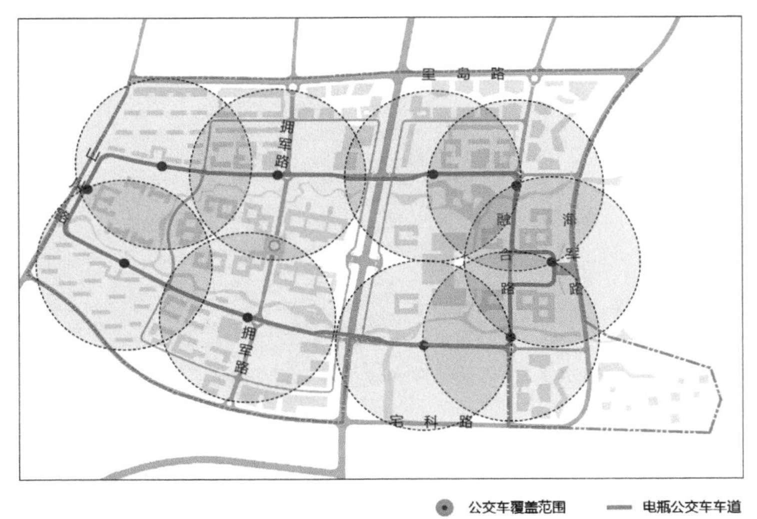

图4.3.2-4　中国海洋大学科教创新园区公共交通系统

4.非机动车系统

结合功能区间的距离以及公交车环线设置的情况，校园内部的非机动车需求量已经较小，因此主环路断面宽度考虑非机动车通行的宽度，次要道路机非混行。在广场和主要步行道路以地面铺装的方式对非机动车加以限制，保证步行的安全性及环境美观，兼顾校园交往的活力。

由于青岛起伏的地貌特征，自行车使用较少。大学城区域地势较为平坦，自行车使用率可能相应提高。考虑学生在大学城区域的交通需求、少量的校园内交通需求，非机动车停车主要分布在校园主要出入口及学生宿舍，教学实验组团少量设置。

结合共享单车的停车特点，地面非机动车位主要布局在组团出入口及校门，地下非机动车位主要在学生宿舍区域、半地下停放（见图4.3.2-5）。

图4.3.2-5　中国海洋大学科教创新园区非机动车交通系统

5.静态交通

机动车停车位设置原则：外围化、地下化为原则，集中与分散相结合。地面停车布局在组团出入口、校门附近；地下车库结合高层、停车需求量大的单体设置。地库出入口均面向校园主环路或外围道路，减少进出对步行区域的影响（见图4.3.2-6）。

6.步行系统

“三明治”式的功能布局使上下课的步行距离在350米左右；文理分区、各设教学的方式使换课的步行距离在300米以内，因此，步行是校园交通最主要的方式。功能布局将高频出行的距离限制在一定范围内，主要功能区间的通路保持两条以上，降低拥堵情况。主次道路均布置于功能区外围，使各功能区内部为纯步行区，使步行网络保持连续性，且较少被车行交通打扰。步行系统规划结合林间小路、滨水步行道、广场和林荫道等景观，创造丰富的步行体验，并使其成为校园文化的载体（见图4.3.2-7）。

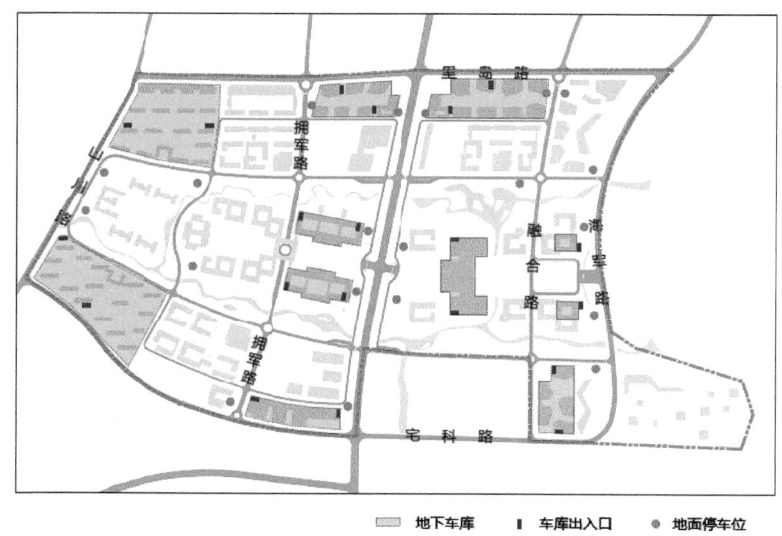

图4.3.2-6　中国海洋大学科教创新园区静态交通系统

图4.3.2-7　中国海洋大学科教创新园区步行交通系统

4.4 高效适度的绿色建筑规划

4.4.1 高效适度的绿色建筑规划基本原则

校园建筑是构成校园整体空间框架的主要元素之一，他们不仅容纳教学活动，同时也是塑造校园空间标识性的重要手段。在新教学理念的指引下，校园建筑更为强调通透性——通过保持建筑内外良好的视线交流，促进更多的交流与互动，同时提高室外场地的安全性。

校园绿色建筑设计应遵循如下原则：

（1）通过对日照、主导风向及地形研究，合理安排建筑朝向、间距与组合以减小建筑对场地环境的冲击。

（2）将用能需求相似的功能和使用需求集中布置，以有利于建筑不同部分采暖、空调、通风及照明用能的优化。

（3）通过提高建筑的弹性以实现建筑长远的功能适用性，降低未来改造难度与耗费。

（4）降低维护费用。

（5）使用低环境影响材料。

（6）全面评估决策的成本效益关系，当把所有潜在成本均考虑在内后，人们往往会发现最低初投资的决策并不一定是成本效益最优的选择，比如非紧凑开发带来的基础设施敷设费用的提升、不耐久室外装置的长期维修成本等。

除此之外，弹性和灵活性也是高等学校校园教育建筑设计一个重要的基本原则。

4.4.2 北京化工大学昌平校区绿色建筑规划

北京化工大学是新中国为“培养尖端科学技术所需求的高级化工人才”而创建的一所高水平大学，是国家“211工程”和“985工程”优势学科创新平台重点建设院校、国家“一流学科”建设高校，肩负着高层次创新人才培养和基础性、前瞻性科学研究以及原创性高新技术开发的使命。

北京化工大学新校区位于北京市昌平区，地处南口镇东北部马鞍山地块，东邻清华大学核能与新能源技术研究院，北邻虎峪风景区，总建设用地面积101.4万平方米，总建筑面积约为90.6万平方米。昌平校区按照一次规划，分期建设的模式实施。2017年9月，学校完成征地、建设部分市政配套基础设施和教学楼、实验室、体育设施等34万平方米用房，12000名同学顺利入住，昌平校区也正式启用。昌平校区将绿色校园理念贯穿在规划、设计、施工及使用管理中，因地制宜地采用绿色建筑技术，综合考虑增量成本，突出亮点示范（见图4.4.2-1）。

图4.4.2-1 北京化工大学昌平校区校园鸟瞰图

1.绿色规划与设计

高校校园规划设计，要将绿色理念融入具体的校园布局中。北京化工大学昌平校区规划伊始，就基于场地的环境条件，综合考虑日照、采光、通风、视觉卫生等要求，合理规划建筑群体组合和空间布局，建筑密度、间距、朝向等规划要素紧密结合场地区域现状，创造通风廊道、绿化系统、人行慢步系统等。

围绕核心景观和特色景观元素，打造了景观湖面，改善校园微气候。同时通过风环境模拟、人车分流系统、校园慢行系统等，优化校园空间、交通布局，突出校园“绿色”与“健康”主题（见图4.4.2-2）。

2.节能与能源利用

节能与能源利用是绿色校园建设的重点，北京化工大学昌平校区开展了能源专项规划设计，尽可能地降低建筑能耗，贯彻节能减排可持续发展的理念。

（1）自然采光通风、主被动节能技术结合

体育馆项目中使用了光导管产品，在白天完全不开灯的情况下，场地中心照度达749～803勒克斯，可以正常进行比赛、训练及教学、娱乐等活动，节省了大量的照明能耗（见图4.4.2-3）。

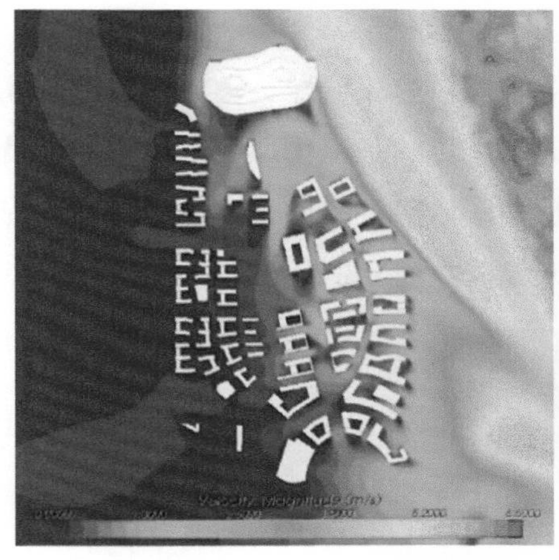

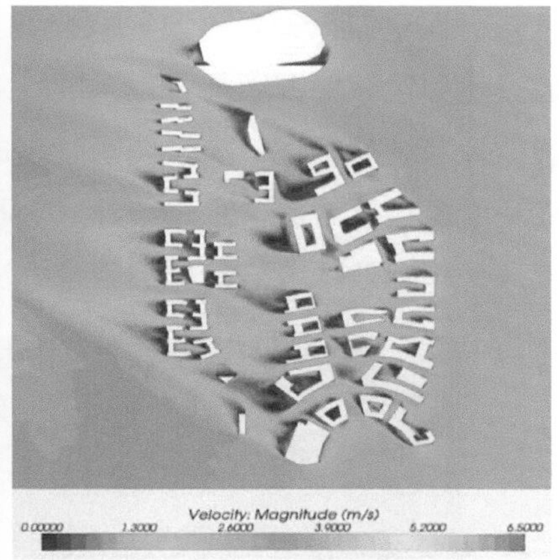

图4.4.2-2　冬季和夏季1.5米人行高度风速分布图

图4.4.2-3　体育馆项目导光筒及室内效果

（2）利用可再生能源、多方位节能

昌平校区通过在教学楼周边地下布放地热管800根，长度总计约56000米，通过热交换系统为教学楼夏季制冷和冬季采暖提供冷热源，大大节约了燃气和电能的使用。

采用太阳能光热技术将储水罐中的水加热，为学生宿舍和教师宿舍提供淋浴用水，为食堂提供后厨所需热水。此外，在景观区域设置太阳能路灯，为校园提供夜间照明（见图4.4.2-4）。

图4.4.2-4　太阳能热水系统实景图（学生宿舍）

（3）搭建区域能源智能管理平台与能耗监测系统

通过建立区域能源智能管理系统，对能源供给、输配、转换和使用等环节实施动态监控和统筹管理，实现能源管理的信息化、制度化。北京化工大学昌平校区建立了能源监管中心，通过统计、分析和评估实时数据，找出能源浪费的薄弱环节，并采取有效的节能措施和管理办法加以改进（见图4.4.2-5）。

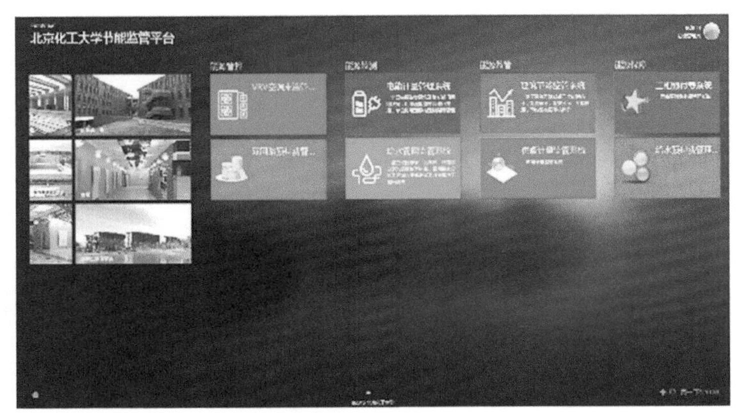

图4.4.2-5　校园节能监管平台

3. 节水与水资源利用

为实现校园可持续发展，改善校园及周边生态环境状况，昌平校区对水资源进行分级、分类利用处理，实现中水回用、雨水渗透与收集，构建了一套完整的水资源利用体系。

（1）采用生态雨水基础设施，打造海绵校园

昌平校区采用透水地面，实现下雨时能通过吸水、蓄水、渗水、净水，需要时将蓄存的水“释放”加以利用，达到节约用水的目的。道路边沟和下凹绿地收集屋顶、道路和活动场地的雨水，对水资源进行分级利用和处理（见图4.4.2-6）。

图4.4.2-6　项目渗透铺装种类

（2）采用先进污水处理、中水回收等先进技术

昌平校区采用的学校自有MBR膜技术处理工艺，对校园内日常生活污水进行处理，达到相应标准后进行回用，主要以用于冲厕、绿化灌溉、道路冲洗、补充校园水系等，实现了校区污水零排放（见图4.4.2-7）。

图4.4.2-7　MBR膜技术污水处理工艺流程及污水站机房

4.室内环境质量提升

高校师生生活、工作和学习场所的环境品质越来越受到重视，室内的环境是否能达到标准要求，将直接影响师生的身心感受。昌平校区建设过程中，广泛使用环保建材、光导管采光等新材料和新技术，设置室内空气质量监测系统，对室内空气进行实时监测，利用自动控制系统联动室内污染物及新风调节，提高室内空气品质。

5.绿色运营管理

昌平校区共建设基础设施类、网络平台类、平安校园类、节能平台类、业务应用类五大类，共22个信息化子系统。例如，基础设施平台涵盖地下管网子系统、光纤网络、综合布线子系统及数据机房建设，平安校园设置校园监控、报警、管理、对讲及消防子系统等，节能监管类包括能源监管、楼宇自控、公共照明智能管理、绿色生态监控子系统等。多媒体智慧教学子系统一期共建设了130间教室，每间教室设有多媒体教学控制、手机屏蔽控制系统等13个支撑子系统，构成了智能教学环境，满足了教学、学习、管理和数据汇集一体化运行的需求（见图4.4.2-8）。

图4.4.2-8　智慧教学可视化运行平台

4.4.3 北京师范大学昌平校区G区绿色建筑规划

北京师范大学是教育部直属重点大学，是一所以教师教育、教育科学和文理基础学科为主要特色的著名学府。“十五”期间，学校进入国家“985工程”建设计划。2017年，学校进入国家“世界一流大学”建设A类名单，11个学科进入国家“世界一流学科”建设名单。

项目位于北京市昌平区沙河高教园区，昌平新校园是北京师范大学以北京校区、珠海校区为两翼的一体化办学格局中北京校区的重要组成部分。G区在昌平新校园两区中相对较小，总用地面积16.6公顷，总建筑面积约20.5万平方米，其中地上建筑面积约为13万平方米，地下建筑面积约为7.5万平方米，定位于服务“教育+”学科群，助力打造世界一流教育学科，打造教师教育黄埔军校和教育硅谷（见图4.4.3-1）。

图4.4.3-1　北京师范大学昌平校区鸟瞰图

北京师范大学昌平校区G区规划设计围绕“杏泽·虚谷”的主题展开，充分体现了教育的本质和历史文化特征。“杏林”表示对教师的尊敬之情，“泽”意味感情的升华，“虚怀若谷”是教书育人者的心境写照。在设计中注重现代教育的需求，融合传统风格，通过多种手法实现了“自然与人文的融合”，体现教与学的交流融合，在设计表现为空间的多层次兼容与流动。

考虑到校园生活的特点，校内设计了大量的“向心”“交流”“围合”的空间。通过不同建筑之间、同一建筑内部空间以及不同场地的塑造，在校区内形成丰富而生动的空间，成为师生良好的交流场所。

由于北京师范大学昌平新校区总体体量较小，地下空间的开发成为重点，充分体现了土地集约利用的可持续发展原则。昌平校区中心地下区为新校区最重要的功能区之一，有院部阅览室、多功能学术沙龙区、休闲区等功能。多功能学术沙龙区为区域核心，既可为国内外大师级学者学术交流授课之地，又可做360度演绎舞台，也可为举行重大活动之场地，四周环水之处均可为观众席。依托中心区文化沙龙，傍有竹林清水，是很具有中国特征、文人特质的交流环境。在这里有一种秩序，并强调秩序美（见图4.4.3-2）。

图4.4.3-2　北京师范大学昌平校区中心区

中心区景观是“书院园林”概念的集中体现。仪式化入口空间以“礼乐之道”为主题，位于地下建筑南侧的景观地块，打造可视性强的主入口前场空间；教化空间以“杏坛”和“木铎”为主题，位于地下建筑的屋顶亦为校区正中心的核心空间，打造文化熏陶空间——“木铎杏坛广场”；后花园休闲空间则分别以“林”和“山”为题，在位于地下建筑北侧的景观地块打造“林野之境”和“山野之势”两个主题后花园（见图4.4.3-3）。

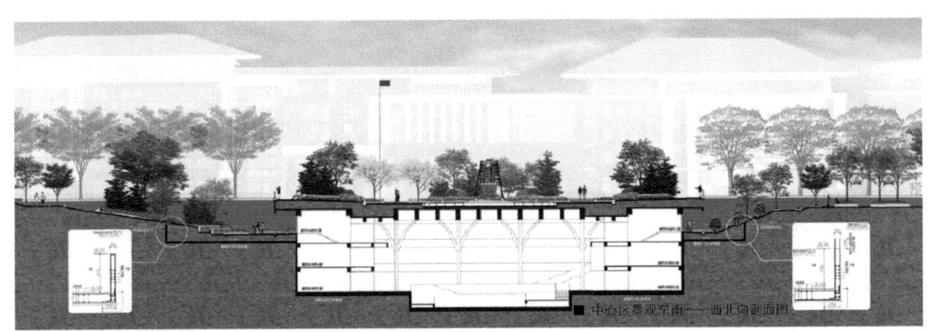

图4.4.3-3　北京师范大学昌平校区中心区剖面图

“书院”概念为中心区景观打破地块的均质性带来契机。四个“钻石形”地块被赋予不同属性的书院园林，同时其景观格局也与日照分析形成呼应：南侧地块有一定的建筑遮阴，适合广场休息，北侧遮挡则几乎没有，适合植物生长。基于此形成了中心区景观方案，打造了主行政楼南广场、中心屋顶的木铎广场、礼乐之道文化广场、林野之境游园以及山野之势游园等景观，充分利用建筑下沉造就的竖向变化创造丰富的立体空间。

昌平校区G区教学区和宿舍区已达到绿建三星设计标识（设计通过太阳能利用、可再循环材料利用、雨水回收系统等200多个评分细项获得）。其中，评价指标包括：建筑节能率61%；可再生能源利用率为地源热泵负责52.36%的空调采暖，太阳能和地源热泵辅热负责42.2%的生活热水量；非传统水源利用率45.3%。北京师范大学昌平校区G区投入使用后已取得了较好的经济效益，结合校园中精心打造的、丰富多样的各类人性化学习以及活动空间，绿色健康、环境优美、尺度宜人、充满活力，得到了师生广泛好评，被师生们亲切地称为“最美新校园”（见图4.4.3-4）。

图4.4.3-4　北京师范大学昌平校区屋顶利用

4.5 低碳校园研究与实践的现状

随着我国提出“二氧化碳排放力争2030年前达到峰值，力争2060年前实现碳中和”的国家目标，碳达峰、碳中和迅速成为社会热点，这其中有关校园的减碳讨论有着特殊的意义。原因有三：其一，校园人员稠密，人均用能强度偏高，是具有典型代表意义的城市用能单元。截至2020年，全国共有各级各类学校53.71万所，在校生2.89亿人，专任教师1792.18万人。高密度的人员聚合以及科研需求带来较高的人均碳排放水平，类似微型城市的复杂功能组成与运营管理机制又加剧了校园减碳的难度。因此，对于校园碳减排行之有效的方案，往往对于全社会的低碳发展均具有重要的示范意义。其二，校园是科学减碳理论与技术的重要策源地。尽管减碳行动与低碳发展已渐成社会共识，但在碳减排与地球的可持续发展目标的关系、碳减排与碳中和的科学机理、不同领域碳减排的协同机制、微观而纷繁的减碳技术研发等，仍有许多有待澄清并持续研究的内容，校园无疑是破解这诸多疑问的主战场之一。其三，校园是培养与传播低碳生活价值观的重要场所。校园不仅是知识传播与创生的场所，更肩负着传播科学价值观的重要责任。如何将更多与科学减碳、低碳发展相关的知识融入课程？如何将减碳技术与管理模式运用到校园的建设与运维，使之成为低碳教育的第一课堂？如何将低碳生活、低碳发展的价值观潜移默化地传递给一批批的莘莘学子？这些都是校园碳减排、碳中和与其他类型有着显著差异的地方。

因此，以校园空间为载体，以校园减碳需求为切入点，以低碳价值观传播、低碳知识传承与创生、低碳理论与技术研发为目标的校园碳减排实践，无论是对于创立建筑行业低碳发展示范、树立全社会减碳攻坚典型，抑或是对于形成针对社区乃至区域尺度减碳工作的建设性意见，为构建“由点及面”“从局部到整体”的减碳路径提供实践经验，引导社会经济低碳转型、推动我国碳中和目标顺利达成，均具有重要意义。

当前，低碳校园研究与实践呈现如下特征：

1.基于清单与全寿命期概念的碳核算是相关研究的基础

尽管全寿命期理论在碳核算领域被反复强调，但过高的实操难度使其很少真正被应用到实际测算当中，按需选取特定的时间范围、通过过往变化趋势预测未来仍然是最为常见的研究思路，例如："从摇篮到坟墓（Cradle-to-Grave）"、从"摇篮到大门（Cradle-to-Gate）"、运营阶段等时间范围逐渐成为学者们所关注研究对象（见图4.5-1）。

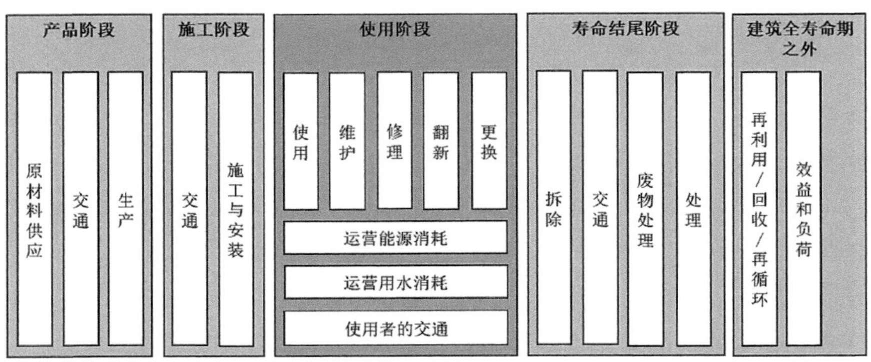

图4.5-1　碳排放涉及的全寿命期所包含的时间维度

2.校园碳排放研究范围已从教育类建筑扩展到整个校园范围

这意味着不仅包括校园教育类、非教育类、宿舍等单体建筑均被纳入，校园交通排放（见图4.5-2）、绿化碳汇也成为重要研究内容。Amirreza Naderipour（2021）等人通过对马来西亚科技大学的交通、电力、用水和废物产生的碳排放核算发现，交通占总碳排放含量的40%；Juchul Jung G H（2016）对韩国釜山国际大学的建筑天然气碳排放量、校园道路交通碳排放量、建筑用水量、建筑用电量以及废弃物处理碳排放量进行了核算，发现交通占总碳排放量的22%，仅次于建筑用电所产生的碳排放量；在印度萨达尔国家理工学院（SVNIT）中，每年的植物固碳量达392～400吨二氧化碳，可以吸收76.92%～84.63%的校园二氧化碳

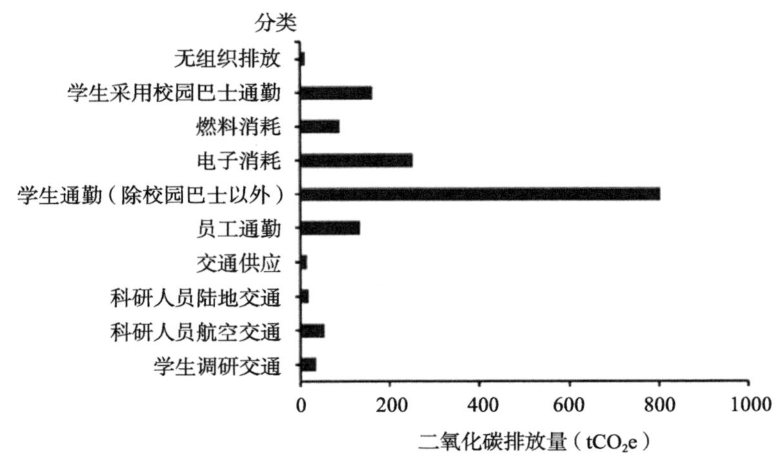

图4.5-2　交通碳排放在校园区域中的占比

排放；在马德里科技大学中，来自绿地系统的植物固碳量达到188.44吨二氧化碳；在山西财经大学坞城校区中，由乔木、灌木、草坪组成的绿地系统碳排放达到3544.1吨二氧化碳，能吸收校园总碳排量中9%的二氧化碳。

3. 运维减碳是校园碳减排研究重点

基于对建筑物全寿命期碳排放的大多数案例研究表明，与固有碳（10%～20%）相比，运营阶段碳排放通常占全寿命期碳排放中的主要部分（占建筑总碳排放的80%～90%）（见图4.5-3）。Andriel Evandro Fenner（2020）通过对美国一个教育建筑的案例研究发现，教育建筑运营阶段碳排放占总碳排放量的70%。Chang CC（2019）等人以新加坡南洋理工大学的22栋教育建筑为例，对其全寿命期的能量进行了评价，发现运营阶段能源消耗占教育建筑全寿命期的主要部分。基于40年的假设寿命，运营能量的范围在63%～95%（图4.5-4）。

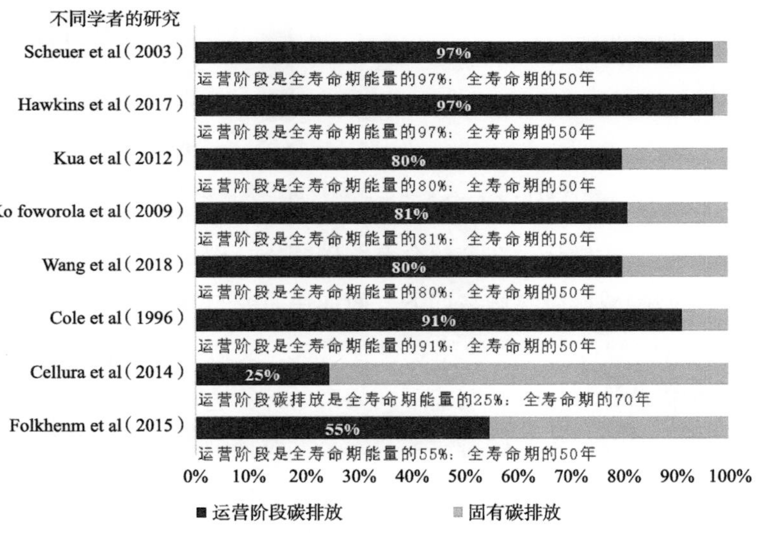

图4.5-3　全寿命期中运营阶段是重要一环

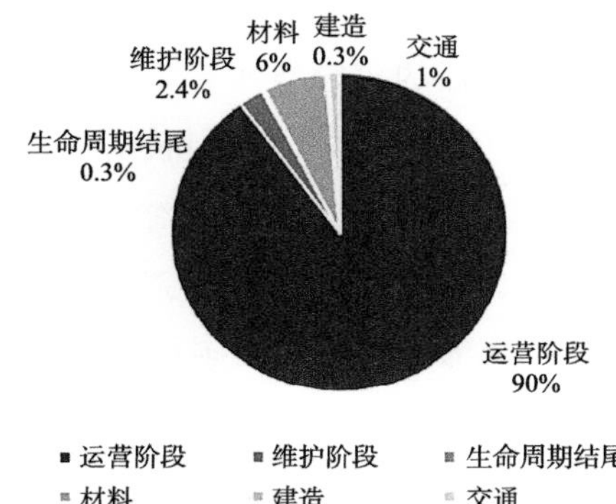

图4.5-4　校园运营阶段减碳的重要性（以南洋理工大学为例）

4.碳评价指标正被纳入不同的绿色校园评价体系

现有国际绿色校园评价标准体系作为指导校园减碳的重要手段，已经初步搭建起校园减碳理论模型（见图4.5-5）。我国《绿色校园评价标准》（GB/T 51356—2019）也已经引入碳评价指标，设置了校园碳排放计算分析的相关条文，通过采取措施降低人均碳排放强度，绿色校园建筑明确碳排放量和碳足迹能促进师生的行为节能，推进绿色校园建设。

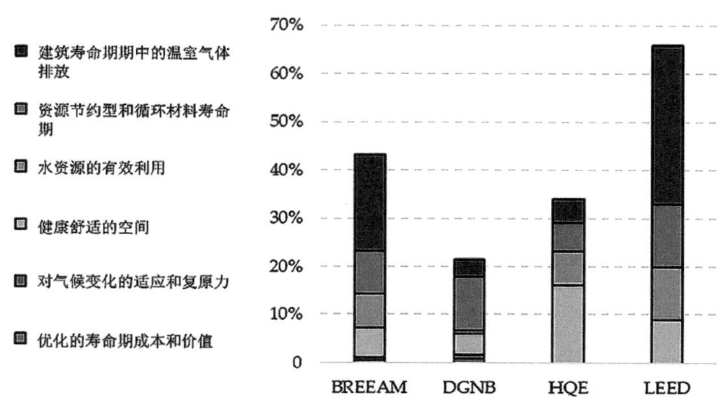

图4.5-5 碳评价指标在国际绿色校园评价标准体系中的权重占比

基于以上分析，我们认为在全社会有关碳减排、碳中和均在快速展开实践的时代背景下，校园碳减排应尝试在如下方面加快研究与实践步伐：

（1）基于校园区域特点，尽快建立包含建筑、交通、基础设施、景观等在内的全要素校园碳排放计算模型，明确不同要素的计算边界、衡量准则、数据标准与协同机制。建立可靠的校园碳排放数据库是支撑校园碳排放计算模型的关键基础，一些学者从国家、城市、建筑等不同纬度尝试构建或应用既有数据库对特定核算对象进行实践。目前，学界已出现了聚焦校园碳排放核算的数据库建立与应用研究，但总体来说仍处于设计构建阶段。

（2）理清基于校园碳排放特征的校园空间新模式机理。不同视角的研究表明，校园碳排放具有鲜明的时空特征与人员干预特征，因此低碳校园实践将不可避免带来传统校园空间规划模式的变革。例如：绿地作为校园主要规划对象之一，同时也具备固碳能力。绿地的空间布局模式与二氧化碳的空间分布格局存在一定的耦合特征，而这一特征能够指向基于减碳目标的校园绿地最佳布局模式。再如，学生作为校园范畴内的消费主体，其消费行为能够对校园碳排放水平产生巨大影响。因此，研究归纳学生行为特征，从学生行为角度探讨校园在日常运营层面的减碳潜力与量化基准，就显得非常有必要。

（3）注重绿色低碳技术的显化，强化低碳技术的建筑、景观一体化表达与教育价值的实现。校园的碳减排技术不仅需要服务于具体的使用功能，更需要肩负价值观传播的职责，这使得低碳校园建筑、景观、装置均应同步考虑成为低碳生活方式“教材”的可能性。气候适应性的生态建筑、日益成为可再生能源生产载体的屋顶与墙面、作为能量“储存与缓冲池”的充电停车场、雨水回收与再生人工湿地景观、智慧能源管理系统的集中展示等低碳校园的新空间，都应作为校园生活的有机部分，成为倡导低碳生活方式、传播低碳发展理念的生动“教材”。

总而言之，碳减排与碳中和将不可避免地深刻改变校园空间的外在表现与运行逻辑，深入揭示低碳校园的内涵，加快相关技术的研发与实践，对于助力实现整个社会碳中和目标的达成具有重要意义。

4.6 基于后评估的校园空间持续优化——以北京理工大学良乡校区为例

4.6.1 调研方法与背景信息

1.调研方法

调研主要围绕校园师生群体对于校园的土地利用、规划格局、交通规划、景观环境以及建筑空间五部分的主观满意度，采用认知地图和问卷调查的方法进行（见图4.6.1-1）。

认知地图部分是由调查对象根据问题，运用不同的符号在校园平面图上进行标识，如校园中最喜欢/不喜欢的地方等。由于认知地图较为灵活和开放，收集的结果主要通过图面表达进行结果趋势的呈现，不进行严格意义上的数量统计。

问卷调查共设计题目65项，涵盖校园的土地利用、规划格局、道路交通、景观环境以及建筑空间与风貌五个方面内容。

认知地图与调研问卷的发放主要通过学校社团和相关部门向全校师生随机发放。

问卷调研数据运用问卷星进行录入与统计，SPSS软件进行分析。

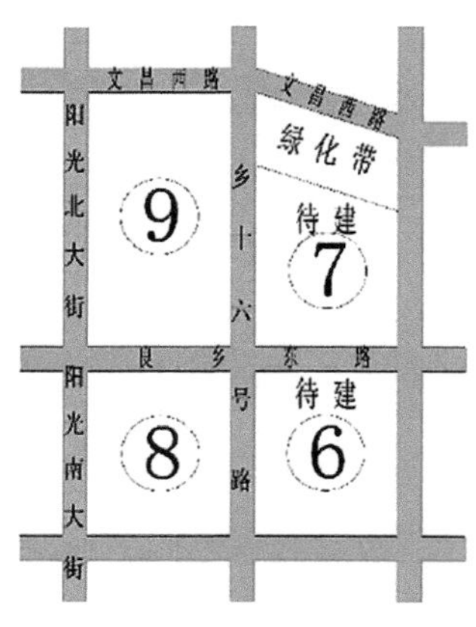

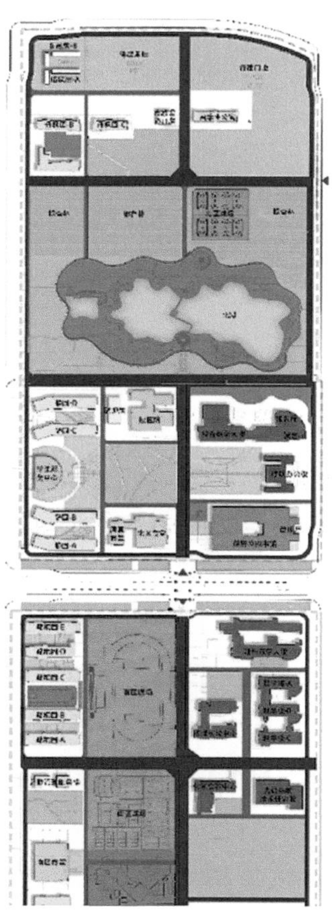

图4.6.1-1　校园总平面图

2. 校园概况

北京理工大学良乡校区于2005年11月28日启动相关建设，目前已初步完成校园8、9号地块总建筑面积约33.44万平方米的建设，其中以“理科教学楼、综合教学楼、徐特立图书馆等”为代表的教学实验区约10万平方米；以“疏桐园、静园、丹枫园等”为代表的宿舍区约10万平方米；以“食堂、学生服务中心、运动场地等”为代表的生活配套区约13万平方米（见图4.6.1-2）。

新校区包含化学与化工学院、人文与社会科学学院、数学与统计学院、马克思主义学院等院系，容纳本科生、研究生（硕士、博士）、留学生约1.1万人，一个配套齐全，可满足学生学习生活需要的新校园格局初步形成。

4.6.2 受访对象概况

1. 问卷数量

调查问卷累计发放300份，回收291份，回收率为97%。除去高空缺率、答案高重复率和矛盾性等无效问卷，参与统计分析的有效问卷为288份。

2. 人员组成

其中，除去0.3%的性别空缺值，参与调查人员中，男性占比39.9%，女性占比59.7%（见图4.6.2-1）。

调查对象分布于机电学院、信息与电子学院、人文与社会科学学院等17个学院，全面覆盖本、硕、博各个年级以及教职工人员，其中本科生占比52.1%，硕士研究生22.9%，博士研究生3.1%，教职工21.9%。从调研对象的校园居住分布来看，北区39.2%，南区46.5%，不住校11.5%，样本分布基本均衡（见图4.6.2-2）。

图 4.6.1-2　主要校园建筑形象

选项	小计	比例
帅哥	115	39.93%
美女	172	59.72%
(空)	1	0.35%
本题有效填写人次	288	

图 4.6.2-1　调研对象特征

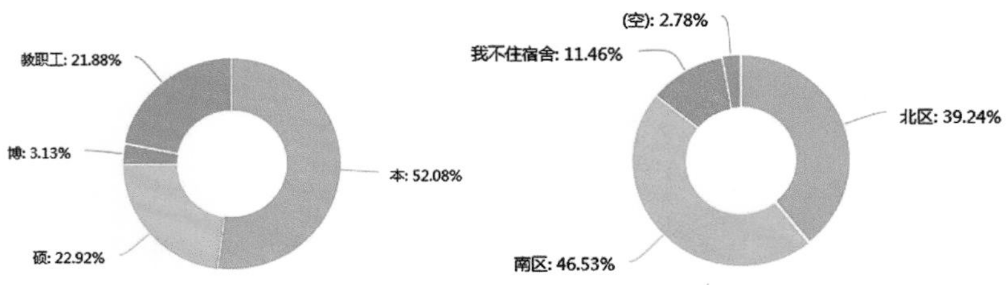

图 4.6.2-2　受访对象身份及空间分布特征

4.6.3 土地利用满意度分析

该部分主要调查使用者对于校园中教学区、生活区、绿地广场区、运动区等主要功能分区和面积配额的满意程度。

1. 功能分区概况

良乡校区的教学实验区主要包括公共教学楼、实验室、图书馆等公共建筑，主要分布在校园的中心部分；生活区包括各个宿舍区、食堂、学生服务中心、校医院等，主要环绕教学实验区分布在校园西侧和北侧；行政办公区较小，与教学实验区也位于校园中心区；体育运动区包括北区球场、北湖环湖跑道、南区操场和南区球场，相对均衡地分布在校区南北两侧；绿地景观区分为观赏型绿地（林地树阵）、互动型绿地（可停留休憩）以及水体景观；广场主要分为大型集会广场、入口前广场、宅间活动广场、下沉广场等；待建用地主要聚集于校园北部区域，约50580平方米。

2.满意度

（1）布局合理性满意度

对于校区功能分区规划布局的合理性，问卷显示均值为3.49，介于“一般”和“比较合理”之间，众数为4，表示大部分调查对象认为既有功能分区比较合理（见图4.6.3-1）。

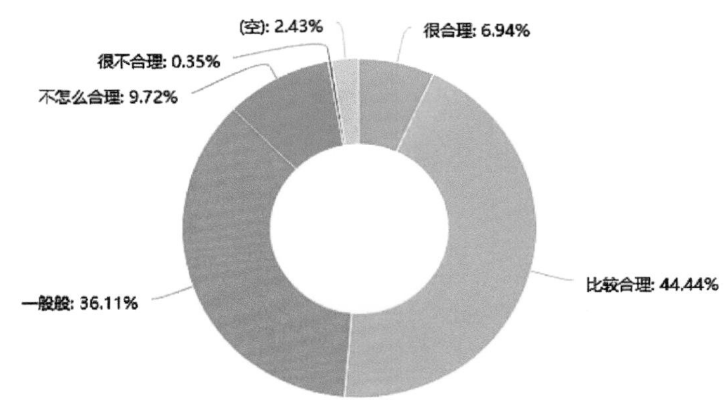

图4.6.3-1　布局合理性满意度

（2）功能区不满意度比较

针对问卷提出的“最不满意功能区”选项，问卷结果显示生活区、校医院和运动区位列前三，见图4.6.3-2。

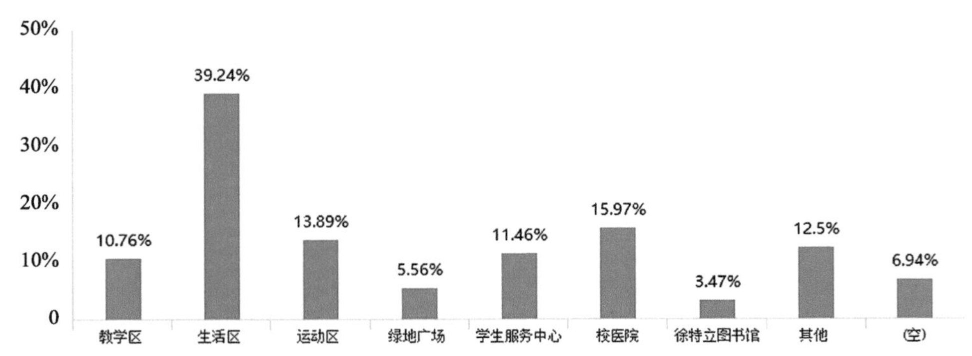

图4.6.3-2　功能区不满意度

考察新校区的功能分区，我们可以发现该项反馈与校园规划特征有着直接的关联性：当前新校区的生活区主要包括：北区的丹枫园（3栋，男生宿舍）、静园（4栋，A～C栋女生宿舍，D栋男生宿舍）和留学生公寓三个宿舍区；南区有疏桐园（5栋，男生宿舍）、博雅园（1栋，女生宿舍）、至善园（2栋，教职工宿舍）。食堂也相应设置了北区食堂和南区食堂。在调查中，有34.8%的调查对象对生活区的位置不满意。经过更精准的统计发现，大家对南区食堂、丹枫园、博雅园的评价最差，原因均是与教学中心距离太远。尤其是位于学校西北角的丹枫园，到达距离最近的公共教学楼或者食堂都需要穿过整个北湖，加之校园北部还未完全完成开发建设，部分校区规划用地处于空置或施工状态，使得这些区域在学生心理上天然处于被“孤立”的位置。

而对于“校医院”不满意评价的进一步分析可以发现，认为校医院位置不合理的被调查对象中，女生占比71.74%，且大部分宿舍位于南区的博雅园，因而可以认为其问题根源与生活区一致——生活区与主要教学生活区的距离过大。

运动区的问题则主要与不同区域运动区的设置内容、同学们对于活动场地的更大需求有关，将在以下板块详细分析。

（3）运动区分布合理性

虽然校园运动区分布在空间上还算均衡，但由于场地设置内容不同——南区以运动场为主，北区以休闲步道为主，因而使得南区场地的实际使用率要远高于北区（见图4.6.3-3）。

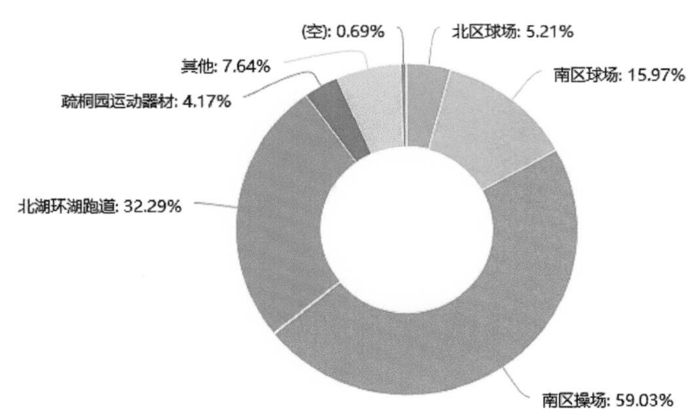

图4.6.3-3　运动区分布合理性

同时，由于良乡校区依然处于持续建设阶段，对于运动场所的规划设计还未完全建设落成，在现阶段确实无法完全满足师生需求。从规划设计图纸来看，在待建地块6号、7号中设计了多处运动场地，包括体育馆、体育场、羽毛球场、篮球场、排球场等。随着建设进度逐渐推进，相信在不久的将来完成校区所有的规划建设后，一定能满足师生需求。

（4）功能区面积充裕度

表4.6.3是北京理工大学良乡校区用地的相关指标和《普通高等学校建筑规划面积指标》（以下简称“92”指标）的横向对比情况。

指标横向比对分析 **表4.6.3**

	“92”指标（平方米/生）	北京理工大学	
		建筑面积（平方米）	生均面积（平方米/生）
十一项校舍的规划建筑面积	27.29	388963	35.36
教室	3.53	10000	9.09
实验室、实习场所及附属用房	8.21		
学生宿舍	6.5	131890	11.99
图书馆	1.61	30190.4	2.74
学生食堂	1.3	19110	1.74

在对于面积充裕度的主观满意度调查中，由高到低的排序为：宿舍、运动场、自习室、绿地休闲广场、文化活动场地，这一结论从受访对象对“你认为新校区最缺乏的场所”这一开放性问题的回答中，师生的需求聚焦于室内体育运动和休闲活动场所，对于教室、宿舍、图书馆等单体建筑的满意度均较高（见图4.6.3-4、图4.6.3-5）。

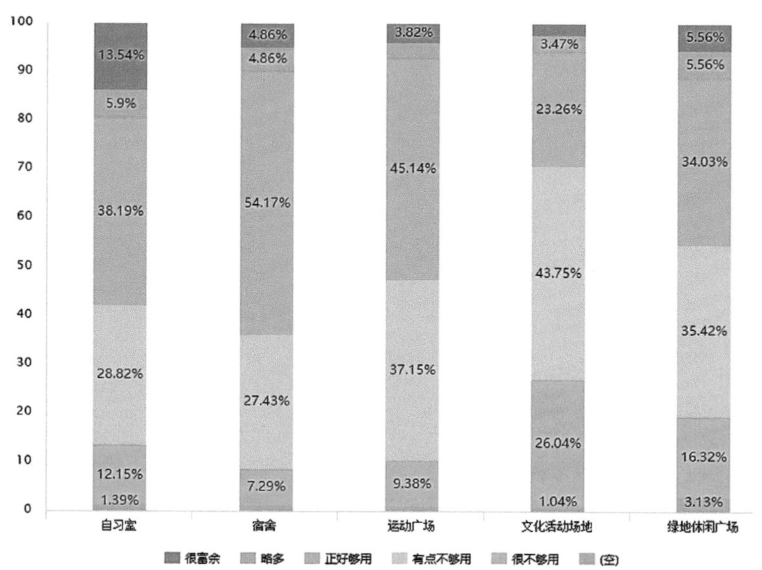

图4.6.3-4 面积充裕度主观满意度

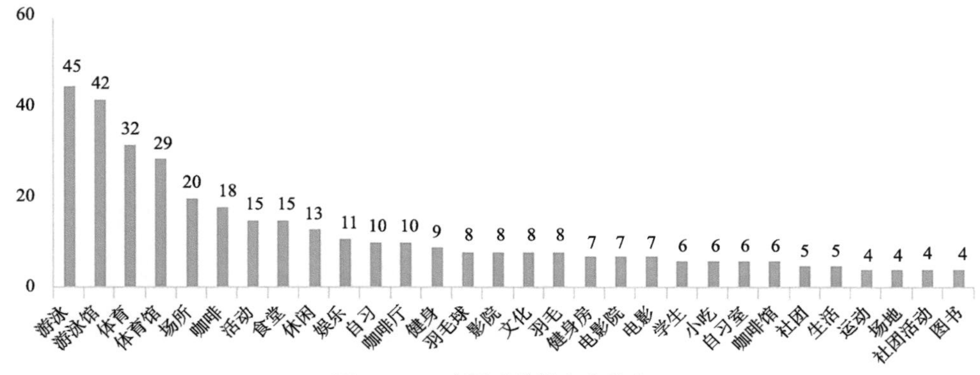

图4.6.3-5　主要建筑满意度排名

4.6.4 规划格局满意度分析

1. 空间层次规划特征

新校区总体规划的一大特色是通过环形绿带将分属四个地块的校园，统一为一个连续的整体，因此该绿带成为新校区开放空间的主体。对于已开发8号、9号地块而言，均面向良乡东路设置主要出入口，其中公共教学区位于9号地块南侧，公共教学楼、图书馆、行政中心楼、食堂、门诊部等功能建筑，共同围合出一个东西向的校园主广场空间。与流行的主入口+主广场的空间组织模式不同，校园入口空间与校园主广场空间实现了空间转换。公共教学区与北侧生活区和体育活动区之间，形成校园的标志性景观——北湖。

8号地块则以中部南北向的体育活动区为核心，西侧布置学生宿舍和南区食堂，东侧为院系教学区，均采用围合、半围合式布局方式，可形成若干小型庭院空间。

2. 满意度

（1）空间层次满意度

对于新校区空间层次的满意度调查显示：得分均值为3.27，介于“一般”和“比较满意”之间，较多受访者认为新校区“整体空间设计合理，不会迷路，但感觉空间有点简单和乏味”（见图4.6.4-1）。

通过对不同年级同学对空间层次感知的反馈看，校园使用时间长的群体对校园空间的丰富性提出更高要求，而使用时间最短的博士生和教职工群体则呈现基本满意状态，说明对于校园空间层次的丰富度主观感受，与受访对象在校园中的使用时间存在相关性（见图4.6.4-2）。

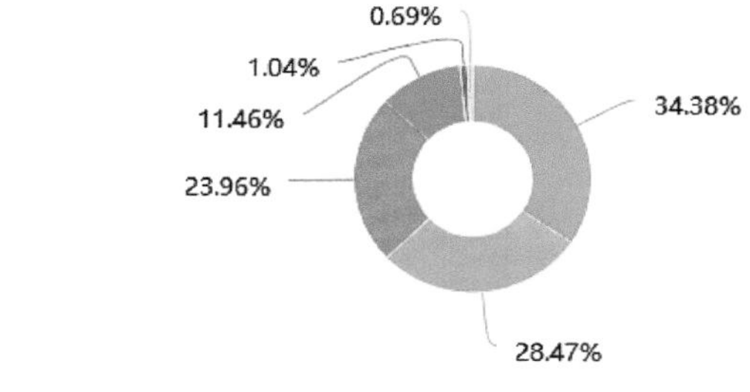

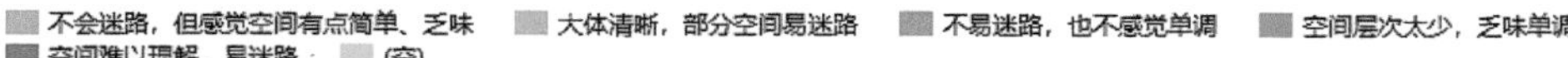

图4.6.4-1　空间层次满意度

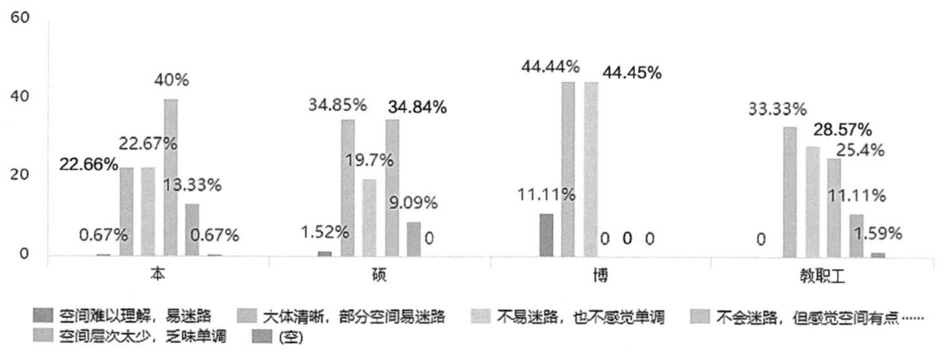

图4.6.4-2　不同学生群体对空间层次的评价

而通过对不同宿舍区同学的交叉分析可以看出居住在北区的受访对象，对于校园空间层次的满意度略高于南区受访对象，可以认为北区的空间层次丰富度要高于南区，该结论与针对规划总平面的客观分析基本一致（见图4.6.4-3）。

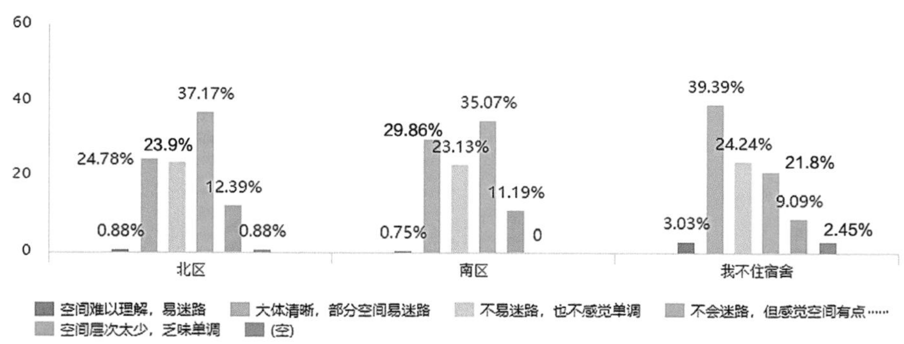

图4.6.4-3　不同区域群体对空间层次的评价

（2）校园空间辨识度

超过半数受访者认为校园空间辨识度“很强”或“较强”，其中认为校园有“较明显轴线”的受访者超过六成，说明通过南北校园主入口的对位设计、公共教学区的东西向广场等设计手段，有助于通过形成显著的轴线提示，而强化不同校园空间的识别特征（见图4.6.4-4）。

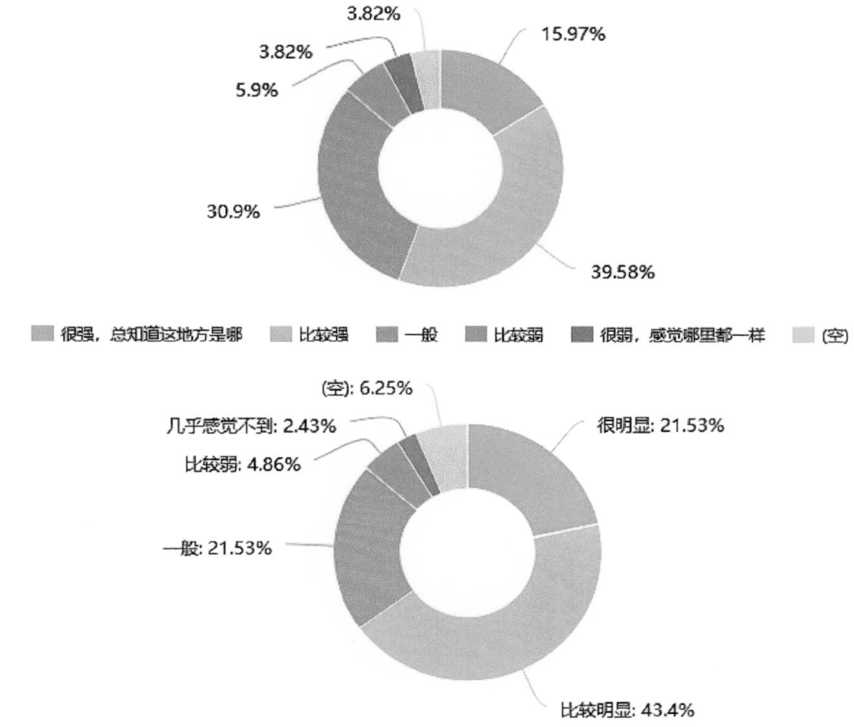

图4.6.4-4　校园空间识别度评价

从交叉分析结果看，这样的认知无论在不同年级——使用校园的时间抑或居住在校园不同区域——使用校园的空间差异来说，存在较大一致性（见图4.6.4-5）。

一个有趣的现象是：尽管新校区并未把图书馆置于校园主轴线的显著位置，其设计形象也中规中矩，但依然高居“校园最主要标志物”的首位，对我们常规地将其置于主轴线中心位置的规划设计“套路”是一个有益的启示——校园建筑的标志性更多来源其与校园学习生活的密切程度，而非其在构图或形象设计上的特异性（见图4.6.4-6）。

4.6.5 道路交通满意度分析

1. 交通系统规划特征

新校区采用人车分流交通体系，机动车交通道路沿各功能组团外侧设置，功能组团内部全部为人行区域，机动车主要沿机动车道路一侧临时分片停放或进入地下停车库停放。

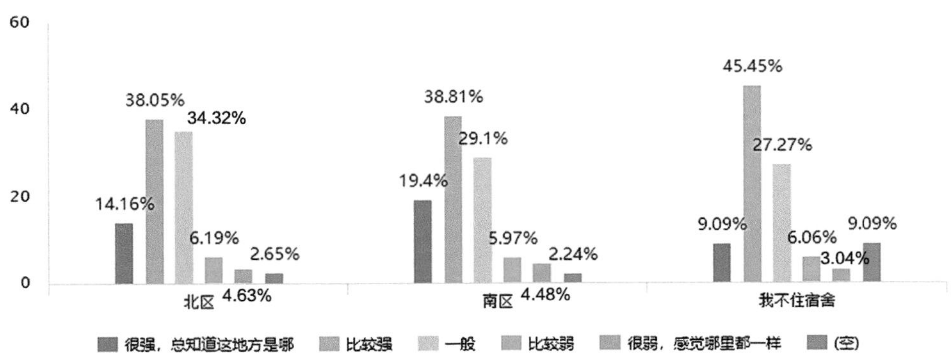

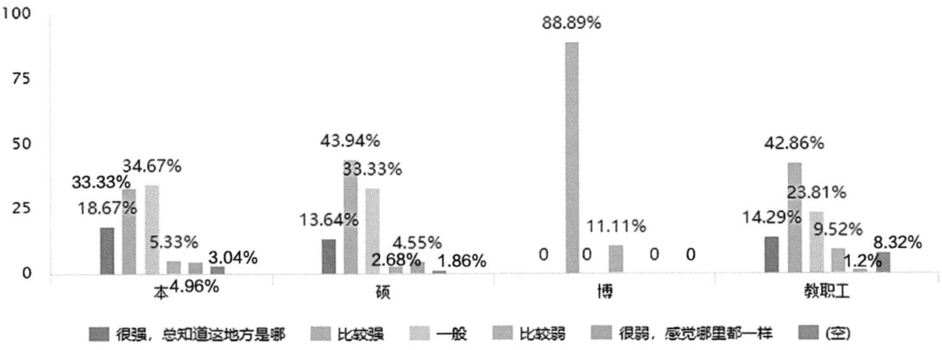

图 4.6.4-5　不同区域和学生群体对空间识别度的评价

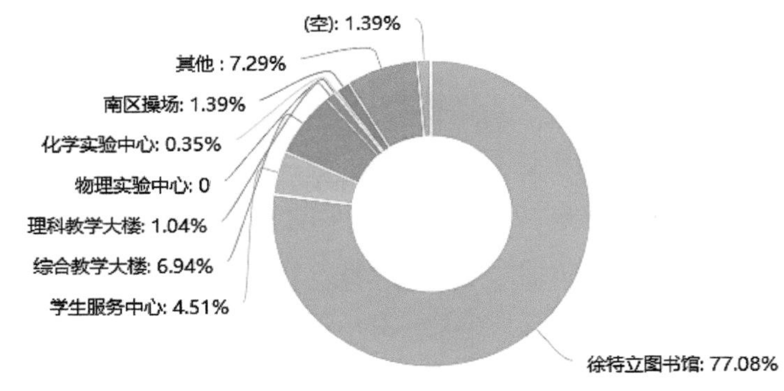

图 4.6.4-6　空间识别评价度排序

2. 满意度

（1）出行方式选择

本次调研主要针对公交接驳满意度、校外出行方式选择和校内交通方式选择三个方面展开，其中公交方面的满意度均值仅有2.98，分析其原因主要为：校园选址位于城市郊区，对公交出行依赖度较大，目前的3条公交线路无法满足师生便捷出行的需要（见图4.6.5-1）。

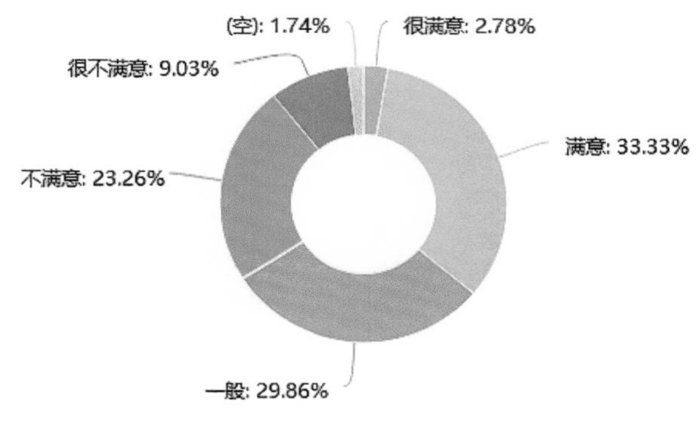

图4.6.5-1　出行满意度评价

对于主要出行方式的回复，超过四成（40.28%）的受访者选择学校自行开设的与中关村主校区之间的摆渡车，接近四成的受访者采用步行方式（理解为不远离校区），而采用地铁或公交出行的受访者（“其他”选项）仅有10%（见图4.6.5-2）。

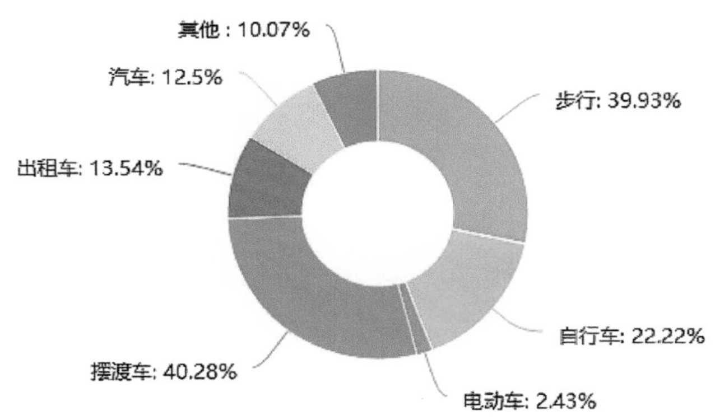

图4.6.5-2　不同交通方式的满意度评价

在校内交通方式的选择上，接近五成受访者选择步行作为校内交通方式，如果考虑辅以自行车、电动车，校内选择以步行为主的出行方式人群比例达到83%，说明校园的尺度设计和步行系统规划，有利于鼓励人们采用步行为主的出行方式（见图4.6.5-3）。

（2）机动车系统满意度

调研从机动车系统不满意要素、机动车停放位置合理性、静态停车管理现状满意度、停车面积充裕度等方面，了解受访者对机动车体系的满意程度。其中，“道路遮阴不好”位列道路系统最不满意要素首位。其次是“人车干扰”，而对于该项反馈经过仔细分析，主要指向为割裂南北校园的市政道路——良乡东路。因而合并其他调研项的反馈可以看出，受访者对于新校区机动车交通系统的最不

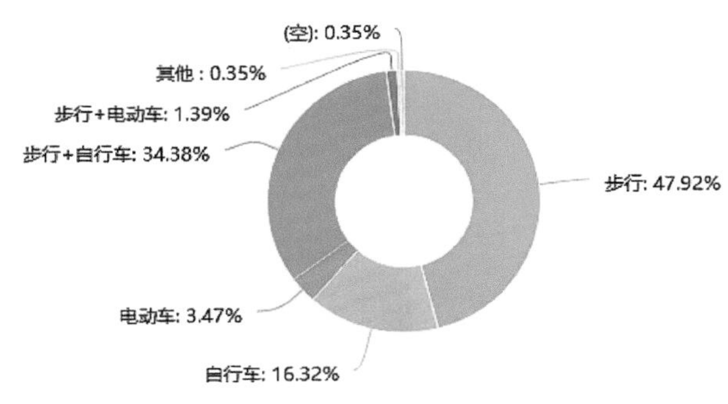

图4.6.5-3　校内交通方式接受度

满意要素，其实是由城市规划和城市——大学关系总体定位带来的城市道路穿越校园的问题，由此带来的穿越城市道路的种种不便，成为大家诟病的中心。虽然受访者对该项问题的反馈与问卷设置初衷不吻合，但所反映出来的问题，却是未来城市开放型校园交通组织所必须面对的焦点问题（见图4.6.5-4）。

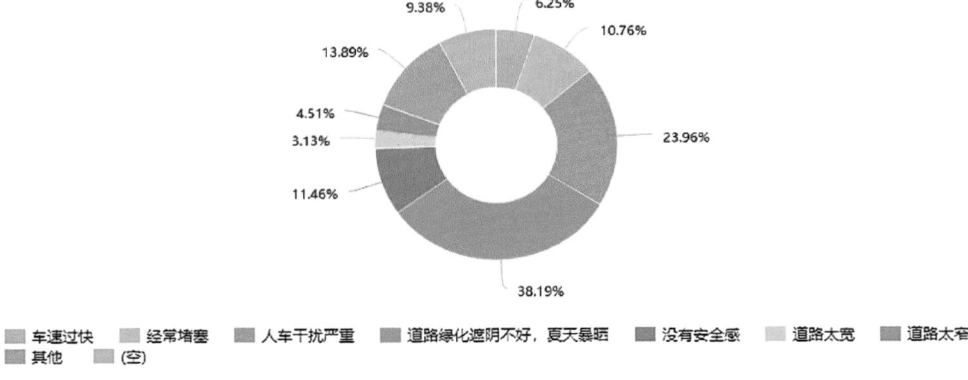

图4.6.5-4　机动车系统满意度

对于校内机动车停放，受访者表示“非常满意”和“满意”的比例超过半数，平均得分3.6也表明大家对于既有校园采用人车分流模式，机动车沿校园周边区域性集中停放的规划建设模式，还是比较认可的，部分原因也来自目前校园还未进入满负荷运转状态（见图4.6.5-5）。

对于机动车和非机动车的停放状况，受访者均表达了较高的满意度，其中对于机动车停放的满意度高达85%，说明了基于人车分流的既有静态交通规划是比较成功的（见图4.6.5-6）。

在停车面积的充裕度反馈方面，超过八成受访者认为机动车停车面积够用，而且不同群体的反馈存在较好的一致性（对机动车依赖度较高的教职工未表现出明显的评价差异）；在非机动车停车面积的充裕度反馈方面，虽然满意度略

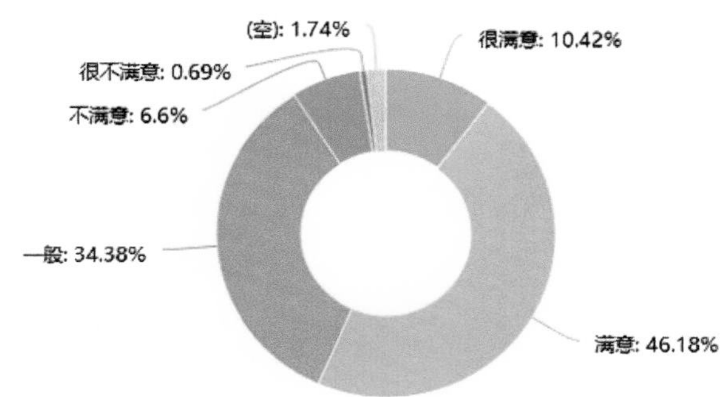

图4.6.5-5　对校内机动车停放状态的满意度评价

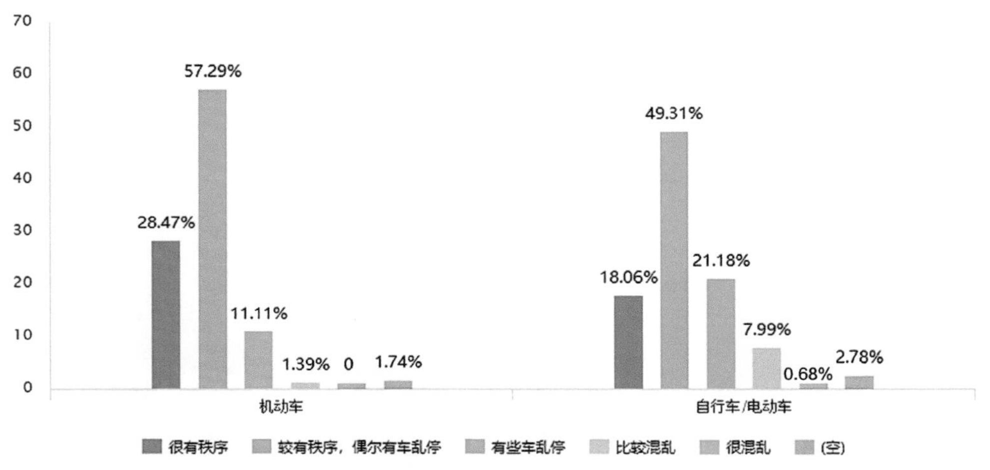

图4.6.5-6　静态交通规划满意度评价

低于机动车情形，但总体仍在满意区间，且学生与教工的意见基本一致（见图4.6.5-7）。

综合以上分析，对于新校区的机动车交通系统的设计、管理，受访者总体是满意的，最主要的意见焦点集中于：市政交通道路对校区的割裂和校园道路系统的绿化遮阴，而后者应主要与新建校区有关（植物生长需要一定的周期）。

（3）步行系统满意度

调研从步行安全性、步行便捷度、步行系统环境感受、步行系统夜间照明等方面，分析和了解受访者对既有步行系统的满意程度。

在步行安全性方面，受访者认为可以完全不担心机动车影响或影响不大的达到36%，“车多时稍微留意一下”的占比最大，达55.9%，因而可以认为大家对于步行安全性总体满意（见图4.6.5-8）。

在步行便捷度方面，认为“很方便”和“比较方便”的反馈超过58%，喜欢

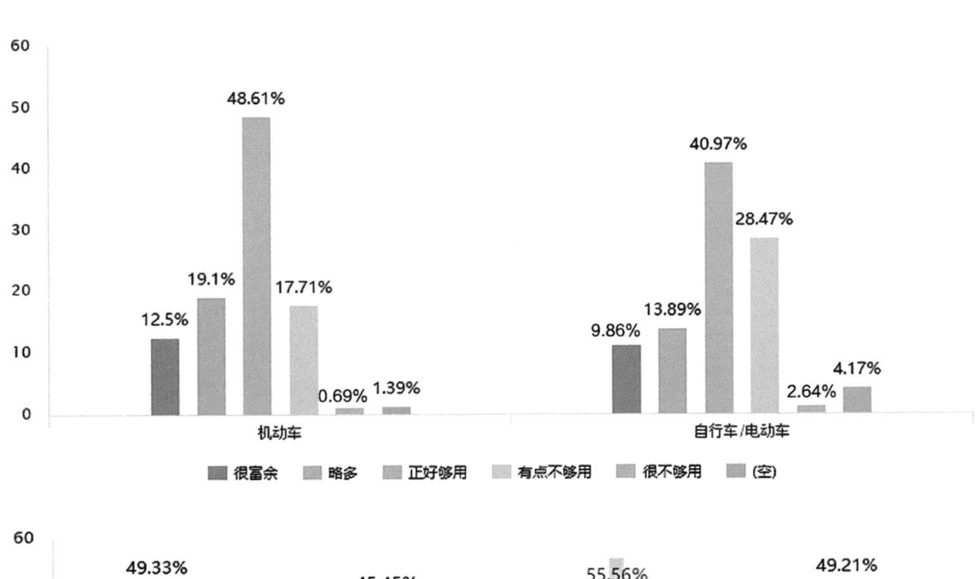

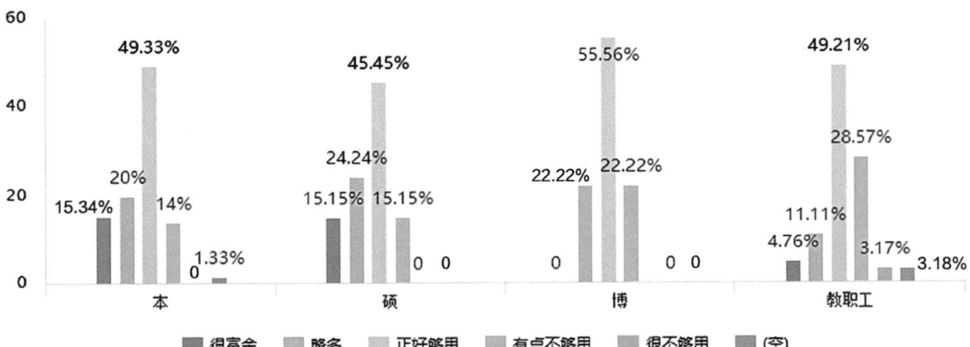

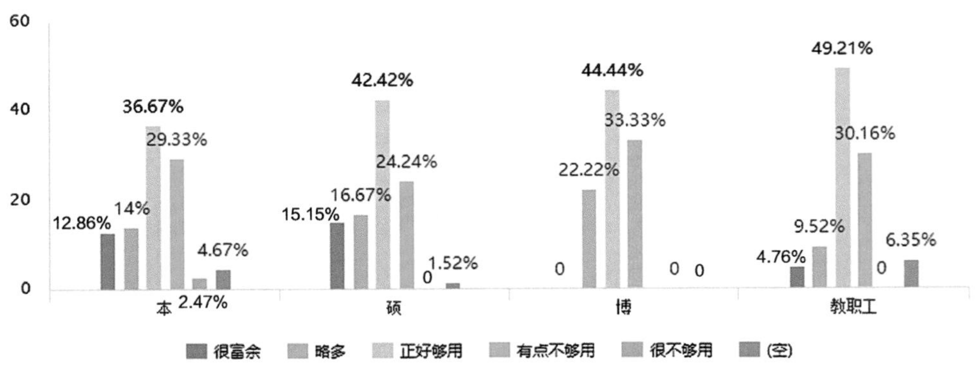

图4.6.5-7 不同群体对停车面积满意度的评价

漫步的比例也达到同样比例。而对于步行系统的夜间照明的满意度，则不是很理想，觉得“一般般”和“有点暗”的比例超过六成，平均分为2.84，偏向不满意（见图4.6.5-9）。

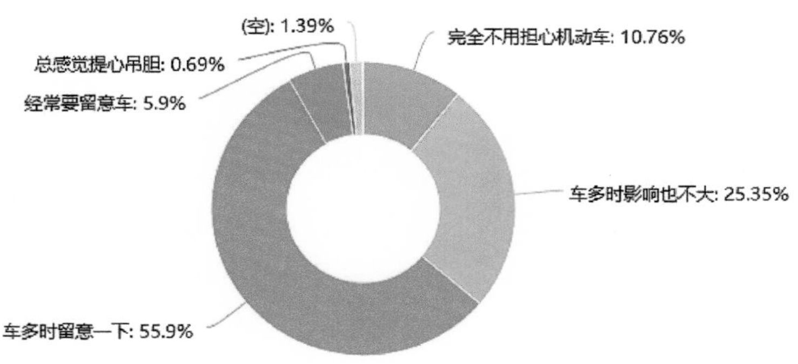

图 4.6.5-8　步行系统满意度

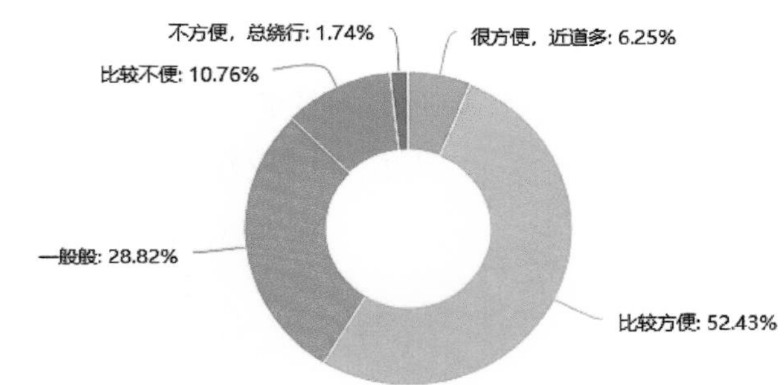

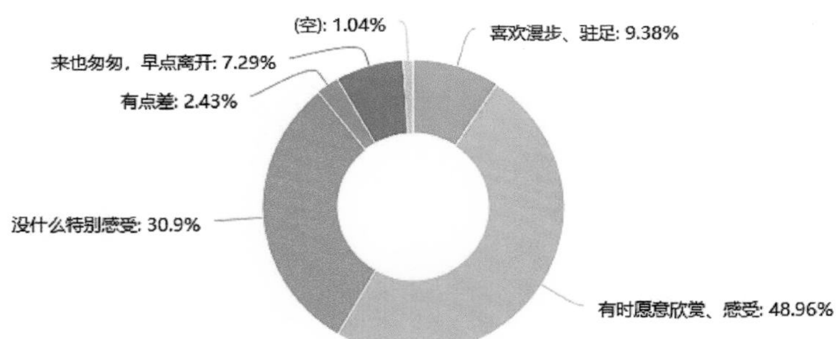

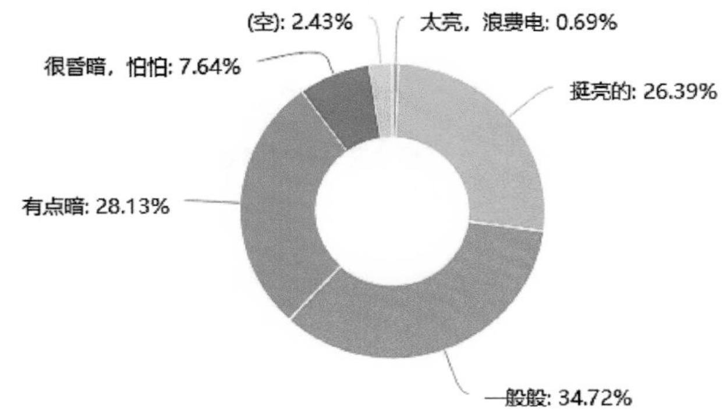

图 4.6.5-9　步行系统便捷性满意度

4.6.6 景观环境满意度分析

1.景观系统规划概况

串联被城市道路分隔的四个校园地块的是一个环形绿带系统，这构成了北理工良乡校区最具标识性的景观特征，由绿带和步行系统将北湖生态核心、公共教学区景观、南区体育活动区等绿化斑块，以及延伸到各功能组团的绿化庭院，串联成一个有机整体。校区人行道、非机动车道、广场、停车场等均设置了雨水回渗措施，北湖景观作为蓄水功能区域可进行雨水储存并用于绿化。

2.满意度

（1）绿地系统整体满意度

主要关注受访者对校园绿化层次和绿化系统的主观感受，结果现实受访者对于新校区的绿化程度较为满意（认为“很好”和“较好”的比例合计达到57%，平均得分3.64），而对于校园绿化层次的满意度不足五成，可以认为客观指标校园绿地率达到56%，满足了校园使用者对于绿地总量的要求，但要想进一步提高绿地系统的满意度，还需要在绿地系统的层次设计——包括绿地的均匀度、不同层级绿地的搭配以及绿地景观的精细化设计等方面，进行进一步的优化（见图4.6.6-1）。

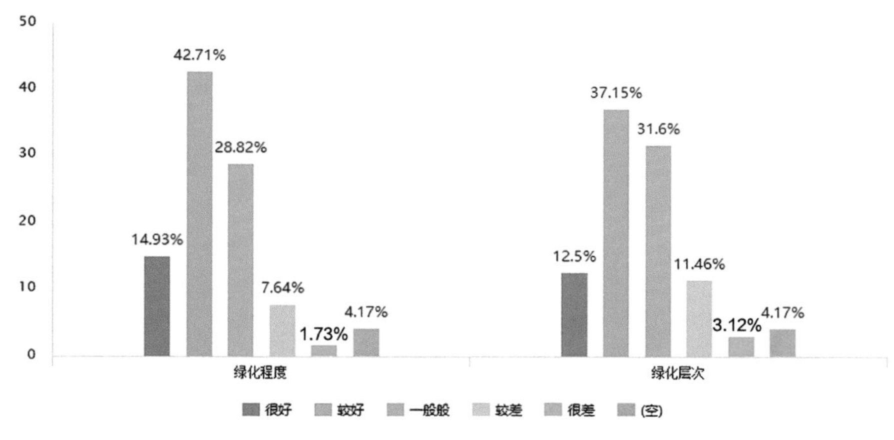

图4.6.6-1　绿地系统整体满意度

（2）景观节点满意度

课题对新校区两个最主要的景观节点——北湖及公共教学区中央庭院广场，进行了主观满意度调查，结果显示：

受访者对于北湖景观的主观满意度非常高，“非常满意”和“满意”率合计71.87%，明确表示不满意的仅有不到3%，平均得分达到3.93。改进建议中，位居前三位的分别是“水边绿化”42.36%、“水质”35.07%、“水体（水岸）形态”34.38%（见图4.6.6-2）。

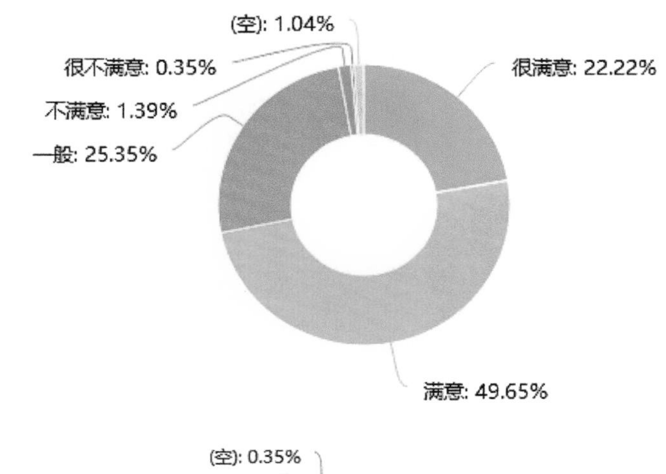

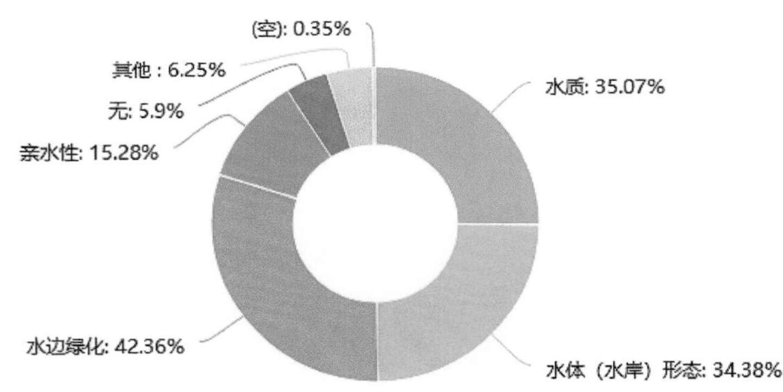

图4.6.6-2　景观节点满意度

课题还以对热岛效应的感知为指标，了解受访者对北湖生态效能的主观感受。结果显示满意度平均得分仅有2.96。仔细分析起来，原因大概主要来自绿地系统的均匀性有待提高。虽然北湖所在区域的城市热岛效应明显减弱——北区（30%）的满意度明显高于南区（13%），但是由于其偏于整个校区的北部，对于整体校园的贡献有限，加之新校区绿地植被生长还需要一定时间、校园中心区大面积集中而缺乏遮蔽的体育用地削弱了绿地系统的生态表现等因素的综合影响，使得受访者对其生态效能的感知度不强（见图4.6.6-3）。

对于公共教学区中央广场的评价，则意见相对较为分散，反馈最为集中的前五个问题分别为：“绿化太少”（28.47%）、“略显空旷”（24.31%）、“座椅太少”（22.57%）、“使用人太少”（22.22%）和“空间局促”（21.53%），而这些问题其实均可归因于：广场景观设计有待更多从人的使用和停留的角度出发，进行精细化的设计和优化。通过性别交叉分析，可以发现女性受访者更关注该广场的安全性——反馈问题前两位为“绿化太少”和“略显空旷”，而男性受访者更关注广场的可参与性——反馈问题前两位为“使用人太少”和“座椅太少”（见图4.6.6-4）。

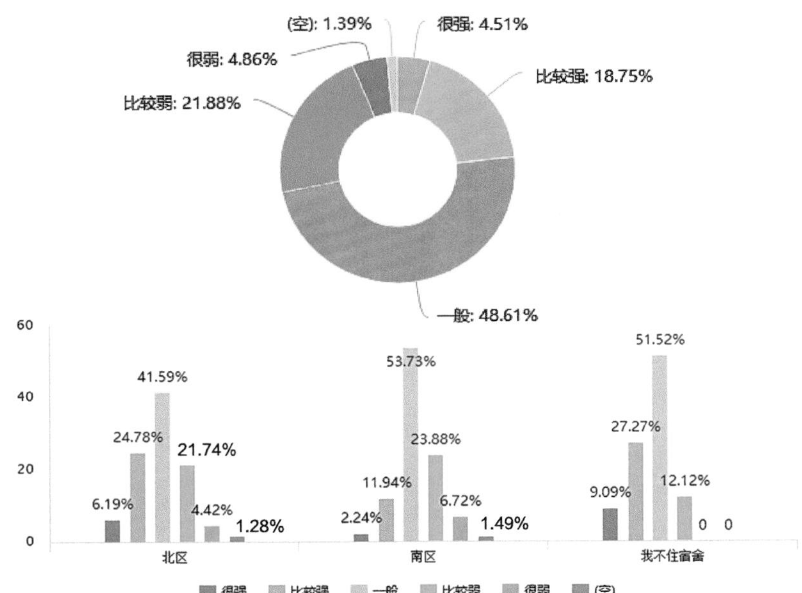

图4.6.6-3　不同区域群体对北湖生态效能的评价

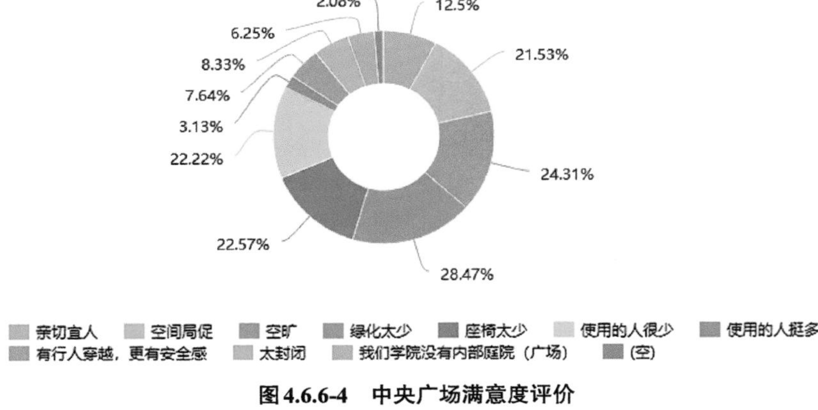

图4.6.6-4　中央广场满意度评价

综合以上分析，我们认为新校区景观环境的规划设计以56%的高绿地率指标确保了其综合满意度达到3.51，满意率将将达到五成，作为绿色校园建设的高标准而言，需要进一步在绿地的均匀度及景观设计的精细化设计（绿化遮阴、吸引人的停留等）两方面提升（见图4.6.6-5）。

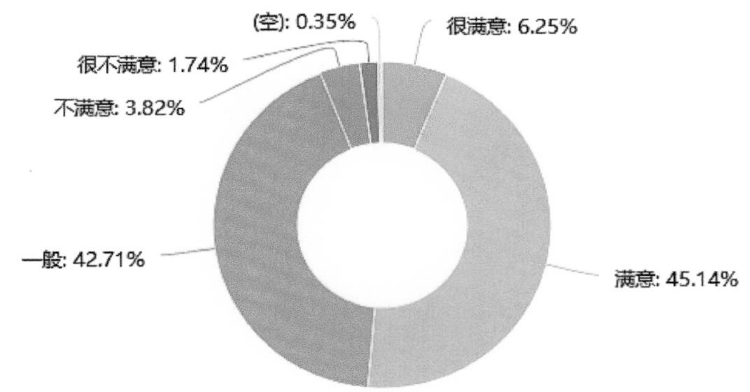

图4.6.6-5　校园绿化满意度评价

4.6.7 建筑空间与风貌满意度分析

1.建筑空间与风貌特征

良乡校区建筑以南北向布局为主，采用以功能为主导的现代主义风格手法，强调几何体型的组合与虚实对比。院系建筑形体空间围合出开敞、半开敞的内部庭院。根据北京市相关管理规定要求，所有建筑均达到北京市《绿色建筑评价标准》一星级的要求。

2.满意度

（1）校园整体建筑风格的满意度

受访者对于现代主义简约为主调的校园整体建筑风格满意度不高，平均分为3.16，满意率仅为37%，受访者认为他们心目中的绿色校园建筑风格应展现更多的绿化（53.82%）、风格更前卫和独特（43.06%）、组合更多的绿色技术（40.28%）。在最喜欢建筑风格的选择中，超过六成七的受访者选择了徐特立图书馆。从理性分析角度，作为同一建筑风格的图书馆能如此显著地在主观评价中脱颖而出，应该说主要原因在于其功能上与师生的学习、研究、生活最为密切，有着不可分割的关系。而在最不喜欢建筑风格的选择中，则选择很分散，从另一个侧面反映了受访者普遍认为校园整体建筑风格缺乏亮点（见图4.6.7-1）。

（2）校园环境性能满意度

受访者对于校园室外风环境的满意度得分为3.64，对校园环境噪声的满意度评分为3.54，加之在景观系统调研中涉及的校园热岛效应的满意度评分（得分为2.96），综合评价下来，新校区室外环境满意度由高到低的排序为：风环境、声环境和热环境（见图4.6.7-2）。

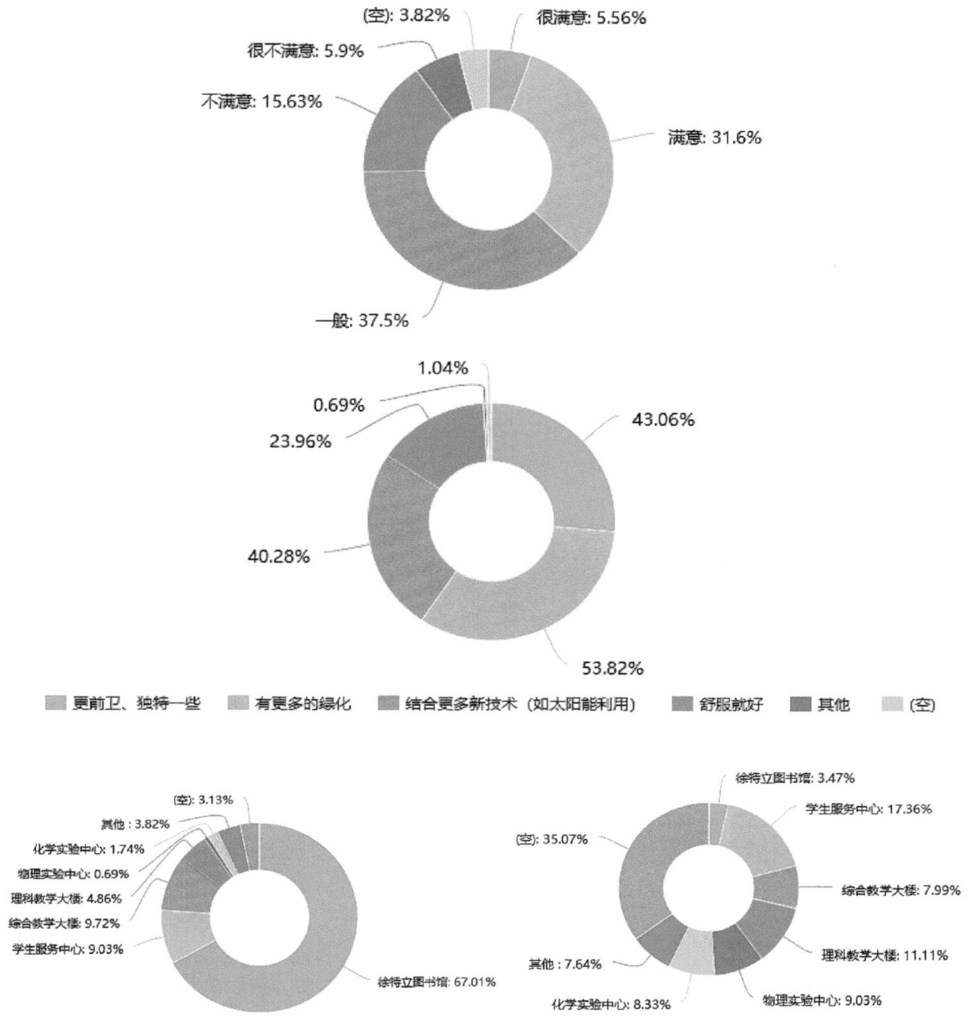

(空): 3.82%
很满意: 5.56%
很不满意: 5.9%
不满意: 15.63%
满意: 31.6%
一般: 37.5%
1.04%
0.69%
43.06%
23.96%
40.28%
53.82%
更前卫、独特一些
有更多的绿化
结合更多新技术（如太阳能利用）
舒服就好
其他
(空)
(空): 3.13%
其他 : 3.82%
化学实验中心: 1.74%
物理实验中心: 0.69%
理科教学大楼: 4.86%
综合教学大楼: 9.72%
学生服务中心: 9.03%
徐特立图书馆: 67.01%
徐特立图书馆: 3.47%
学生服务中心: 17.36%
(空): 35.07%
综合教学大楼: 7.99%
理科教学大楼: 11.11%
其他 : 7.64%
化学实验中心: 8.33%
物理实验中心: 9.03%

图 4.6.7-1　校园建筑风格满意度评价

(空): 1.39%
严重阻碍行走: 10.42%
我不清楚: 2.78%
利于行走: 2.78%
不影响行走: 31.6%
偶尔阻碍行走: 51.04%
(空): 0.35%
很满意: 8.33%
很不满意: 0.69%
不满意: 6.94%
一般: 37.85%
满意: 45.83%

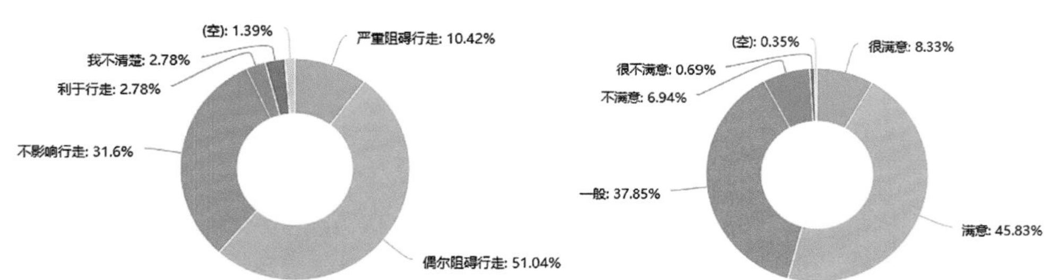

图 4.6.7-2　室外风环境、声环境满意度

（3）建筑室内环境性能满意度

42.01%受访者认为新校区建筑最需要改善的环境性能是“空气品质”，这一结果在教学用房和宿舍的反馈中基本一致。对于教学用房和宿舍而言，受访者除了急需改善空气品质外，其余希望改善的环境性能依次为：声环境、热湿环境、采光环境。行政用房的环境性能期待改善的次序略有不同，依次为：声环境、空气品质、热湿环境、采光环境，主要原因在于行政办公的人员密度较教学用房低，且普遍设置了新风系统。而采光环境的满意度较高的原因，与南北朝向为主的建筑布局以及较高的窗墙比有关（见图4.6.7-3）。

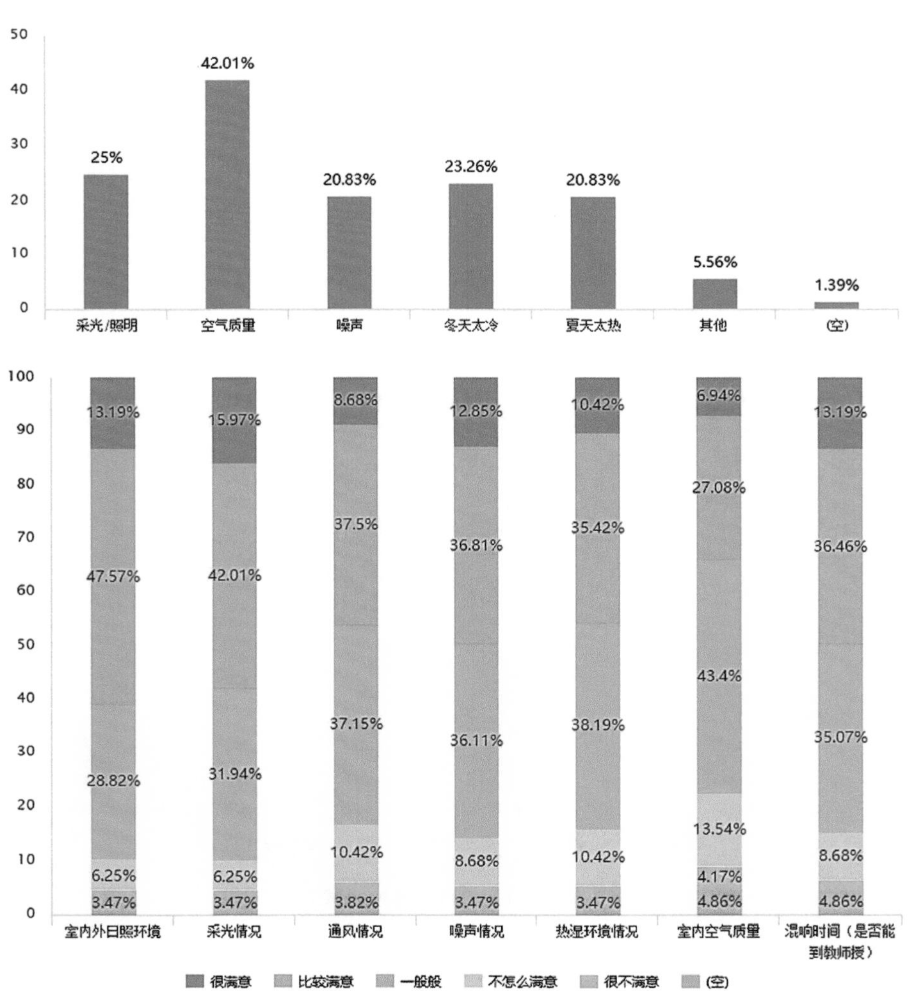

图4.6.7-3　建筑室内环境性能满意度（一）

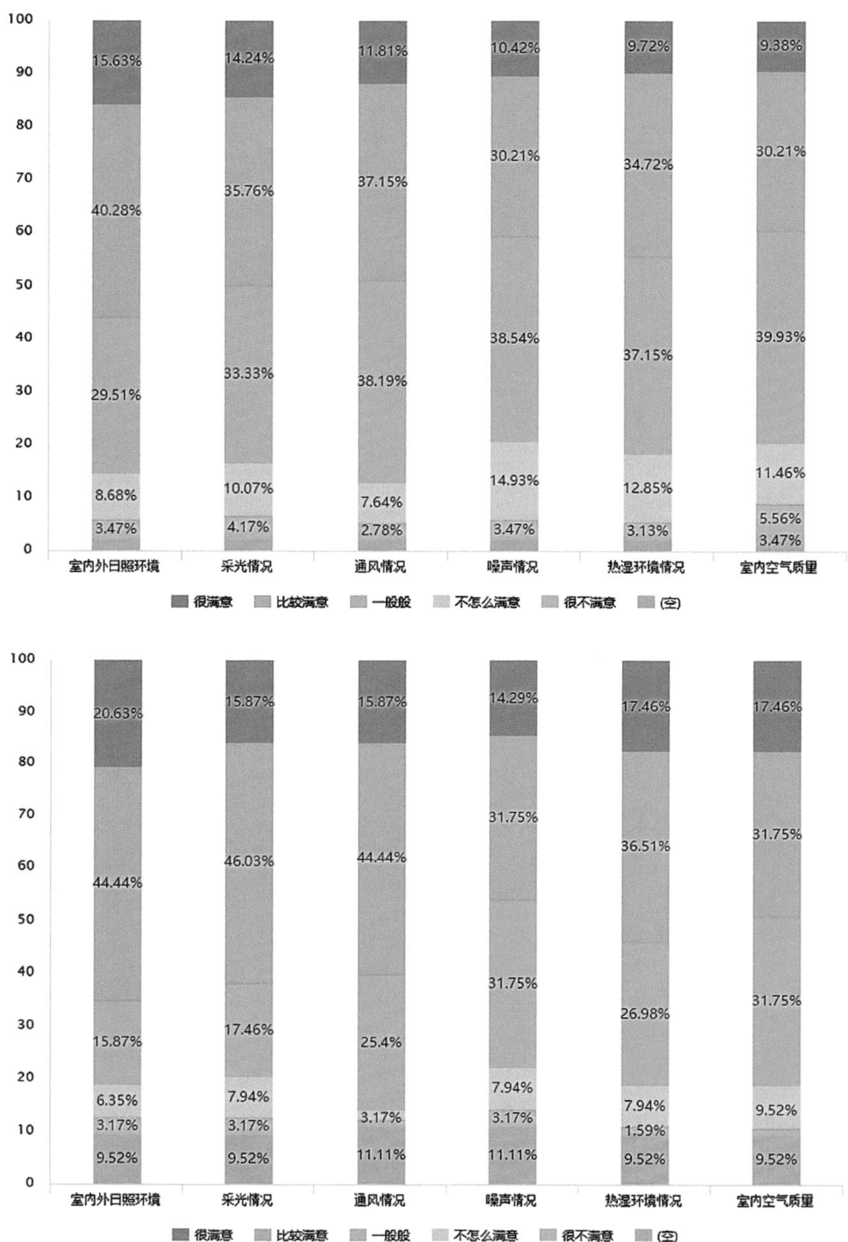

图4.6.7-3　建筑室内环境性能满意度（二）

受访者对于演艺厅、报告厅、多媒体教室等有特殊声学要求的功能房间声学质量满意度较高，满意度均接近57%（见图4.6.7-4）。

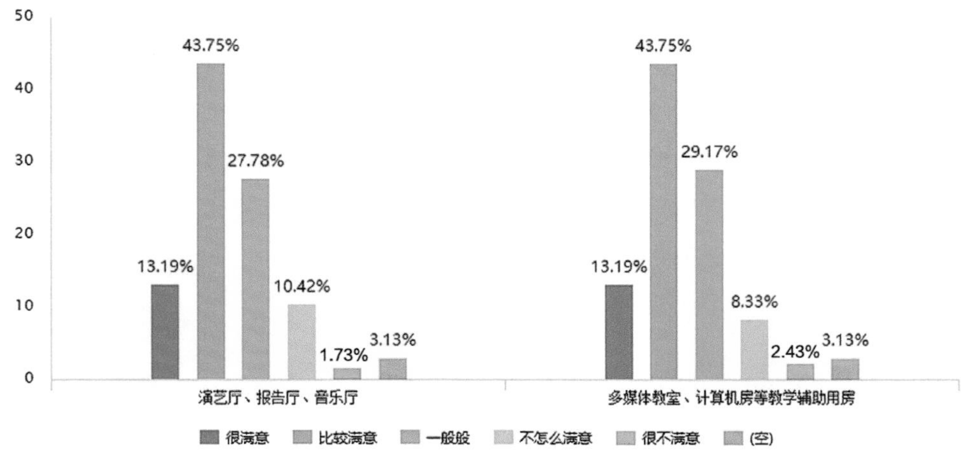

图 4.6.7-4　室内声学性能满意度

4.6.8 管理与教育满意度分析

1. 安全管理

新校区每年对于进校的约3000余名新生，均会组织应急疏散演练以及安全知识讲座，普及安全知识和安全技能。但约60.76%受访者不知道学校组织过相关演习，67.01%未参加过相关演练，62.5%表示参加过安全知识讲座，54.5%对于学校的综合安全规划表示满意。这样的结果显示，安全管理方面应在课程讲解的基础上，加强实际的安全演练（见图4.6.8-1～图4.6.8-4）。

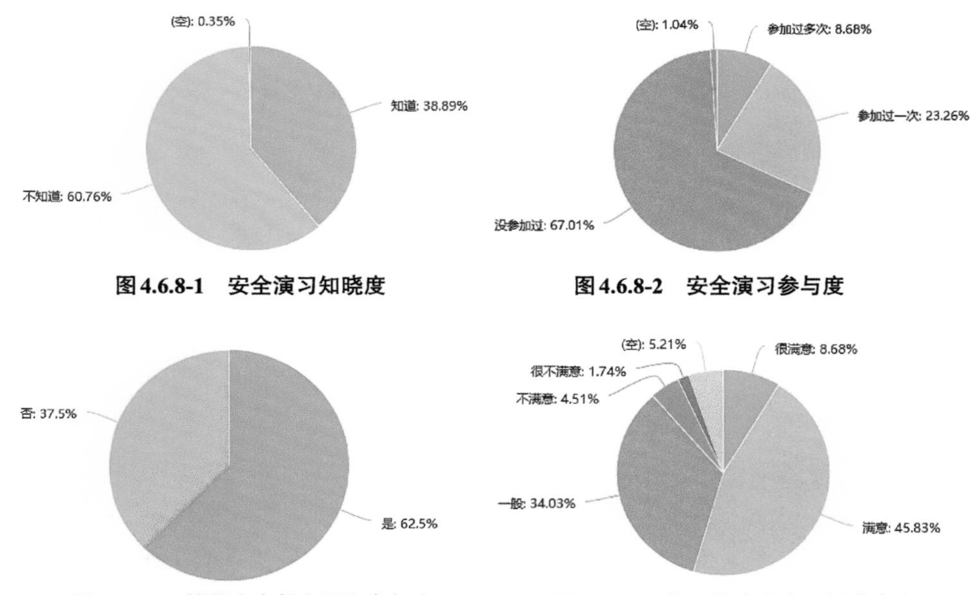

图 4.6.8-1　安全演习知晓度

图 4.6.8-2　安全演习参与度

图 4.6.8-3　校园安全教育课程参与度

图 4.6.8-4　校园综合安全规划满意度

2. 绿色宣传

课题从受访者的“校园节能活动参与度”和“绿色校园认知度”两方面，对新校区的绿色宣传效果进行评估。52.43%的受访者表示没有参加过学校相关节电、节水（例如地球一小时）等节能活动，超过半数；而不清楚或没听说过“绿色校园”概念的受访者比例达到46%（本科生的认知度最低），因而学校对于绿色理念的传播仍有待加强（见图4.6.8-5～图4.6.8-7）。

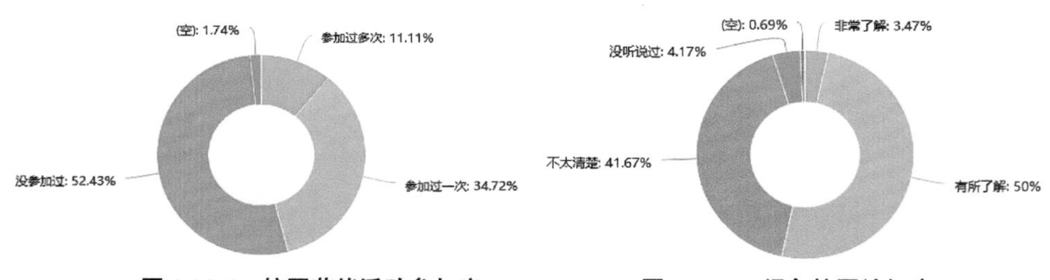

图4.6.8-5 校园节能活动参与度 **图4.6.8-6 绿色校园认知度**

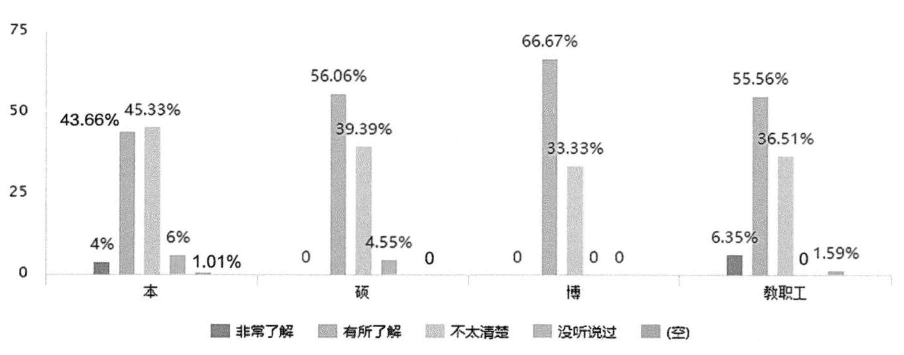

图4.6.8-7 不同群体对绿色校园概念的认知度

3. 公共卫生

受访者对校医院满意度一般，得分3.08，满意的在40%左右，不满意的约30%。而对于校园公共卫生状况的满意度则较高，满意和非常满意比例达到64%，不满意的不足7%，可以看出新校区在环境卫生管理方面的努力，得到了受访者的普遍认可（见图4.6.8-8、图4.6.8-9）。

4.6.9 综合判断分析

综合所有反馈，最终受访者对于新校区规划的综合满意度为3.23，“非常满意”和“满意”反馈占比为37%，特别是作为校园主要参与者的学生群体，大多数趋向于认为新校区表现“一般”，特色不突出（见图4.6.9-1）。

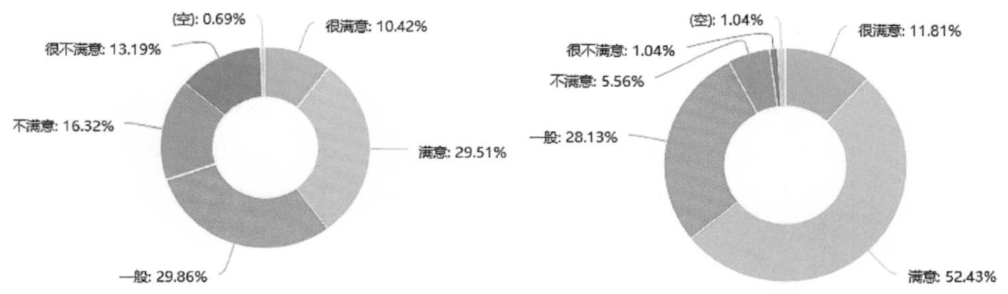

图 4.6.8-8　校医院满意度　　**图 4.6.8-9　校园公共卫生状况满意度**

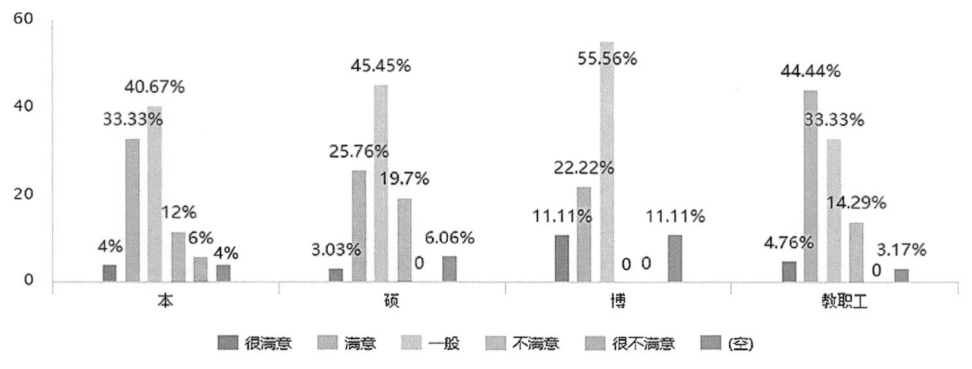

图 4.6.9-1　综合满意度

受访者同时对于“土地利用”“规划格局”“道路交通”“景观环境”“建筑空间与风貌”校园规划的五个主要板块，在校园满意度评价中的重要性进行排序。我们按照下式计算每个板块的总得分：

$$(\Sigma\ 频数 \times 权值)/本题填写人次=总得分$$

其中，权值由选项被排列的位置决定。例如有3个选项参与排序，那排在第一个位置的权值为3，第二个位置权值为2，第三个位置权值为1。

最终得分和排序情况见图4.6.9-2。

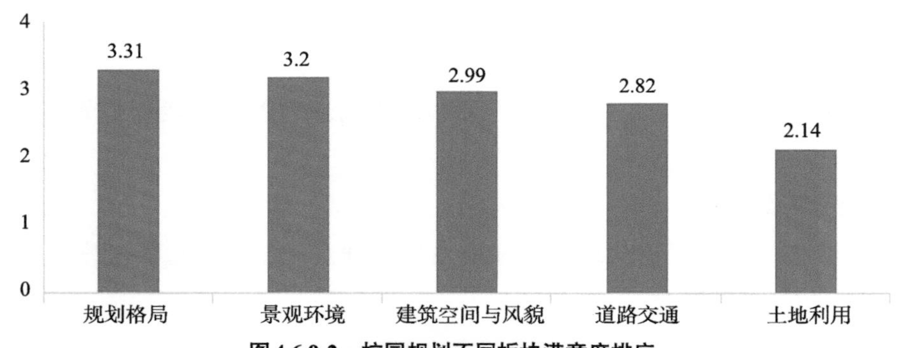

图 4.6.9-2　校园规划不同板块满意度排序

4.6.10 后评估结论

从以上对北京理工大学良乡校区问卷的反馈分析，课题组认为：对于新建校园的绿色规划和既有校园的绿色优化，除了遵循《绿色校园评价标准》所设定的与规划设计相关的各项指标和策略要求外，还应特别关注如下内容：

1.土地利用

（1）在满足国家校园相关建设标准的基础上，应重点关注各功能区之间的交通距离控制——尽量实现在步行舒适的范围内，布置生活区、教学区与体育区；

（2）应通过功能复合、精细化设计等手段，积极提升文化活动和休闲功能部分分布的均匀度及环境质量；

（3）应注重提高体育运动设施/场地，在不同组团中分布的均匀度。

*均匀度、场地设计精细化程度等指标，目前尚未纳入《绿色校园评价标准》。

2.规划布局

（1）应分别塑造校园入口、中央广场、建筑庭院、步行道空间、景观斑块、体育活动等典型校园空间节点的空间特质，形成丰富的校园空间层次；

（2）可通过关键道路（特别是步行道）、轴线、标志性景物（雕塑、建筑）等设计手法，提高校园空间的辨识度，其中标志性景物在使用者心目中的重要性，由其与校园生活的密切程度决定。

3.道路交通

（1）校园公交出行的便捷度不仅与公交线路的数量、校园与公交站点之间的连接距离有关，更与校园的区位相关。郊区型校园对公交线路数量、目的地的换乘选择性等方面，显示出比城市校园更大的依赖性；

（2）对于被市政道路穿越的校园而言，增加校园连接通道的数量是保证校园心理感受完整性的必要手段——开放性校园不应“半推半就”；

（3）组团式人车分流和控制机动车地面停车规模+集中停放的机动车交通组织模式，被证明是比较成功的；

（4）步行系统应有良好的遮阴（与绿地景观系统结合）、驻足停留节点、良好夜间照明等。

4.景观环境

（1）绿色校园除了需要较高的绿地总量基础，更需要提高绿地分布的均匀度、绿地的生态性能与使用效率；

（2）校园公共广场空间应注意提高场地遮阴比例，通过植被、座椅、活动场地的设置，提高场地的可停留性；

（3）应提高道路（特别是步行道）沿线的遮阴水平；

（4）校园景观在实现传统的视觉观赏功能外，更应丰富其生态内涵，在降低城市热岛效应、雨水调蓄等方面，发挥更积极作用。

5.建筑空间与风貌

（1）绿色校园的建筑风格应具有丰富的内涵，内涵的构成要素包括：校园文化的传承、区域文脉的延续、创新理念的彰显等；

（2）校园室外环境性能的优化应根据所在区域的气候特征，有针对性地提出应对策略（如严寒、寒冷地区，冬季风环境优化应优先考虑；夏热冬冷地区则需要平衡考虑场地风环境和热环境；夏热冬暖地区应关注如何通过通风与遮阴，缓解区域城市热岛强度）；

（3）室内空气质量是目前学校教学和居住建筑中满意度最低的室内性能；

（4）教学用房的声环境质量应纳入设计校验。

第五章

面向未来的大学校园规划之更加包容安全的健康校园规划

5.1 通用理念指导下的融合校园规划

5.1.1 融合校园理念

“融合”之于校园具有多重含义，它既包括空间尺度上的城市、社区与校园的融合，也包括时间尺度上的历史、今天与未来文化的融合，还包括功能尺度上的不同学科与专业之间的融合。融合校园的核心是“以人为本”，即以参与到校园学习生活中的所有人的需求为出发点，将空间、技术、设施、设备、材料、景观等诸要素，以“通用设计”和“多适空间”为方法论支撑，构建形成的具有最大限度普惠、包容特征的全龄、全时友好校园。融合校园既可以通过通用设计带来更高的空间利用效率，减少污染和排放，更可以令知识资源惠及更大范围的社会人群，反之助力教育、科研、创新效果的生发，更好地实现校园的教育目标与功能。

1.通用设计

根据center for universal design给“通用设计”下的定义，通用设计是无须改良或特别设计就能在最大可能的程度上为所有人使用的产品或环境。20世纪80年代，以Ron Mace为首的一批先驱者不仅首先开始使用和实践“通用设计”概念，并且试图针对上述其他设计提出自己的定义，以评估和指导设计过程，并就产品和环境的多用途性对设计师和消费者进行教育。20世纪90年代中期，一批由建筑师、产品设计师、工程师和环境设计研究人员组成的小组为“通用设计”制定了如下原则：

（1）使用的公平性（equitable use）

设计应对能力各异的人们都有可能使用，都有较高的市场性，任何人都可以容易地获得。

尽可能使所有的使用者用相同的操作方法，不可能时也要用相对平等的方法。

不能将某类使用者区别对待或者具排他性。

对所有使用者的隐私性、安全性、人身安全应一视同仁。

对所有的使用者都富有魅力的设计。

（2）使用的灵活性（flexibility in use）

设计应能广泛地适应不同使用对象的爱好和能力。

给出可供选择的使用方法。

尽量使左手和右手都能用。

设计应能增加使用者的准确性与精确度。

设计应尽量适应不同使用者的使用步调。除非是极其专业的工具，一般要设计成可适用于不同环境和不同人群的样式与结构。

（3）简单直观性（simple and institute use）

不论使用者的经验、知识、语言能力和目前的专注程度如何，使用方法都应简单易懂。

①应避免不必要的复杂性；

②符合使用者的预想与直觉；

③能应对使用者不同的文化素养和语言能力；

④根据信息的重要性对其作适当的排序；

⑤在操作过程中及操作完成后，提供适当的指示或者反馈。

（4）信息认知的容易性（perceptible information）

不论环境条件及使用者的感官能力如何，设计都能向使用者有效地传达必要的信息。

①采用图形、文字、语音、触觉等多种方式传达必要的信息；

②将必要信息与其他要素及周围环境作适当的对比，以使之明确；

③拆解导引步骤、分段解说，让使用者易于了解其使用模式；

④视觉或听觉等感官存在障碍的人有通常使用的技术或者装置，应考虑到对这些技术或者装置的包容性及与之的互换性。

（5）容错性（tolerance for error）

设计应尽量将因事故及意外或非故意动作导致的负面后果或者危险性降到最小。

①为使危险和错误最小化，要注意设计要素的布置。越常用的要素要布置得最易接近，有危险性的要素要予以排除、隔离或者屏蔽；

②要设置万一操作失败时的安全对策和应对对策；

③力求在无意识的状态下不执行需要注意的操作。

（6）低体力消耗（不勉强就可以做到）（low physical effort）使用起来应该高效、舒适、不费力、不易疲劳。

①使用者保持自然姿势即可操作；

②不需勉强的力即可操作；

③降低无效的重复性动作；

④尽量减少静态施力。

（7）舒畅的使用尺寸和空间、可接近（size and space for approach and use）能为任何身体尺寸、姿势和行动能力的人提供靠近和使用的适当空间和尺寸。

①不管坐着还是站着都能看到主要的内容；

②不管坐着还是站着，在操作时手都能够轻松地触及必要的部位；

③对不同大小及抓握能力的手都能够对应；

④提供充足的空间让残障者使用辅具或者护理人员。

2. 多适空间

"多适空间"最早是用来描述同一建筑空间可以在不同阶段作为集会场所、节日礼堂以及演出剧场等功能的多功能厅建筑。建筑师赫曼·赫茨伯格（Herman Hertzberger）在他位于荷兰代尔夫特的Diagoon住宅（1971）中首次引入了此概念。"多适空间"旨在不改变建筑结构体系和内部空间前提下，通过调整不同功能空间的位置与联系，或通过空间简单的分隅和家具的布置来实现建筑空间功能的变化，从而满足使用者对于空间规模的需求，其技术的要求一般较低。

灵活可变性是"多适空间"的重要特点，即通过对空间灵活的组合与划分来为建筑空间在后续的使用中提供可变的潜力，并为建筑未来的空间功能转化创造有利的条件及依据。建筑空间灵活可变性的达成，往往需要对隔墙甚至管线系统进行调整其技术的要求较高，但是这种改变能够确保建筑得以适应使用者对于建筑空间的需求，而建筑的使用寿命也可以因此而延长。

层次划分、模数协调和用户参与是构建"多适空间"常用的三种策略。

5.1.2 西湖大学无障碍校园规划

西湖大学是在浙江省、杭州市和西湖区政府的支持下，一所社会力量举办、国家重点支持的非营利性的新型研究型高等学校，以小而精的模式，致力于创建一所新型民办的世界一流研究型大学；致力于高等教育和学术研究，培养复合型拔尖创新人才。

西湖大学云谷校区位于西湖区三墩双桥区块，东临三墩双桥小学，西靠云涛北路，南至规划墩余路，北侧为预留用地。校区总用地面积634亩（一期），总建筑面积45.6万平方米（一期），其中地上建筑面积为32.1万平方米，地下建筑面积为13.5万平方米。校园规划包括生命科学楼、基础医学楼、动物实验中心、理学楼、工学楼、学术会堂、学术交流中心、行政办公楼、科研公共平台、教师食堂、学生食堂、各类师生公寓等建筑单体，并配建体育活动场所、室外道路、景观绿化、综合管廊、师生活动区等室外工程。

整体校园规划呈放射状布置，各功能区块环环相扣。以教学科研功能为主的学术环占据学校地理位置中心，为师生提供便利交通的同时，成为整体规划的核心。环绕水系及景观围绕其外，成为校园规划的一道景观带，即生态环。生态环中的自然景观将学术区块与生活区块连接起来，成为校园靓丽的风景长廊。生态环外是校园规划的生活环。生活环区域是承载师生生活功能的主要区域，包含各类师生公寓、食堂及运动场所等功能。环状规划递进布置保证师生最便捷地在休闲生活与科研生活之间转换（见图 5.1.2-1）。

图 5.1.2-1　西湖大学核心建筑群

在现今强调“融合教育”的教育思潮中，建立友善的无障碍环境不再只是特殊学校的责任，普通学校也应以通用和包容的理念考量校园障碍者的使用需求，提供相关的无障碍环境设施、教学设备等服务，使之享受到应有的权益和义务，以达到“无障碍”的理想境界。

西湖大学校园无障碍环境的优化设计，旨在构建一个各类人群：即残障人士、老年人、儿童、孕妇、病弱人士和存在语言沟通障碍的外国人等不同人群可以安心，使用步行、自行车、轮椅、汽车等各种方式，在校园内安全、顺畅地出行；创建一个能够提供公平教育（融合教育）、自由学习和工作、开放包容的校园环境，彰显西湖大学的人文关怀理念，提升广大师生对包容性社会理念的思想认识，助推融合开放的一流校园环境建设，打造“国际化高等学府”。

西湖大学的校园无障碍规划充分借鉴国际名校在无障碍建设方面的成熟经验、先进举措，对标国外的无障碍技术规范，把握国际无障碍领域的前沿动向，以“协和共享、多元包容、以人为本、畅行易用、国际视野、融合教育、科技创新、智慧校园”的设计理念，实现通用性设计、包容性设计、人性化设计、可达性设计，进而提供满足所有人需求的教育环境。西湖大学校园无障碍规划设计的特色主要体现在以下两个方面：

1. 无障碍路线

西湖大学校内空间的无障碍路径结合场地高差及景观设计，形成了一条校内无障碍园路，校园内各类室外活动场地（绿荫空间、健身空间和休憩空间等）可无障碍通行到达。无障碍园路连接了校内主要景观节点，形成环路；不能形成环路时，采用了便于折返的设计。无障碍路线每隔50米设置1处休憩的场所和休息座椅；座椅有靠背和扶手并设置在通道外，座椅处留有轮椅停放空间。垃圾桶、座椅等设置在无障碍路线的通道外，标识物、垃圾桶、座椅、灯柱等设置位置不妨碍行动受限人员的独立通行。无障碍路线沿途设有连贯的无障碍引导标识，主要建筑物、构筑物、植物树木和艺术小品等处的介绍说明为低位标牌，便于坐姿阅读，主要信息配备盲文说明（见图5.1.2-2、图5.1.2-3）。

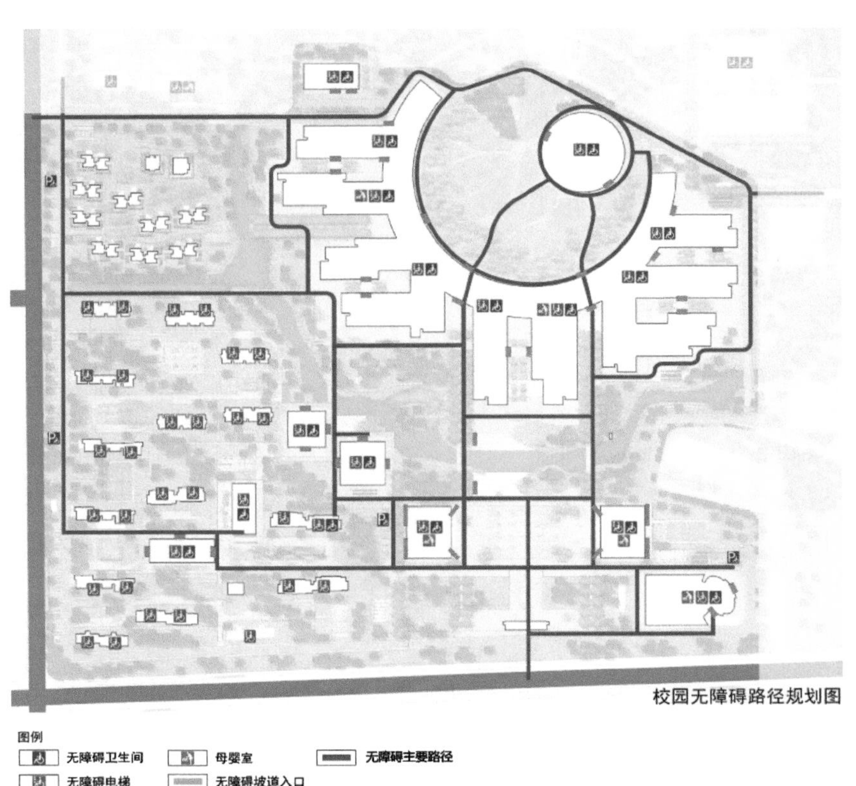

图5.1.2-2　校园无障碍路径规划图

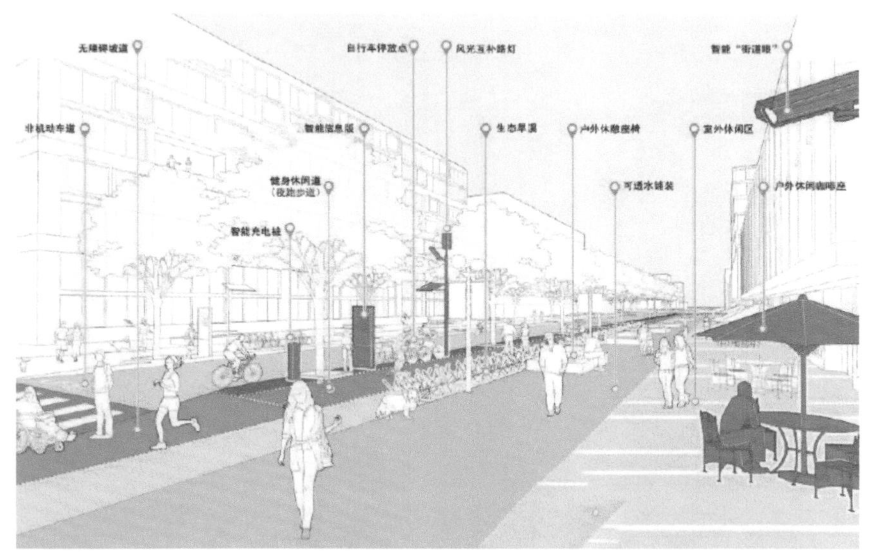

图 5.1.2-3　校园信息无障碍路径场景

校园中心地块向外通过多座人行桥连接，桥面与路面、广场衔接处无高差，桥面平整、不积水。桥面通行宽度不小于1.8米，方便两位坐轮椅的人通行。桥两侧设置扶手，栏板高度在保证行人安全的前提下，采用了更为通透的形式，不阻挡站立和乘轮椅者的视线。为丰富校园环境，还设计了平拱结合的人行桥，行人感受更加趣味多样（见图5.1.2-4）。

2. 滨水空间

校园内滨水空间的无障碍游览路线与滨水岸线（栈道）的主要游览场所无障碍连接，并保证了轮椅与单列行人错行的通行宽度和相应的通行要求。滨水空间休息区等靠近水体或有高差的景点，均设置了挡台、栏杆扶手等安全防范措施，减少滑倒跌落带来的危险，并设置了适当的安全停留空间。所有高差处均设置了无障碍坡道，台阶起止处有提示盲道（见图5.1.2-5）。

3. 康复花园

康复花园是能促进和调节免疫功能、改善神经系统功能的空间体验体系。研究表明，植物对人体可产生很积极的作用，可以对机体产生镇静作用，有助于缓解心理压力，恢复精神状态。西湖大学校园规划设计中，在公共建筑区设置办公、科研区康复花园，在公寓区宿舍区设置生活区康复花园，使在校不同人群工作生活之余感受放松的环境。

康复花园设计利用视、听、嗅、味、触5种感观建立复合的植物感知体系，打造适宜尺度的不同空间组合与连贯的植物色彩、气味、造型，增加人与人之间

图5.1.2-4　校园平拱结合步行桥

图5.1.2-5 校园滨水空间无障碍设计

的情感与沟通。植物选择遵循易栽活、色彩鲜艳、无毒性、繁殖或取材容易、易开花或结果、具有欣赏期较长、维护管理容易等原则。校内健身区与康复花园相结合，使运动健身与散步休憩有机结合（见图5.1.2-6）。

4.校园生活场所

在校园内教师、学生生活区尽可能多地提供了架空空间，作为可供遮阳挡雨的活动场所。架空层与室外地面无障碍衔接，并设置了各项方便日常生活的设施（见图5.1.2-7）。

校园生活场所中的休闲空间节点，不仅提供休憩的功能，也考虑了健全使用者和老人、儿童的方便性，室外活动场地的休息座椅尺度、撑扶设施和材质也符合通用设计要求。校园内设置了一条完整的慢行道路，可满足师生跑步、慢行等需求，慢行道路与休憩空间相结合，方便漫步者休息。慢行道路还设置

图 5.1.2-6　校园康复花园无障碍设计

图5.1.2-7 生活区域无障碍设计

了夜间照明，并保证了照明的连续性以及无障碍引导标识的可视性（见图5.1.2-8、图5.1.2-9）。

5.校园公共设施

西湖大学的校园公共设施也处处体现了通用设计原则。校园公共设施间距不超过100米，室外家具沿主要步行道、人流集中的活动区布置，并遵循与景观场地相结合、无棱角、适应多种人群需要的原则。校园室外休息区均设置了高低位直饮水，满足师生室外活动需求和便利。校园室外

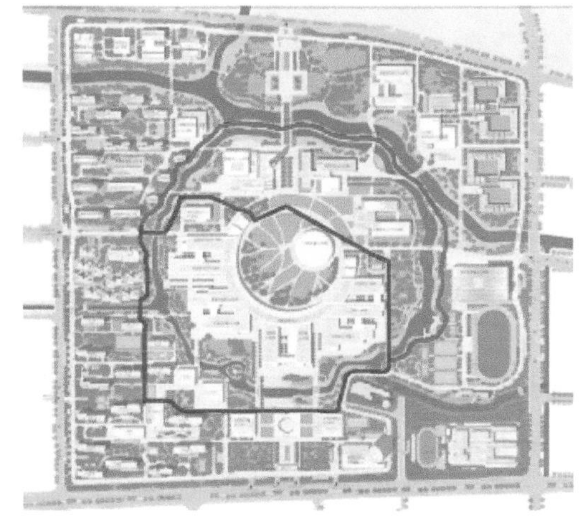

图5.1.2-8 校园慢行步道规划

图5.1.2-9　慢行步道无障碍设计

活动的交通节点设置了无障碍电子求助装置。结合景观规划合理设置雕塑以及艺术化的景观小品，提升整个景观环境的文化气质，满足人群对于环境艺术品位的追求（见图5.1.2-10）。

室外家具

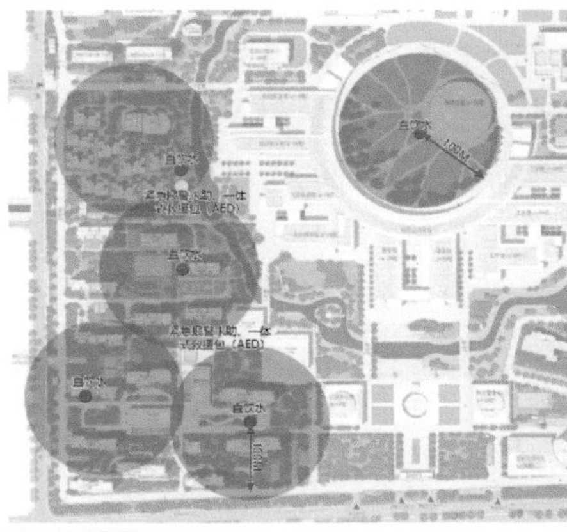

校园公共设施规划图

高低位直饮水意向图

室外无障碍电子求助装置

图 5.1.2-10　校园景观环境无障碍设计

5.1.3 西安交通大学创新港校区“多适空间”设计

“十三五”期间，西安交通大学紧紧围绕国家发展目标，服务国家建设，加快建设世界一流大学步伐，为国家迈进创新型国家和人才强国行列、实现教育现代化和现代大学制度建设做出应有的贡献。为破解发展难题，厚植发展优势，实现发展目标，学校牢固树立和贯彻落实五大发展理念：贯彻“创新”理念，增强发展动力；贯彻“协调”理念，推进统筹发展；贯彻“绿色”理念，增强可持续活力；贯彻“开放”理念，提升国际影响力；贯彻“共享”理念，体现师生主体地位。

创新港校区按照“国家使命担当、服务陕西引擎、创新驱动平台、科研教学高地、智慧学镇示范”的定位，紧密围绕国家战略目标，加强顶层设计，优化学科结构，推进学科交叉，构建基础科学、工程技术、生命医学和人文社科四大学科板块，建设符合创新规律、体现区域特色、实施分类管理的高水平研究院和一批研究中心（所）。创新港涵盖优质教育、高端科研、产业承载、创新创业、与综合配套等内容，通过建设“创新能力突出、科教特色明显、国际交流广泛、公共服务完善”的现代国际化智慧学镇，成为转化科教优势、建设创新陕西的重要载体。

港是开放的，创新港乃科技资源“吞吐”之港。“吞”即借鉴国内外先进经验与模式，整合创新资源，吸引海内外科技资源和人才，进行科学实验、技术成果转化及创新；“吐”则是发挥自主创新能力，将优质的科技成果、创新产品、高素质人才等源源不断地向社会输出。创新港内将建设完成28个研究院（中心）、29个国家级科研基地、38个人文社科智库、122个省部级重点科研基地、30个博士后科研流动站和6个大型仪器设备公共平台，最终将创新港建设成为世界科学研究的中国特区、人才培养和集聚的国际高地、国际化产学研协同创新基地、高新技术企业成长的丝路硅谷、新型城镇化的西部样板、科技教育资源统筹的示范城区。

创新港北临渭河，位于新西宝高速线以北与新河三角洲交汇区域，规划建设面积约3平方公里。渭河、新河交织使创新港具备得天独厚的生态环境和优良的区位价值。公路、轨道、民航相互交融的大交通格局，为创新港搭建了功能完善的现代化综合运输体系，全面提升了创新港的辐射能力。

创新港核心区用地规模5000余亩，总建筑面积约360万平方米，总投资约200亿元。共包含四大板块：科研板块，约1000亩，围绕理工文医四大板块布局建设一批研究院及研究所（中心）；教育板块，约750亩，容纳约12000余名研究生、近1000名留学生、50000名高素质人才；转孵化板块，约900亩，包含孵化器、加速器、中试厂房、联合实验室、服务设施及机构等；综合服务配套板块，约1720亩，包含中学、小学、幼儿园、医院和医养社区、配套商业、专家公寓、文化体育设施等。一期主要建设科研、教育相关建筑52栋，占地约1625亩，总建筑面积160万平方米。二期主要建设中国西部先进核能技术研究院、文化图书中心等，占地约625亩，总建筑面积约40万平方米（见图5.1.3-1～图5.1.3-3）。

创新港的规划建设充分体现了学校发展的新要求，探索了新时代高校校园规划的新范式，主要特色如下：

图5.1.3-1 创新港校区整体鸟瞰图

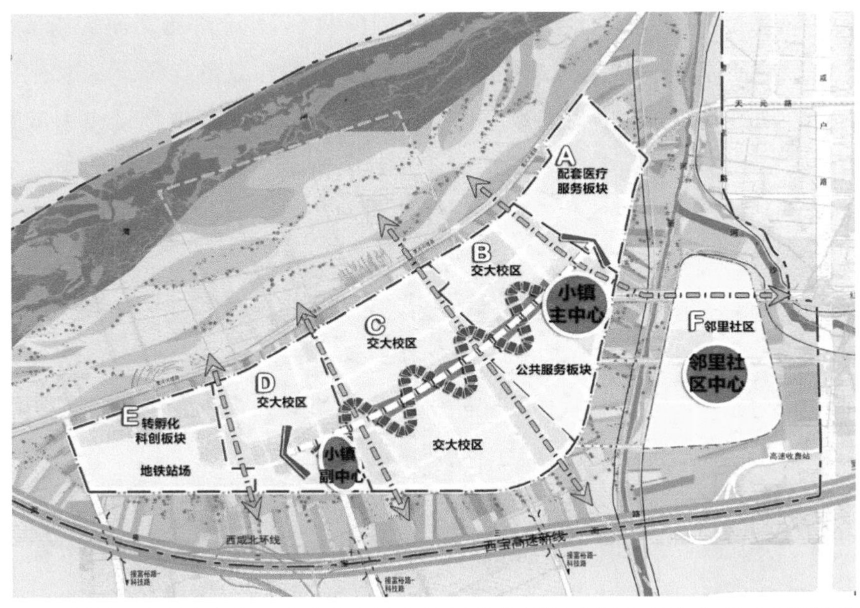

图 5.1.3-2　创新港校区功能布局规划

图 5.1.3-3　创新港校区分期建设规划

1. 科教融合的巨构布局

创新港规划之初，科研院所的建设需求不明确，无法提供完善的设计要求，如何建设科研空间成了难题。项目建设时间紧任务重，经过学校与设计单位的反复沟通和探讨，最终提出了“巨构”模式，通过建设大型科研综合体，预留标准化的空间和管廊，以楼内空间的灵活切割来应对后期不同的使用需求。当前，很多学校在建设新校区的过程中，使用者难以提出合适的设计要求，这种通用型的设计方式是很好的解决方案。但需要注意的是，不同使用者进入后均需进行装修改造，学校需对相关资金和管理做好统筹（见图5.1.3-4、图5.1.3-5）。

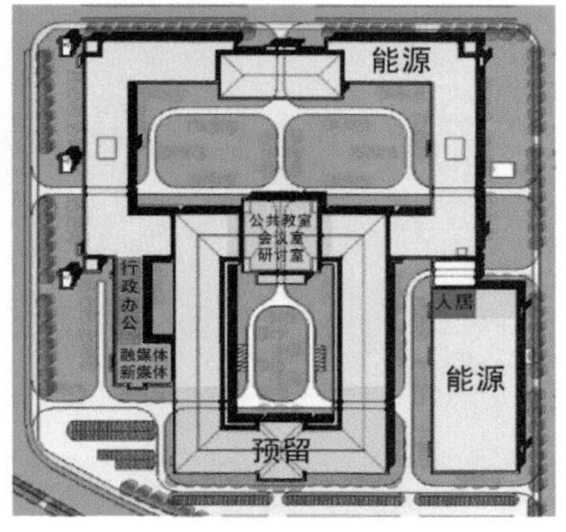

图5.1.3-4　创新港校区巨构单元1

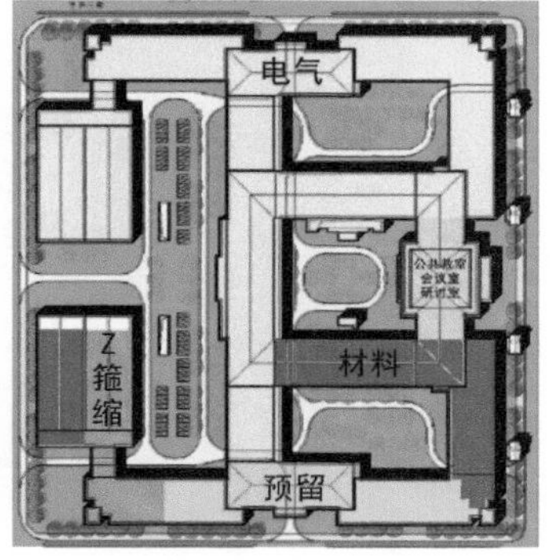

图5.1.3-5　创新港校区巨构单元2

2. 绿色智慧格局

创新港融入海绵城市、绿色建筑、装配式建筑、立体绿化、分布式能源等技术，建设集教育、科研、创业、生活为一体的智慧学镇，打造生态优先的绿色格局。创新港中的科研巨构均设计了屋顶绿化，打造了一个可供师生休憩的“空中花园”（见图5.1.3-6）。

图 5.1.3-6　创新港校区建筑屋顶绿化

3. 人文开放校园

创新港建筑传承交大文脉，以中轴线对称为布局，以坡屋顶的红色为色基，“饮水思源”的交大传统在创新港建筑中得到淋漓尽致的体现（见图 5.1.3-7）。

图 5.1.3-7　创新港校区景观设计

创新港打破大学与社会的壁垒，与城市完美融合，校园不设置围墙，打造了“没有围墙的大学”，充分融入社会发展（见图 5.1.3-8）。

图5.1.3-8 创新港校区与城市的融合关系

5.2 后疫情时代的安全防疫校园规划

5.2.1 新冠肺炎疫情带给校园空间的新挑战与新问题

突如其来的新冠肺炎疫情使得各地校园的管理，均针对疫情防控的要求进行了升级。与日益精细化的管理措施相配合，各级校园的物理空间也正根据疫情防控的要求，做出适时的调整。如分区管理、分时控制、密度调整等空间应对策略，均在一定程度上较好地适应了疫情防控对于切断传播途径、降低传染风险的要求，但同时也引发了我们有关如何更好提升校园空间安全防疫水平的思考。安全防疫对校园空间提出的新挑战包括如下方面：

1. 校园功能布局如何能确保其在突发隔离状态下的自维持能力

首先是在安全防疫状态下，传统功能分区思想指导下形成的校园生活区、教学区、科研区、办公区等区域的隔离度被进一步加剧。单从校园生活层面看，过分集中的大型综合化生活服务设施不得不需要执行类似分区分时控制等临时管控策略，一定程度上增加了管理难度和管控人员需求（见图5.2.1-1）。

与此同时，在疫情的“安全岛”状态，校园日常物资的补给、废弃物排放、快递的接收与投送、校园分担城市防疫压力等方面，既有校园空间普遍存在因陋就简的问题（见图5.2.1-2）。

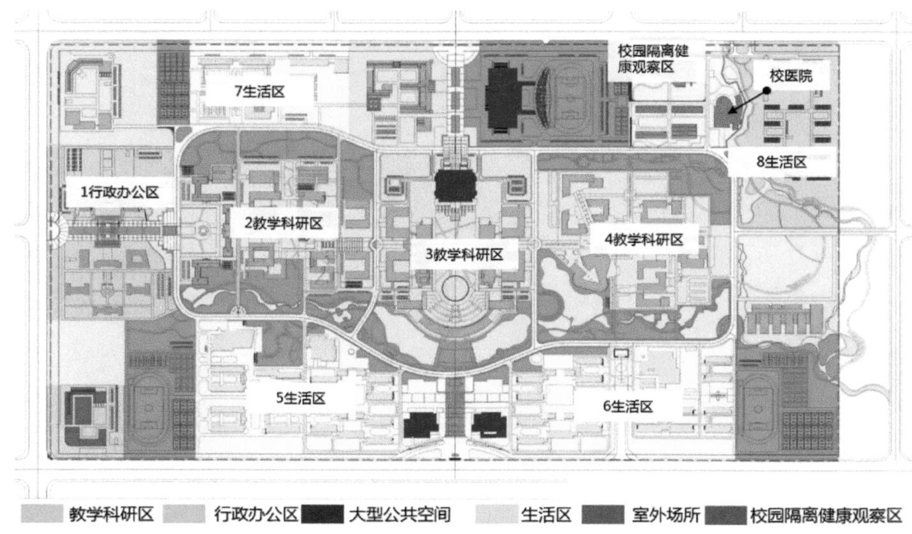

图 5.2.1-1　校园防疫分区规划

图 5.2.1-2　校园入口防疫控制节点

另外，安全防疫期间，在校园主要出入口设置的临时防疫检查点、控制点的空间需求，以及由此带来的管控人员的工作环境健康性与舒适性等问题，是既有校园空间规划的空白点，在全民感动于管控人员辛勤付出的同时，校园出入口空间的缓冲设置、应急空间需求及其安全与健康需求的满足，都应该成为未来校园空间规划应予考虑并解决的问题。

2. 面对突发疫情时，校园交通系统是否可以更好兼顾校园隔离性与可达性的挑战

疫情期间，大型校园普遍采用划分受控单元的方式，实行校园分区管控，每个受控单元的机动车交通既要有较好的通畅性；同时，还需要与校园整体机动车交通体系或其他受控单元，保持尽量少的联系，以确保单元自身的隔离性——独立和不被穿越。与此同时，机动车停放点的配置、步行系统也需要与受控单元保持一种良好的对应关系，而这是现行校园交通系统规划很少给予针对性关注的方面。与此同时，校园步行系统与景观系统联系不够紧密的问题也在一定程度地暴露，仅仅考虑步行系统的可达性而忽略了其沟通和休憩的功用，限制了其在疫情期间发挥更大价值的可能性。

3. 校园景观是否可以针对师生隔离管理期间的负面情绪发挥积极的疏导和疗愈作用

校园在防疫期间的“安全岛”状态，虽然实现了与病毒等危险源的物理区隔，但较长期的空间隔离、受限的活动范围、相对单调的人员接触以及持续的负面信息冲击，都不可避免给师生身心健康带来消极影响。针对这些问题，尽管目前所提供的各种方式心理疏导是必要的，但校园景观的疗愈价值却被忽视了。可以预见，在本轮疫情后，校园景观系统在完成其观赏与生态使命后，将在负面情绪疏导和身心健康疗愈等方面，发挥其应有的作用——校园景观的内涵应得到进一步的拓展（见图5.2.1-3）。

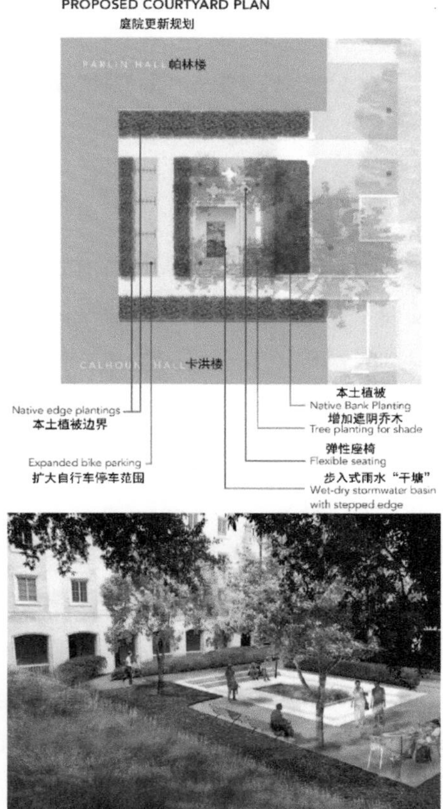

图5.2.1-3　功能单一化校园景观环境

4. 校园建筑空间设计如何进一步降低其防疫风险和提高健康水平

由于与安全防疫的相关性最为直接，因而校园空间规划在本轮疫情中暴露出的问题，更多集中在建筑空间层面。其中，主要集中在：建筑内部的弹性分区控制、建筑空间的无接触进出、建筑内部的临时隔离需求响应、电梯的安全使用（如集中式布局无法满足防疫需求、轿厢密闭空间的防疫安全、电梯的无接触控制等）、突发情况的无障碍通行、不同类型建筑空间的自然通风实现度、卫生间的健康使用（如防疫水封、负压状态维持以及清洁措施提供等）、疏散楼梯间的通风采光舒适性以及建筑内部的室外疏导空间设置等方面（见图5.2.1-4）。

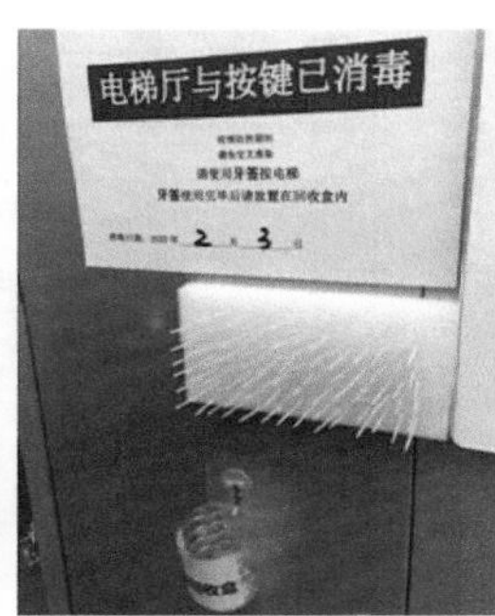

图5.2.1-4　疫情带来的建筑环境挑战

5.2.2 基于安全防疫的校园规划机理

提高校园的安全防疫能力，是软性的管控措施和硬性的空间环境相互作用的结果。在这一相互作用过程中，物理空间既是防灾技术的物质载体，也是防灾机制作用的对象，因此校园空间是校园安全防灾能力中的重要一环。

基于安全防疫的校园规划应被视为打造韧性校园的一部分，其核心是确保校园在面临公共安全事件时，校园物理空间可表现出足够的应对能力，该应对能力包括：

（1）抵御能力，即迅速实现隔离和疫情状态管理的能力；

（2）适应能力，指校园在安全管控状态下，开展正常教学、科研和生活等活动的能力；

（3）恢复能力，一方面指校园针对隔离状态的辅助健康、疗愈能力，另一方面也包括在疫情等安全事件结束后，校园从疫情状态转变回正常状态的能力。

要实现这些能力，其基本的规划机理主要基于米勒提（Mileti D）等人提出的灾害导向设计、凯文·本尼特（Kevin Bennett）等学者提出的恢复性理论，以及由

压力恢复 - 注意力恢复 - 场所依恋等理论组成的空间康复支持理论等模型。其中，灾害导向设计重构了应对灾害的空间设计体系，恢复性理论更多针对社会心理的修复，而康复支持理论则在空间环境与身心健康之间架起了沟通的桥梁。基于安全防疫的校园规划常常表现出如下关键性空间特征：通过缩小簇群规模改变大功能分区模式，以控制灾害影响范围；通过复合化空间场所营造和发挥自然生态系统的恢复价值，提升灾害状态下的自维持能力；通过构建健康步道和数字交互支持系统，改善隔离状态的健康水平和信息沟通。

通过空间、技术、机制等手段，提高由校园空间的独立性和多功能性、空间单元的适变性和灵活性、景观环境的互动性与多样化、设施的可再生能源占比等构成的校园空间环境的灵活性、健康性和开放性，是具有良好安全防疫表现校园物理空间的本质与共性（见图 5.2.2）。

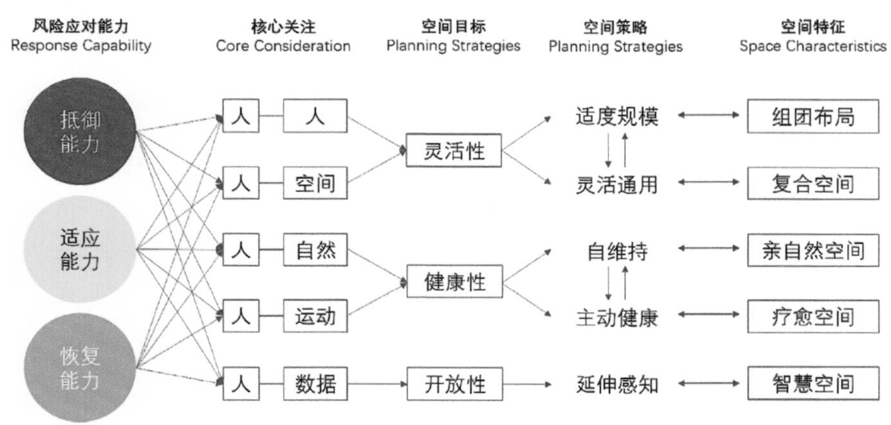

图 5.2.2　基于安全防疫的校园规划机理

5.2.3 基于安全防疫的校园规划策略

1. 功能布局应对策略

（1）纳入安全防疫考量的校园安全风险评估

与周边环境关系的评估，是既往校园选址的基础，但安全风险评估主要针对土壤、大气、水、声等环境持续性污染展开，对于包括气候灾害、安全事件等短促而突发的安全风险，缺乏必要的关注。但就安全防疫而言，校园自身的安全缓冲空间、安全事件下可为城市提供帮助的校园空间的设置、疫情下周边环境高风险点的识别、综合考虑防疫需求的生活区合理密度控制要求等，都应被纳入传统的安全评估环节。这些补充不仅对新建校园十分必要，对于既有校园的格局优化，也具有重要意义。

（2）建设与预留防疫应急基础设施

结合更全面的校园安全风险评估，校园主动安全防疫空间的塑造将成为校园功能布局规划的新内容。如结合校园开放空间，前瞻性布局安全应急设施用地；预留与医疗、消毒等防疫相关的交通和城市基础设施接入条件；综合考虑防控检查点、可便捷满足健康隔离需求的建筑、安全防疫配套设施等保障应急使用需求的设施布局；充分考虑体育馆、风雨操场等设施，改造为方舱医院或紧急避难场所等应急设施，服务社会的可能性等（见图5.2.3-1）。

图5.2.3-1　校园防疫基础设施

（3）普及灾害应对导向的空间布局模式

现行的校园规划多从教学与科研等功能需求的角度，进行校园相关功能区的布局与设计。本轮新冠疫情后，以安全防疫需求为触发点，对气候灾害、安全事件等具备更全面应对能力，以小组团、高复合为空间特征的韧性校园功能布局模式，将进一步确立其在未来校园空间形态中的关键地位。生活建筑、学习场所、休闲空间、运动场地以及可兼顾防灾需求的多功能设施，将共同构成一个个分布在校园中的基本单元。这既可以看作已被广为探索和采用的书院制空间模式的升级版，也可以认为是信息时代背景下，构建校园新型学习共同体的新模式（见图5.2.3-2）。

2. 交通系统应对策略

（1）与组团式功能布局相适应的机动车交通组织

事实证明，具有良好层级体系的校园交通系统在面临如新冠病毒这样的传染性疫情时，在通行效率与管控难度方面，具有较均衡的表现。值得注意的是，在应急响应状态下各受控单元或组团交通组织的独立性与便捷性需求，可能使得被城市交通所摒弃的环岛组织模式在校园重新发挥其价值。考虑到校园机动车交通的小规模特征，这种回归有其合理性成分，而在控制好机动车干道的宽度和确保人行通过的安全性后，环岛绿地空间又可发挥其在雨水汇集与回渗、片区联系便捷的公共开放空间的价值，从而成为校园机动车系统的新景观（见图5.2.3-3）。

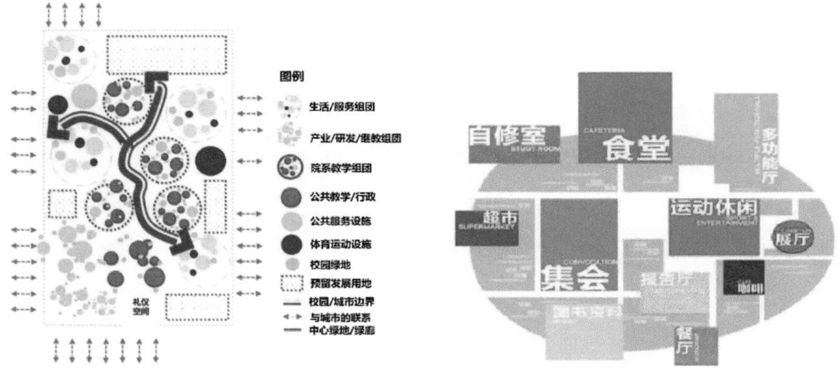

图 5.2.3-2　更为复合的校园空间格局

图 5.2.3-3　组团化校园交通系统

第五章　面向未来的大学校园规划之更加包容安全的健康校园规划

（2）更为人性化的校园步行系统

既有校园的慢行系统大多具有非常明确的交通功能指向，导致其常常以机动车干道“辅路”的形式出现。在安全防疫状态下，步行系统的安全性与健康性要求得到更多关注，如应急状态下最小通行宽度的要求、步行系统无障碍通行的连续性要求、对于步行系统的色彩与照明需求、步行系统与运动体系的结合、步行系统与包括开放空间、植被、景观家具等在内的景观系统的整合度等。所有以上考量原本都是步行系统精细化设计的应有之义，只是在疫情背景下的非常“慢节奏”状态中，人们才有机会重新审视（见图5.2.3-4）。

图5.2.3-4 人性化校园步行系统

3.景观环境应对策略

（1）关注疗愈价值的景观空间

疫情状态下师生负面情绪的疏解以及学习生活状态的调整，都使得景观的内涵价值引发更多重视。以疗愈为导向，景观空间可通过包括植被、色彩、灯光、声景、材料等各要素组成的有利于舒缓压力、放松精神的环境，提供包括视觉、听觉、触觉、嗅觉、味觉在内的全方位刺激，促进人与环境的互动，为师生在特殊时期的负面情绪恢复、降低身心伤害提供环境支持（见图5.2.3-5）。

（2）强化开放空间的应急特征

绿地、广场等公共开放空间对于安全防疫的价值正得到更多的关注。作为应急状态下的缓冲空间，校园公共开放空间应与校园人员密度具有更强的匹配关系，而更为匀质和均布的公共开放空间，无论从实际生态效应、便捷性、可达性还是面对公共安全事件时的价值发挥角度，都具有更高的效率和更广的服务范围（见图5.2.3-6）。

与此同时，疫情隔离期间，人们对于开放空间的互动性和多元化要求也进一

图 5.2.3-5　基于安全防疫的校园疗愈景观

图 5.2.3-6　澳门大学横琴校区总平面图

步强化。其中，多样的功能配置要有助于加强校园在面临灾害时，对于不同使用需求的应对能力与适应能力，如应提供疏散路径、避难场所、备用设施等特殊状态下的多样化改造可能。同时，开放空间内的应尽可能配备以可再生资源支撑下的绿色基础设施，包括太阳能路灯、雨水收集和处理系统、再生材料景观家具（如露天剧场、观景台）等环境友好型生活服务与游憩设施（见图 5.2.3-7）。

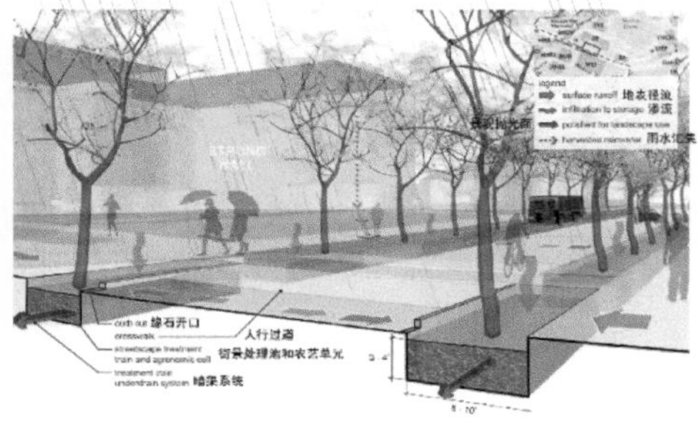

图 5.2.3-7　环境友好型校园景观

4. 建筑组织应对策略

(1) 更富弹性的格局

为了提高校园建筑在疫情及类似安全事件下的可控性——通过单元区隔减少接触污染风险。一方面，应分别针对教学楼、实验楼、科研楼、图书馆、办公楼等不同校园建筑的功能特征，通过与单元区隔相配合的分散式疏散楼梯、电梯的布局，确保建筑空间可实现分区、分时、独立运转使用等需求。与此同时，应通过模数化设计、轻质隔墙、空间的多功能设计等手法，强化主要教学功能空间的通用性，从而使校园建筑具备更强的使用灵活性（见图 5.2.3-8）。

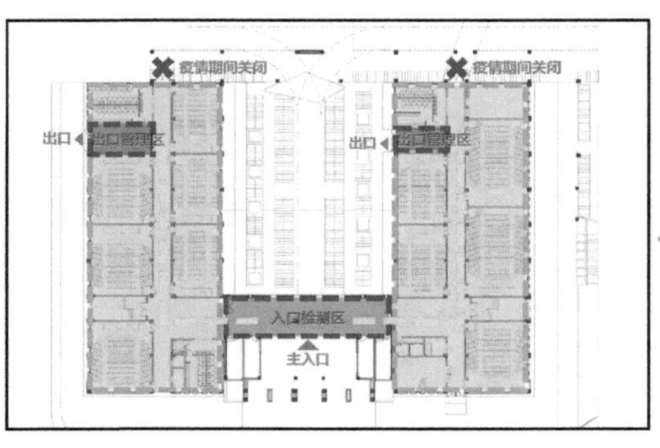

图 5.2.3-8　模块化校园建筑系统

(2) 更为健康的环境

以关闭集中空调系统而更多依靠自然通风为代表的应急防控策略，一方面是安全防疫目标下的无奈之举，同时也促使人们开始反思过分依赖人工系统，达到所谓舒适目标的必要性。可以预见在后疫情时代的校园建筑中，更多可帮助实现自然通风的通风器、可自然通风的走廊、具备良好自然采光通风效果的楼梯、确保负压的卫生间、带水封的设备、以置换式新风、温湿独立控制等为代表的健康空调系统、密闭式垃圾分类收纳等健康建筑空间与技术，将得到更多普及（见图 5.2.3-9）。

图5.2.3-9　健康校园建筑设计

与此同时，以鼓励人们更多接触自然为目的的设计手法也将被广泛采用，如结合遮阳与导光的采光设计，增加绿视率的屋顶绿化、半室外空间和竹、木等自然材料的使用等（见图5.2.3-10）。

图5.2.3-10　校园建筑屋顶绿化

校园建筑空间的无障碍设计，也由于疫情期间的突发转运需求、特殊需求人群的无陪伴使用等原因，得到更多重视。建筑出入口的平坡化、普通电梯的无障碍化、卫生空间的无障碍使用等，都将逐渐成为校园建筑的标配（见图5.2.3-11）。

（3）更趋智慧的管理

基于物联网、5G等新信息技术手段的智慧校园，可以实现信息的及时推送。师生可通过校园的显示屏、广告牌、布告栏以及移动信息推送等设施，及时了解由权威部门发布的实时更新信息，监测预警系统发布的预警信息，还有助于管理者及时启动相关应急预案，并通过信息平台收发如疫情期间的防控要求、师生出

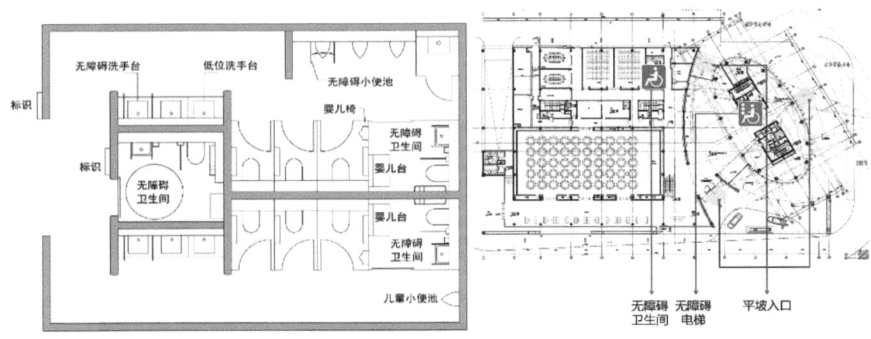

图 5.2.3-11　校园无障碍程度提升

行注意事项、物流配送、故障报修、突发事态报警/求助等信息，实现校园防疫的精细化管理目标，所以，防疫监控与管理将被纳入智慧校园的综合监测预警体系。

基于防疫需求的无接触式智能化设备、智慧化室内环境感应与提示系统、个性化室内环境调控系统、基于5G的多感信息传输设施等智慧技术与手段，都将因为疫情的推动，加快其在校园中的应用与普及步伐（见图5.2.3-12）。

综上所述，尽管新冠疫情状态是暂时的，但它对校园的影响却可能是持久而深远的，在后疫情时代，我们预测校园物理空间规划将至少在以下两个方面发生深刻的转变：

（1）以组团与复合为特征的弹性空间模式

如果我们认可可变性是安全空间的核心特征，那么更为灵活和清晰的组团分区、更为多样和复合的功能组成，同时赋予空间更强的通用和多功能性能，就将成为提升空间可变性的不二选择。

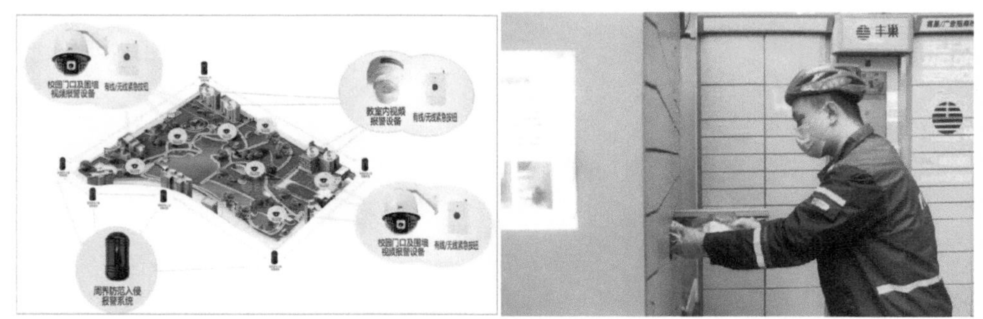

图 5.2.3-12　智慧校园管理与安全防疫

（2）尊重自然前提下的个性化与精细化设计

疫情在不知不觉中推动了健康校园建设的发展，无论是对集中空调系统的修正，还是对自然通风、自然采光的重视，抑或对于空间无障碍需求的提升、对于景观疗愈价值的挖掘，都以“自然”“个性”“精细”为关键词，从生理、心理的不同侧面，全方位提升着校园空间的健康水平。

环境具有改变人的力量，校园环境由于其使用者的特殊性，具有更为深远的教育价值。可以预见，随着校园变得更安全、更健康、更开放，其所在的城市、社区也将变得更美好。

第六章

结　语

2021年4月19日，习近平总书记在清华大学建校110周年校庆考察中，系统性提出了建设世界一流大学四个方面的任务要求：

（1）培养一流人才方阵：建设一流大学，关键是要不断提高人才培养质量。要想国家之所想、急国家之所急、应国家之所需，抓住全面提高人才培养能力这个重点，坚持把立德树人作为根本任务，着力培养担当民族复兴大任的时代新人。

（2）构建一流大学体系：高等教育体系是一个有机整体，其内部各部分具有内在的相互依存关系。要用好学科交叉融合的“催化剂”，加强基础学科培养能力，打破学科专业壁垒，对现有学科专业体系进行调整升级，瞄准科技前沿和关键领域，推进新工科、新医科、新农科、新文科建设，加快培养紧缺人才。

（3）提升原始创新能力：一流大学是基础研究的主力军和重大科技突破的策源地，要完善以健康学术生态为基础、以有效学术治理为保障、以产生一流学术成果和培养一流人才为目标的大学创新体系，勇于攻克“卡脖子”的关键核心技术，加强产学研深度融合，促进科技成果转化。

（4）坚持开放合作：加强国际交流合作，主动搭建中外教育文化友好交往的合作平台，共同应对全球性挑战，促进人类共同福祉。

这不仅是对清华大学的要求，同时也是对所有志在跻身世界一流大学行列、不断提升自身发展水平的高等学校的统一要求。

2021年是“十四五”的开局之年，作为我国开启第二个百年奋斗目标新征程的重要时期，也是大力推进“双一流”建设和高质量发展的关键时期，高等学校的“十四五”战略发展规划，需要全面落实全国教育大会和《中国教育现代化2035》精神，围绕高等教育发展的主要任务，积极推进教育治理体系和治理能力现代化，明确各自在新时代教育改革发展的战略方向。高等教育发展的主要任务包括：

（1）推进高等教育分类管理和高等学校综合改革，构建更加多元的高等教育体系，高等教育毛入学率提高到60%。

（2）分类建设一流大学和一流学科，支持发展高水平研究型大学。

（3）建设高质量本科教育，推进部分普通本科高校向应用型转变。

（4）建立学科专业动态调整机制和特色发展引导机制，增强高校学科设置针对性，推进基础学科高层次人才培养模式改革，加快培养理工农医类专业紧缺人才。

（5）加强研究生培养管理，提升研究生教育质量，稳步扩大专业学位研究生规模。

（6）优化区域高等教育资源布局，推进中西部地区高等教育振兴。

因而，顺应时代机遇、把握历史契机，根据党中央、国务院、教育部对于高等教育创新发展的顶层设计要求，以立德树人为根本，以报国强国为己任，以强化治理为关键，科学、民主、依法编制高等学校发展战略规划并指导新时期校园空间规划与建设工作，是高等学校紧盯国家战略需求，主动肩负服务国家、区域、行业的神圣使命。高度关注世界发展和人类文明进步面对的共同挑战，源源不断输出高素质人才、高端科技成果和先进文化，在民族复兴中带头发挥国之战略重器作用的基础和保证，更是更好发挥高等学校在中华民族伟大复兴历史进程中的坚强支撑作用、推动实现高等教育现代化目标的要求。

参考文献

[1] 周光礼.构建中国特色高等教育体系：国家战略视角[J].中国高教研究，2020(7).

[2] 别敦荣."双循环"视角下中国高等教育普及化发展的意义[J].中国高教研究，2021(5).

[3] 马陆亭.面向新发展格局的"十四五"教育[N].学习时报，2020-10-23(6).

[4] 别敦荣.论大学发展战略规划[J].教育研究，2010(8).

[5] 张政利.新时期高等学校校园规划建设的重要性及其发展趋势[J].沈阳农业大学学报(社会科学版)，2005，7(4).

[6] 刘献君.高等学校战略管理[M].北京：人民出版社，2008.

[7] 周光礼.中国大学的战略与规划：理论框架与行动框架[J].大学教育科学，2020(2).

[8] 王轶玮.美国大学如何进行战略规划与管理——基于组织与文化因素的分析[J].现代教育管理，2018(1).

[9] 薛淑敏.大学战略规划文本的比较研究[D].上海：上海师范大学，2013.

[10] 乔治·凯勒.大学战略与规划：美国高等教育管理革命[M].别敦荣，主译.青岛：中国海洋大学出版社，2005.

[11] 张艳丽.战略管理：大学治理文化的变迁与重塑——读乔治·凯勒《大学战略与规划》有感[J].大学(研究版)，2017(3).

[12] 解德渤.大学战略规划与大学治理文化 [J].西南交通大学学报(社会科学版)，2016(17).

[13] 牛燕冰.大学战略规划与管理[M].高等教育出版社，2007.

[14] 张在旭，谢旭光.国外竞争优势理论的发展演化评述[J].经济问题探索，2012(9).

[15] 解德渤.大学战略规划的基本理论范式[J].国家教育行政学院学报，2016(3).

[16] 聂永成.大学战略联盟、理论基础与实践模式[J].教育发展研究，2014（11）.

[17] 蔡国春.美国院校研究的性质与功能及其借鉴[D].南京：南京师范大学，2004.

[18] 简兆权，毛蕴诗.环境扫描在战略转换中的作用分析[J].科研管理，2003（5）.

[19] 王红丽.耶鲁统计工作及其对国内高校的启示[J].才智，2018（30）.

[20] 孔杰，程寨华.标杆管理理论述评[J].东北财经大学学报，2004（2）.

[21] 邵成.高等教育标杆管理的实践探索[J].中国成人教育，2017（13）.

[22] 吕占相.SWOT分析法在学校战略管理中的应用[J].继续教育，2010，24（2）.

[23] 成长春.高校核心竞争力分析模型研究[D].南京：河海大学，2005.

[24] 赖德胜，武向荣.论大学的核心竞争力[J].教育研究，2002，4（7）.

[25]“大学战略规划与管理”课题组.大学战略规划与管理[M].北京：高等教育出版社，2007.

[26] 别敦荣.高等教育改革和发展的形势与大学战略规划[J].鲁东大学学报（哲学社会科学版），2016，33（1）.

[27] 黄艾舟，梅绍祖.超越BPR——流程管理的管理思想研究[J].科学学与科学技术管理，2002（12）.

[28] 史淑霞.基于战略地图的高校预算管理绩效评价研究——以T大学为例[J].会计之友，2019（9）.

[29] 同勤学.基于BSC理论的高校教师绩效考核指标体系研究[J].统计与决策，2010（2）.

[30] 白琳.基于战略地图的福耀集团价值管理研究[D].石家庄：河北师范大学，2019.

[31] 韩双淼，钟周.大学战略地图的发展：一项比较研究[J].清华大学教育研究，2013，34（4）.

[32] 刘献君.论战略管理与大学发展[J].高等教育研究，2016（3）.

[33] 丘建发.研究型大学的协同创新空间设计策略研究[D].广州：华南理工大学，2014.

[34] 高丽娟.论创新空间的特征及分类[C].《决策与信息》杂志社、北京大学经济管理学院.“决策论坛——地方公共决策镜鉴学术研讨会”论文集（下）.《决策

与信息》杂志社、北京大学经济管理学院:《科技与企业》编辑部，2016：15-16.

[35] 2020年全国教育事业发展统计公报[EB/OL]. http：//www.moe.gov.cn/jyb_xwfb/gzdt_gzdt/s5987/202103/t20210301_516062.html.

[36] 教育部学校规划建设发展中心组. 新时代高校优秀校园规划图集（上）[M].北京：中国建筑工业出版社，2019.

[37] 教育部学校规划建设发展中心组. 新时代高校优秀校园规划图集（下）[M].北京：中国建筑工业出版社，2019.

[38] 焦成英，张卫国，李曙. 基于排放因子法的校园碳排放核算研究[A]. 中国环境科学学会.2020中国环境科学学会科学技术年会论文集（第四卷）[C].中国环境科学学会，2020：6.

[39] 王彦，陈宇.回归日常生活：埃塞克斯大学校园规划50年思考[J].住区，2017(1).

[40] 加州大学伯克利分校2020校园规划，UC Berkeley Physical Design Framework 2009，3，http：//regents.universityofcalifornia.edu/regmeet/nov09/gb5attach2.pdf.

[41] 刘盛. 基于文本分析的世界一流大学战略规划演化机理研究[D].哈尔滨：哈尔滨工业大学，2018.

[42] 全国国民阅读调查报告2018[Z].

[43] 新媒体联盟地平线报告（2017图书馆版本）[Z].

[44] 邹萍秀，曹磊，王焱，珍玛丽·哈特曼，李发明. 海绵城市理念在校园风景园林规划设计中的应用——以天津大学北洋园校区为例[R].中国园林，2019，35(8).

[45] 教育部学校规划建设发展中心. 中国海洋大学海洋科教创新园区规划建设技术导则[Z]. 2019.

[46] 浙江大学建筑设计研究院无障碍研究所. 校园通用无障碍环境建设指南及图示——西湖大学首期工程精典案例[Z]. 2020.

[47] 赫曼·赫茨伯格.建筑学教程1：设计原理[M].仲德昆，译.天津：天津大学出版社，2015.

[48] Su，Bin，Wang，et al. A review of carbon labeling：Standards，implementation，and impact[J]. Renewable & Sustainable Energy Reviews，2016.

[49] A. M ，Moncaster，K. E ，et al. A method and tool for ‘cradle to grave’ embodied carbon and energy impacts of UK buildings in compliance with the new

TC350 standards[J]. Energy and buildings, 2013, 66(11): 514-523.

[50] Frank O L , Omer S A , Riffat S B , et al. The indispensability of good operation & maintenance (O&M) manuals in the operation and maintenance of low carbon buildings[J]. Sustainable Cities & Society, 2015, 14: 1-9.

[51] Fenner A E, Kibert C J, Woo J, et al.The carbon footprint of buildings: A review of methodologies and applications[J]. Renewable and Sustainable Energy Reviews, 2018, 94: 1142-1152.

[52] Naderipour A , Abdul-Malek Z , Arshad R N , et al. Assessment of carbon footprint from transportation, electricity, water, and waste generation: towards utilisation of renewable energy sources[J]. Clean Technologies and Environmental Policy, 2021, 23(1).

[53] Juchul Jung G H, Kyungwan Bae.Analysis of the factors affecting carbon emissions and absorption on a university campus – focusing on Pusan National University in Korea[J].Carbon Management, 2016, 7(1-2).

[54] Leonardo Vásquez A I, María Almeida, Pablo Villalobos. .Evaluation of greenhouse gas emissions and proposals for their reduction at a university campus in Chile[J].Journal of Cleaner Production, 2015: 108.

[55] Suresh B K , Moondra N , Tandel B N . Assessment of Carbon Foot Print: A Case Study of SVNIT Campus[M]//Recent Trends in Civil Engineering, Select Proceedings of ICRTICE 2019. 2020.

[56] Alvarez S, Blanquer M, Rubio A.Carbon footprint using the Compound Method based on Financial Accounts. The case of the School of Forestry Engineering, Technical University of Madrid[J]. Journal of Cleaner Production, 2014, 66: 224-232.

[57] Kulkarni S D . A bottom up approach to evaluate the carbon footprints of a higher educational institute in India for sustainable existence[J]. Journal of Cleaner Production, 2019, 231(10): 633-641.

[58] Kua H W , Wong C L . Analysing the life cycle greenhouse gas emission and energy consumption of a multi-storied commercial building in Singapore from an extended system boundary perspective[J]. Energy & Buildings, 2012, 51(1): 6-14.

[59] Andriel Evandro Fenner C J K, Jiaxuan Li, Mohamad Ahmadzade Razkenari, Hamed Hakim, Xiaoshu Lu, Maryam Kouhirostami, Mahya Sam.Embodied, operation, and commuting emissions: A case study comparing the carbon hotspots of

an educational building[J]. Journal of Cleaner Production, 2020 : 268.

[60] Chang C C, Shi W, Mehta P, et al. Life cycle energy assessment of university buildings in tropical climate[J]. Journal of Cleaner Production, 2019, 239 (12): 117930.1-117930.13.

[61] Sánchez Cordero A, Gómez Melgar S, Andújar Márquez J M.Green Building Rating Systems and the New Framework Level(s): A Critical Review of Sustainability Certification within Europe[J]. 2020, 13(1): 66.

[62] Mohammad Ghalandari, Habib Forootan Fard, Ali Komeili Birjandi, Ibrahim Mahariq. Energy-related carbon dioxide emission forecasting of four European countries by employing data-driven methods[J]. Journal of Thermal Analysis and Calorimetry, 2020.

[63] Dai Shaoqing, Zuo Shudi, Ren Yin. A spatial database of CO_2 emissions, urban form fragmentation and city-scale effect related impact factors for the low carbon urban system in Jinjiang city, China[J]. Data in brief, 2020, 29.

[64] Xuechen Gui, Zhonghua Gou. Association between green building certification level and post-occupancy performance: Database analysis of the National Australian Built Environment Rating System[J]. Building and Environment, 2020, 179.

[65] Gabriel Legorburu, Amanda D. Smith. Incorporating observed data into early design energy models for life cycle cost and carbon emissions analysis of campus buildings[J]. Energy & Buildings, 2020, 224.

[66] Ping Jiang, Yihui Chen, Bin Xu, Wenbo Dong, Erin Kennedy. Building low carbon communities in China: The role of individual's behaviour change and engagement[J]. Energy Policy.

后记

“教育兴则国家兴，教育强则国家强。”以习近平同志为核心的党中央一直关心教育的高质量发展，高度重视高等教育发挥的重要作用。习近平总书记明确指出，党和国家事业发展对高等教育的需要，对科学知识和优秀人才的需要，比以往任何时候都更为迫切。我国高等教育要立足中华民族伟大复兴战略全局和世界百年未有之大变局，心怀“国之大者”，把握大势，敢于担当，善于作为，为服务国家富强、民族复兴、人民幸福贡献力量。

站在新时代，需要我们的高校抓住机遇、超前布局，要具备战略思维、长远眼光、国际视野和前沿意识，以强烈的使命感托举时代重任。科学合理地制定战略规划意义重大。我国高校对于制定战略规划的方法和步骤已基本明确，高校战略规划在推进内涵式发展的过程中开始发挥越来越重要的作用。战略规划是一种积极主动、面向未来的管理方式，向上呼应国家发展战略，向下描绘学校未来发展图景。走进“十四五”，我们更要充分认识高校战略规划对增强资源配置效率的价值和意义，优化战略规划，明确战略重点，强化战略实施。

“十三五”时期，我国高校校园规划建设已进入质量提升阶段，在以下几个方面取得了突出的成绩。

一是绿色发展理念更加凸显。在推进生态文明建设的大背景下，绿色校园建设全面深化。绿色校园是保障学校高质量可持续发展的重要载体，厚植深耕绿色发展理念，加强学生生态文明教育，承担环境育人的教育使命。

二是智慧校园内涵更加丰富。随着高校信息化从管理走向服务，从管理应用逐步深入到教学、科研及校园生活的方方面面，智慧校园正进行全面升级。结构优化、集约高效、安全可靠的教育新型基础设施体系正在形成，物理空间和网络空间相融合的新校园正不断拓展教育新空间。

三是彰显扎根中国服务地方使命。为了更好地适应新时代发展要求，高校已经深度融入经济社会发展，共生共赢的新型校城关系正在构建。坚持科教融合，深化产教融合，提升服务国家和地方经济社会发展的能力，已经成为高校提高人才培养质量的必然选择。

四是校园文化特色更加彰显。校园规划建设承载了“以文化人、以文育人”使命，对传承发扬大学文化、引领社会文化发展具有重大意义。从大学制度文化到学科特色文化，从历史地域文化到校园风貌文化，系统布局，相互呼应，文化精神和校园建设相得益彰。

面向未来，高校做战略规划和校园规划既要积极借鉴世界一流大学的发展之路，又要探索学校自身的办学特色。本书致力于通过梳理大学战略规划的发展历程，理性总结国内外高校战略规划及校园空间规划的成功经验，提炼新型校园规划特征，以“创新、协调、绿色、开放、共享”五大发展理念指导学校战略目标的实现和校园规划建设水平的全面提升。

百年大计，教育为本。基于战略规划的校园空间规划目标是为学校发展提供坚实的支撑和保障，面向“十四五”和2035，建设高质量教育体系需要我们有系统思维、科学谋划，敬畏历史、敬畏文化、敬畏生态。希望此书的出版能够为我国高校校园规划建设带来更多思考，更好地助推我国高等教育事业高质量发展。在实现中华民族伟大复兴的道路上，让我们共同带着新时代的使命和担当，意气风发地向着全面建成社会主义现代化强国的第二个百年奋斗目标迈进！

在本书的编写过程中，北京大学、清华大学、中国人民大学、北京师范大学、上海交通大学、天津大学、南开大学、山东大学、西安交通大学、中山大学、中国海洋大学、北京化工大学、西湖大学等高校给予了大力支持；各高校建设者、有关设计院的设计师为本书提供了详实和丰富的资料。对以上各单位和相关人员的付出，谨在此表示衷心感谢！